bon temps  風格生活×美好時光

我的世界甜點全書

150道超人氣麵包・蛋糕・餅乾・甜品・巧克力・無蛋奶點心
安全健康美味易學，在家就能輕鬆做

作　　者　麵包花園（Bread Garden）
譯　　者　林芳伃
主　　編　曹　慧
美術設計　比比司設計工作室
行銷企畫　蔡緯蓉
社　　長　郭重興
發行人兼出版總監　曾大福
總 編 輯　曹　慧
編輯出版　奇光出版
E-mail: lumieres@bookrep.com.tw
發　　行　遠足文化事業股份有限公司
http://www.bookrep.com.tw
23141新北市新店區民權路108-1號4樓
電話：（02）22181417
客服專線：0800-221029　傳真：（02）86671065
郵撥帳號：19504465　戶名：遠足文化事業股份有限公司
法律顧問　華洋法律事務所　蘇文生律師
印　　製　凱林彩印股份有限公司
初版一刷　2014年1月
初版三刷　2014年3月5日
定　　價　450元

國家圖書館出版品預行編目（CIP）資料

我的世界甜點全書：150道超人氣麵包・蛋糕・餅乾・甜品・巧克力・無蛋奶點心，安全健康美味易學，在家就能輕鬆做 / 麵包花園著；林芳伃譯.
--初版.--新北市：奇光出版：遠足文化發行，2014.01
面；　公分
ISBN 978-986-89809-2-1（平裝）

1.點心食譜

427.16　　102024304

我的世界甜點全書

150道超人氣麵包·蛋糕·餅乾·甜品·巧克力·無蛋奶點心

安全健康美味易學，在家就能輕鬆做

麵包花園 Bread Garden 著 ｜ 林芳伃 譯

Easy Home Baking!

Easy Home baking

如何閱讀本書＆各式材料的計量換算方式

和本書一起享受烘焙樂趣的方法：

1 烘焙新手在操作前請先確認每道食譜的難度標示，一顆星為簡單，三顆為難。建議先從簡單的食譜開始練習。p.380-382有依照難易度區分的索引可供參考。

2 選擇你想要挑戰的食譜，準備好食譜所需的「材料」，將食材依麵團、裝飾等不同用途分類放好，再根據製作時添加的順序做記號。

3 準備好食材和工具後，依照「準備」欄的步驟完成準備工作。鋪烘焙紙和預熱烤箱的步驟相當重要，才不會做好麵團或麵糊時手忙腳亂！另外要注意，海綿蛋糕或卡士達醬等部分食材需要預先做好靜置隔夜或冰涼，在計算製作時間時，記得要把事前準備時間算進去喔！

4 準備工作都完成後，就可以依照「作法」中的步驟說明和圖解照片開始烘焙囉！製作蛋糕時，攪拌的速度要快，但動作要輕柔，用橡皮刮刀輕挑起泡沫，再下切至底部，不要壓塌發泡。製作麵包時，則要記得按照標示的發酵時間，讓麵團充分靜置、發酵。

本書中各式材料的計量換算方式

- 量杯1杯=240ml（16大匙）
- 液態食材（水、牛奶）量匙1大匙＝15ml；1小匙＝5ml
- 麵粉量杯1杯＝130g～140g
- 砂糖量杯1杯＝200g
- 奶油量杯1杯＝200g
- 油脂類量匙1大匙＝12g；1小匙=5g
- 雞蛋（普通大小）1顆＝55～65g；蛋白1顆約40～45g；蛋黃1顆約15～20g

前言

誠摯分享我們從家庭烘焙中獲得的喜悅

和孩子一起用餅乾壓模做出各式各樣的造型餅乾，在蛋糕上塗抹鮮奶油霜作裝飾，品嘗剛出爐熱呼呼、軟綿綿的麵包，做份精緻甜點送給最親愛的人，為孩子烤出一個個健康又美味的蔬菜麵包……這些親自烘焙的過程雖然有些辛苦，卻也充滿喜悅。家庭烘焙不只是製作點心的人感到快樂，還能藉由烘焙出來的點心將這份快樂傳遞給自己最愛的家人與朋友。

麵包花園成立至今已經18年了，當初成立的宗旨是希望有更多人認識家庭烘焙，使每個人的日常生活增添許多小確幸的回憶，如今時空環境轉變，食品安全問題層出不窮，促使越來越多追求健康生活的人加入家庭烘焙的行列。新加入的烘焙新手一開始也許還不熟悉烘焙工具和食材的特性，難免會做出失敗的作品，但是請一定要持續地練習、挑戰，慢慢將難度較高的食譜變成你的拿手甜點，就會從中體會到無法言喻的成就感和喜悅了。

這本書特地收錄難易度不同的烘焙食譜。希望第一次接觸烘焙的新手從簡單的食譜開始累積自信和經驗，也讓有實力的烘焙愛好者有機會挑戰較高難度的甜點。此外還收錄多道現在正流行的甜品、手工巧克力，以及不添加奶油和雞蛋的素食甜點。希望藉由本書，將我們設計食譜以及親自製作並拍攝這150道烘焙點心時獲得的成就感和活力，完完整整傳達給各位讀者。

一般料理在完成後還可另外添加調味料或佐醬來提升味道。但烘焙則不同，一份好的食譜和精準的計量是烘焙的基礎，也是核心要素。食材量好了，還有固定的添加順序，當麵團或麵糊放進烤箱的那一刻，作品的成敗就已底定，無法再調整味道與口感了。所以有人說烘焙不僅是藝術，也是一門科學。

開發新食譜並研究食譜中每種食材的最佳份量是麵包花園的存在價值與責任。希望每位讀者都能學會我們設計的每一道甜點，並發揮個人的創意加以變化，也希望讀者能體會到我們從家庭烘焙過程中獲得的喜悅。

Contents

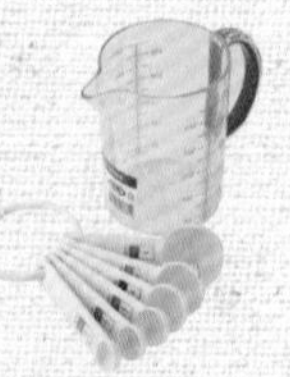

Part 1 準備工作：材料與工具．基本功與進階技巧

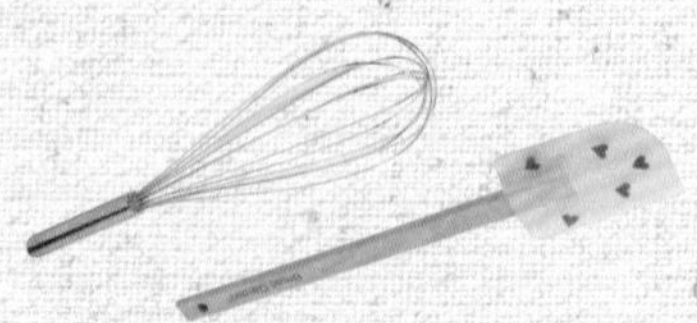

Part 2 麵包

Part 3 蛋糕

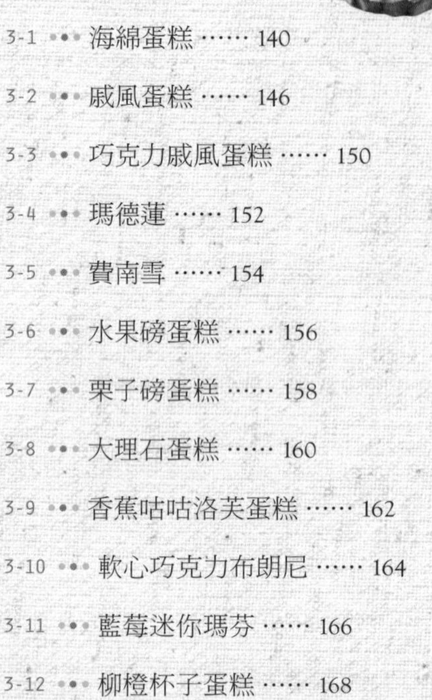

Part 4 餅乾

Part 5 甜品&手工巧克力

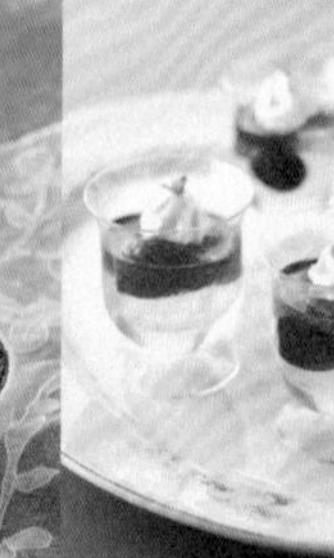

Part 6 無奶油・無雞蛋

PART 1

Ready

準備工作

家庭烘焙的第一步就是先認識基本材料和工具。

初學者一開始可能會對食材的特性及工具的用途覺得陌生且複雜，

但是多練習幾次並熟記後，將會發現烘焙其實沒有想像中困難。

食材請勿存放在高溫潮濕的地方，放置在乾燥陰涼處或是冰箱裡保存。

各種工具使用後一定要徹底清淨，晾乾後再收納。

接觸過奶油或其他油脂的器具可用溫熱水沖洗，確實去除油漬。

>>> READY 1-1

家庭烘焙的材料與工具

開始烘焙之前，最先要做的事就是認識基本材料和工具。
從認識各種食材及工具開始，反覆練習，
累積經驗並掌握它們的特性和功用，就可挑戰更多更高難度的食譜了。
每種食材的保存方式各有不同，請詳讀產品的說明，
依指示存放在乾燥陰涼處或冰箱中，並在保存期限內使用完畢。
烘焙工具一定要徹底洗淨並晾乾後再收納，清洗時請小心不要刮傷表面塗層。

●●●基本材料

● 麵粉

根據植物性蛋白質和麩質（麵筋）含量的多寡可以分為高筋麵粉、中筋麵粉、低筋麵粉。高筋麵粉用來製作麵包；低筋麵粉用來製作蛋糕、餅乾。

● 全麥麵粉、裸麥麵粉

全麥麵粉是整粒小麥磨製而成的粉末。
裸麥磨製成粉即為裸麥麵粉，
又稱黑麥麵粉。
通常會和一般麵粉
混合著一起使用。

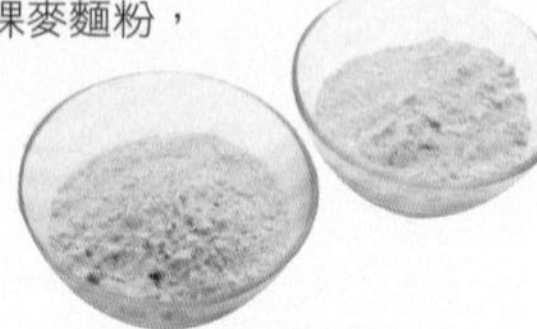

● 糯米粉

用來製作糯米蛋糕、糯米多拿滋或部分麵包的內餡。具有糯米獨特的香氣及嚼勁。

● 泡打粉、小蘇打粉

製作餅乾和蛋糕時使用的膨脹劑。使用時請留意用量，添加過多容易出現鹼味和苦味。

● 法國麵粉

比一般麵粉的麩質含量更高。
製作法國麵包等硬式麵包時添加使用，麵包會更有嚼勁。

● 紫糯米粉、白米穀粉

使用含麵筋的烘焙用米穀粉製作麵包，可以省略一次發酵和排氣的過程。用米穀粉製作而成的米麵包會比一般麵包更柔軟有彈性。

● 玉米粉

又稱玉米澱粉，粉末為白色。
製作卡士達醬時添加使用，可以使口感更加滑順。添加在蛋糕麵糊中可以降低筋度，使蛋糕更鬆軟。

● 牛奶、豆奶

牛奶除了有奶香味，還有使麵包更加柔軟的作用，是烘焙常用的食材。也可選用微甜豆奶替代牛奶添加在麵包中，增加豆香味。

● 動物性鮮奶油、植物性鮮奶油

動物性鮮奶油是擷取牛乳中脂肪含量較高的部分，通常不加糖，保存期限較短。植物性鮮奶油的主要成分為棕櫚油，以加糖調味，保存期限較長。

● 白油／起酥油 shortening

氫化植物油，通常在製作派或餅乾時使用，能增加餅皮的層次及酥鬆口感。本身沒有香氣及味道，一般會和奶油一起添加使用。

● 酸奶油 sour cream

經過發酵的鮮奶油，具有濃厚的乳酸風味，是製作重乳酪蛋糕或布丁時經常使用的食材，有效期限較短。

● 雞蛋

添加在麵包或蛋糕中可使成品更加蓬鬆柔軟，烘焙時選用越新鮮的雞蛋，打發雞蛋時的泡沫越蓬鬆，完成品的味道和形狀也較佳。

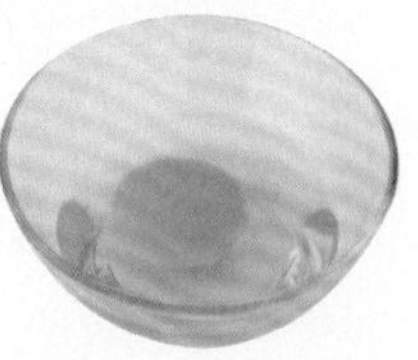

● 香草砂糖

具有香草風味的細砂糖，可以消除麵粉味與雞蛋的腥味。

● 奶油

乳脂肪和水構成的乳製品，獨特的奶油香味讓麵包變得更好吃。烘焙時使用的是無鹽奶油，請勿買到加鹽的奶油。烘焙前要先確認食譜中需要的是冷藏固化的奶油，還是常溫軟化的奶油。

● 奶油乳酪 cream cheese

新鮮乳酪和鮮奶油混和後，不需要經過熟成的新鮮軟質乳酪，具有濃厚的奶香和淡淡的乳酸味，口感滑順。製作乳酪蛋糕、提拉米蘇時經常會使用的食材。

● 酵母

麵包的膨脹劑，能使麵團發酵膨脹，變得鬆軟。家庭烘焙中最常使用的是即溶酵母粉，和新鮮酵母或活性乾酵母相比，即溶酵母粉在保存及使用上更加便利，開封後請一定要放置在冰箱冷藏保存。

● 砂糖

烘焙時使用的砂糖為細白砂糖。製作鮮奶油霜或蛋白霜時添加細砂糖能增加泡沫的光澤，糖也是酵母的糧食，適量地添加可使麵團發酵得更完全。砂糖容易吸收濕氣和味道，密封後請儲存在乾燥陰涼的地方。

● 柳橙砂糖、檸檬砂糖

具有柳橙香和檸檬香的砂糖，使用時取其水果香味，不需減少原本細砂糖的用量。添加在餅乾麵團或蛋糕麵糊中可以增添淡淡的柳橙或檸檬香氣。

水麥芽

添加在麵包或蛋糕中能同時增加甜度和濕潤度，可使用同等量的楓糖漿或龍舌蘭糖漿取代。

橄欖油

烘焙中經常用來替代奶油，冒煙點低，具有橄欖香味，比起餅乾和蛋糕更常在製作麵包時使用。

龍舌蘭糖漿、楓糖漿

龍舌蘭糖漿是從龍舌蘭草中萃取提煉而成，甜度比細砂糖高，味道清雅。能快速融於冷水中，所以有時會用來代替細砂糖。楓糖漿則具有獨特香氣，經常會搭配鬆餅一起食用，可以取代細砂糖和蜂蜜。

增添風味的材料

巧克力豆

可以添加在餅乾、蛋糕或瑪芬中，或是用於裝飾。請選用高熔點巧克力豆，放入烤箱高溫烘烤才不會融化。

葡萄乾

製作餅乾、瑪芬、麵包時經常會添加的果乾。揉入麵團前請先用蘭姆酒浸泡，使其恢復濕潤及香甜風味。

藍莓乾、蔓越莓乾

帶有酸味的乾燥水果，製作餅乾、麵包、蛋糕時經常使用。使用前請先用蘭姆酒浸泡，使其恢復濕潤及香甜風味。

香橙酒、可可酒、櫻桃酒

添加一點點在蛋糕或鮮奶油霜中，可以增添風味，也可消除雞蛋腥味和麵粉味。

核桃、胡桃

具有香味的堅果類，可搗碎或整顆使用，融入派、餅乾、麵包裡面，或是用來點綴巧克力。胡桃又名美國山核桃，味道比核桃淡雅一些，果仁呈瘦長形。

杏仁、杏仁片

杏仁是家庭烘焙時常使用的堅果類，依據需求不同有去皮杏仁粒、未去皮杏仁粒、杏仁片、杏仁角等不同種類可供選擇。

糖漬橙皮、檸檬皮

用糖蜜漬的橙皮和檸檬皮，主要用於製作磅蛋糕、義大利耶誕水果麵包、瑪芬，可增添水果的香甜味。

蘭姆酒

用蔗糖釀造的蒸餾酒，最適合用來浸泡乾果類食材，使乾果濕潤，增添酒香和果香，也能消除雞蛋腥味和麵粉味。

・香草莢

具有香草天然的濃郁香氣。使用時先剖開香草莢，用刀背將內部的香草籽刮下來使用。

・吉利丁片、吉利丁粉

製作果凍、奶酪、慕斯蛋糕時，可使液體凝固成凍狀。吉利丁粉溶解速度快，使用較方便，1小匙吉利丁粉可取代2片吉利丁片。

・肉桂粉

味道濃郁的辛香食材，微辣中帶有淡淡甜味。可以依據個人喜好增減用量。

・紅茶末

伯爵茶、阿薩姆、大吉嶺……各種紅茶種類皆可使用。茶包放入熱水泡開後，將茶葉末和茶湯一起揉入麵團或麵糊中，紅茶香味會更濃郁。

・可可粉

去除可可豆中的可可脂後磨製而成，烘焙時大多選用無糖可可粉。可以製作巧克力蛋糕、餅乾，也可以用於裝飾。

・香草精、香草油

濃縮的香草味添加物，能消除雞蛋腥味和麵粉味。香草油適合蛋糕麵糊，經過長時間烘烤仍能保有其香氣。

・蛋糕果膠粉

可以自製不同口味的果膠，用來裝點蛋糕、水果塔，或是在蛋糕上做出一層果凍層。煮滾後，請趁凝固前盡速淋在蛋糕上作裝飾。

・抹茶粉

磨製成粉狀的茶葉，拌入麵團或麵糊中，可使成品具有茶香及翠綠色澤。也可以撒在成品表面作裝飾。

・杏仁粉

非中式杏仁茶粉末，烘焙用杏仁粉使用的是美國杏仁，去皮後磨製成粉狀，拌入餅乾、蛋糕中，能增添杏仁特有的淡雅堅果香味。使用前請先以濾網過篩，去除較大的顆粒。

・杏桃果醬

杏桃果醬和水以3：1的比例拌勻後煮滾，塗抹在烤好的磅蛋糕或瑪芬表面，不僅能增添光澤，還能防止蛋糕體水分蒸發，保持濕潤度。

- **杏仁膏**

杏仁粉添加大量細砂糖熬煮成的膏狀物。可以製作巧克力內餡或是德國耶誕麵包。杏仁膏的可塑性高，可以捏塑成任何想要的形狀，在外層披覆上巧克力。

- **優格粉**

粉狀的優格。用來製作優格口味的冰淇淋或飲品。

- **果醬粉**

讓製作果醬的過程變得更簡單快速的產品。果醬粉中含有果膠，可使果醬更快變濃稠、凝固，砂糖的用量也能減少1/3以上。

- **紅豆沙**

紅豆加糖熬煮而成的豆沙餡。用來製作豆沙麵包、羊羹、日式饅頭等甜點，也可依據喜好替換成白豆沙。

- **燕麥片**

市售即食燕麥片，在歐美國家會熬煮成粥或是直接加入牛奶或優格中當早餐食用。也會用來製作雜糧餅乾或燕麥派。

- **塔皮杯**

已烤好的杯形塔皮。只需要填充內餡就能直接食用，或是再放入烤箱稍微烘烤一下即可，省去許多製作甜點的時間和步驟。

裝飾材料

- **糖粉**

磨細的精細糖和澱粉混合而成。經常用於裝飾餅乾表面，或是製作派皮麵團。用於裝飾時，可以搭配濾網一起使用，可以使糖粉撒得更均勻。

- **防潮糖粉**

糖粉的一種，不容易吸收水氣，適合用於裝飾水氣較多的蛋糕和麵包成品表面。

- **天然食用色素**

從食物中萃取的天然色素。滴入鮮奶油霜、巧克力、餅乾糖霜中能呈現變換成不同顏色。色素的顏色經過高溫烘烤後會稍微變淡，所以調配時麵糊顏色要比最後想要呈現的顏色更深一點。

- **調溫巧克力couverture chocolate**

富含高濃度的可可脂，巧克力味道較濃厚香醇，是一般製作巧克力的原料，必須經過調溫才能展現光澤及柔順的口感。

- **免調溫巧克力 coating Chocolate**

又稱披覆巧克力，加熱融化後即可使用。經過加工，所以不需要經過調溫的過程也能產生亮澤感，還不熟悉操作調溫巧克力的新手可以使用免調溫巧克力作裝飾。

- **鏡面果膠**

塗抹在派或蛋糕上裝飾的水果表面，能增加光澤感，看起來更加美味可口，還可防止蛋糕或水果的水分蒸散，保持濕潤。

- **罌粟籽**

罌粟籽比芝麻再小一點，有黑色和白色兩種，焙炒過後具有特殊的香氣和口感。在歐洲是相當常見的調味料，可以添加在貝果或麵包的麵團中，或是用來裝飾餅乾。

- **紅晶冰糖**

黃褐色的粗粒結晶糖，顆粒比貳號砂糖更大一點，經過烘烤也不易融化。保有糖粒的口感，適合用於餅乾或麵包表面作裝飾。

- **罐頭櫻桃派餡**

現成的派、塔類甜點內餡，也可以用來裝飾鮮奶油蛋糕或瑪芬，或是鋪在蛋糕夾層中，濃稠度比果醬略稀一點。

- **烤盤油**

烤模內塗抹烤盤油，有助於蛋糕或麵包順利脫模。咕咕洛芙模、瑪德蓮烤模、派盤等紋路越多的模具越需要塗抹烤盤油。還有噴霧式的烤盤油可供選擇，操作時會更加方便。

- **巧克力筆**

可以直接在烘焙成品上塗鴉寫字的筆。浸泡在50℃左右的溫水5分鐘使巧克力軟化後即可使用，相當便利。

- **珍珠糖**

甜菜提煉而成，糖粒顏色潔白似珍珠而稱為珍珠糖，特點是高溫烘烤也不易融化。拌入比利時鬆餅的麵團中，烤好的鬆餅就能吃到糖粒脆脆的口感。

基本功具

攪拌盆

有壓克力、不鏽鋼、玻璃、塑膠等多種材質，請依據製作用途挑選適合的攪拌盆。最好能同時擁有2~3個不同尺寸的攪拌盆，烘焙時才能替換使用。並建議購買一個瘦長型的攪拌盆，製作鮮奶油霜或蛋白霜時內容物較不易濺出。

攪拌棒、攪揉棒

球狀攪拌棒：適合用來快速打發鮮奶油霜、美乃滋及蛋白霜；螺旋狀攪揉棒：可以快速將食材攪拌成麵團。

製麵包機

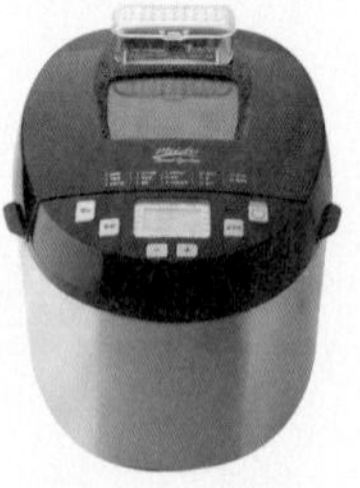

攪拌麵團、發酵、烘焙，一機搞定，只要按幾個按鈕就能輕鬆做出多款健康麵包。購買時請比較各廠牌製麵包機的操作難易度、是否容易清洗、功能的多寡，選擇適合自己的機款。

電子秤

請選擇烘焙用的電子秤，以公克（g）為單位，最大計量至少要1～2公斤（kg）。使用時請勿重摔或浸泡到水中，以免機體故障，測量數值不精確。

刮刀

攪拌食材以及刮除附著在攪拌盆上的材料時使用的工具。建議選用耐熱的矽膠刮刀，加熱融化巧克力或奶油時也可以使用。

手持式電動攪拌機

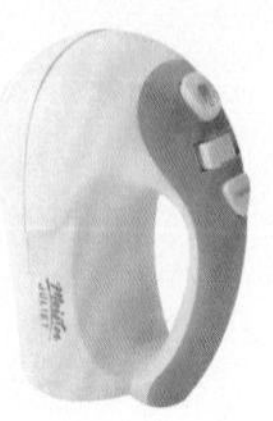

幫助我們輕鬆打發鮮奶油霜、蛋白霜以及揉麵團的廚房家電，有攪拌棒和攪揉棒可供替換，還可以調節轉速，是烘焙好幫手。

打蛋器

能輕鬆將食材打散、拌勻的工具。購買時請考量攪拌盆的大小選擇適合的打蛋器。

量杯、量匙

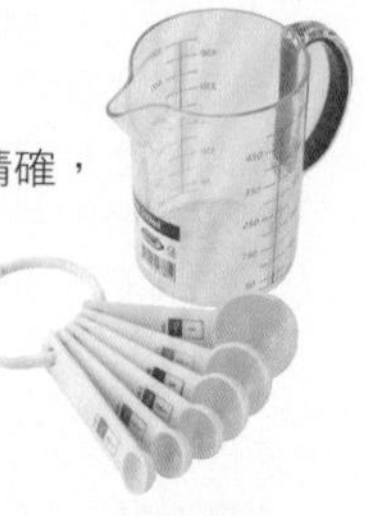

烘焙時各種食材的份量都必須精確，所以一定要具備計量的器具。量杯用來量取液體食材，量匙則測量份量較少的粉類和液體類。

各式網篩

麵粉過篩後使麵粉的顆粒與顆粒之間充滿空氣，攪拌時較不易出現麵粉塊，烘烤出來的麵包和蛋糕也更鬆軟。網篩的大小和網目粗細各有不同，請依據用途和使用的方便性選擇適用的網篩。

刮板

切麵團或整平蛋糕麵糊表面的工具。塑膠刮板適合用來整平蛋糕麵糊的表面；不鏽鋼刮板適合用來切割麵包麵團。

• 奶油搗碎器

部分餅乾、派皮、司康麵團需要使用冰過的固狀奶油，以奶油搗碎器壓碎奶油後才能與其他食材混合均勻。

• 麵團發酵布

麵團靜置發酵時，以發酵布覆蓋，避免麵團表面因接觸空氣而乾裂，還可以維持溫度和保濕。麵團發酵布有棉布、胚布、帆布等不同材質種類供選擇。

• 烘焙刷

塗抹蛋液、牛奶、奶油、糖漿、烤盤油時會使用到的工具。建議選用矽膠材質的烘焙刷，不會掉毛，也比較容易清洗乾淨，不易滋生細菌。使用時勿直接接觸火源，使用完畢請清洗乾淨、晾乾後再收納。

• 溫度計

巧克力調溫時必須準確控制溫度，建議使用電子溫度計測量，較能降低誤差範圍，精準掌握溫度變化。

••• 麵團整形工具

• 擀麵棍

擀平麵包、派、餅乾等麵團的工具。建議使用木製且有握把的活動式擀麵棍，操作時會更加順手。

• 餅乾壓模

有不鏽鋼和塑膠兩種材質，造型多樣，可製作出許多造型可愛的餅乾。收納時請勿擠壓使餅乾壓模變形。

• 擠花袋

可以填充內餡直接使用，或是和擠花嘴一起使用製作各種造型和裝飾。材質可選擇重複使用的專業擠花袋，或是拋棄式的塑膠、防油紙擠花袋。

• 抹刀

在蛋糕上塗抹鮮奶油霜時使用的工具。一般選用不鏽鋼製的一字形抹刀，使用完畢後用泡綿輕柔洗滌即可，請勿重壓使刀片彎曲變形。

• 起酥輪刀

切割千層酥、可頌、餅乾麵團的工具。選用具有直線和波浪刀片的兩用輪刀，使用上會更加便利。

• 擠花嘴

裝入擠花袋中使用，製作擠花餅乾、泡芙、蛋糕裝飾。不同造型的擠花嘴，擠出來的花紋會有很大的差異，若要做出和照片中一模一樣的花紋，請預先準備工具欄中標示的擠花嘴。

- **旋轉台**

裝飾蛋糕時必備的工具。烤好的蛋糕胚放置在旋轉台上，搭配抹刀一起使用，便能很輕鬆地將鮮奶油霜平整地塗抹在蛋糕胚表面，並增添各種裝飾。

- **慕斯圍邊紙**

製作乳酪蛋糕、慕斯蛋糕時圍在慕斯圈內側的塑膠紙。使用圍邊紙，拿掉慕斯圈時才不會沾黏，使蛋糕形狀保持最佳狀態。

- **烘焙紙、烤盤布**

烘焙紙裁剪成適當的大小，鋪在烤盤或烤模中，可防止麵包、餅乾、麵團沾黏，烤盤及烤模也較容易清洗。除了烘焙紙，還有可重複清洗再利用的烤盤布供選擇。

- **巧克力刮刀**

將巧克力磚刮成碎片的工具。操作前先將巧克力磚放置在常溫稍微軟化，就能輕易刮出有弧度且形狀完整的巧克力碎片。

●●● 各式烤模

- **基本款：圓形烤模、方形烤模**

圓形烤模用來烘烤海綿蛋糕或製作乳酪蛋糕，請依個人需求選擇底盤固定或是底盤可活動的圓形烤模，家庭烘焙最常使用的尺寸為直徑15cm和18cm。製作長崎蛋糕或布朗尼用的方形烤模，以邊長20cm及22.5cm這兩種尺寸最適合家庭烘焙使用。

- **土司模**

不加蓋的土司模烤出的土司會呈現頂端隆起的山形土司，也可以選擇加蓋的土司模製作方形土司，另外還有正立方體的土司模。使用完畢請洗淨晾乾後再收納。

- **杯形烤盤、瑪德蓮烤盤**

製作瑪芬、杯子蛋糕、瑪德蓮的烤模，具有多種尺寸，家庭烘焙普遍使用的是6連或12連杯形烤盤，以及12連的瑪德蓮烤盤。

- **咕咕洛芙模**

又稱雙層空心菊花模，模型上有螺旋紋樣，倒扣就像一頂皇冠，烘烤出來的蛋糕不需要裝飾就很有質感。烤模中央的空心管可使麵糊和麵團均勻受熱，有各種尺寸可供選擇。

- **戚風蛋糕模**

烘烤戚風蛋糕的專用烤模，不用塗抹烤盤油或奶油，只需要將內層噴濕即可。中央的空心管較突出，若家裡使用的是小型烤箱，請確認高度及尺寸，購買合適的大小。最常使用戚風蛋糕模的尺寸是直徑15cm。

- **烘烤紙杯、烘烤襯紙杯**

烘烤紙杯造型可愛、尺寸及色彩的選擇也相當多樣。可以免除麵團沾黏的問題，用來製作送禮的甜點也是可愛又美觀，是近年來頗受歡迎的烘焙用品。製作瑪芬蛋糕、磅蛋糕、巧克力、杯子蛋糕時都可以使用。糕模的尺寸是直徑15cm。

- 派盤

邊緣有皺摺的派皮烤模，除了圓形，也有矩形的派盤。購買時可選擇有活動式底盤的派盤，方便脫模。最常使用的派盤尺寸為直徑20cm。

- 蛋糕捲烤盤

平底、面寬的烤盤，除了烘烤蛋糕捲用的蛋糕以外，也很適合烤餅乾和麵包。購買時請先測量家中烤箱的大小，選擇適合的烤盤。

- 慕斯圈

製作不需烘烤、依靠冷藏使成品凝固的慕斯蛋糕或乳酪蛋糕時使用的模具。有圓形、心形、三角形、矩形、彎月形、六角形等款式，最常使用的是直徑15cm和18cm的圓形慕斯圈。

- 半球形烤模

烤模呈立體半球形，使用時請用慕斯圈或圓形烤模放置在下方使其固定，確定不會滾動後，再倒入麵糊。

- 法國長棍麵包烤盤

烘烤法國長棍麵包專用的烤盤，烤盤上布滿許多小孔使麵團均勻受熱。若家中沒有長棍麵包烤盤，可以用較厚的發酵布摺出等寬的凹槽，放入麵團，一樣能烤出漂亮的法國長棍麵包。

•••烘烤工具

- 烤箱

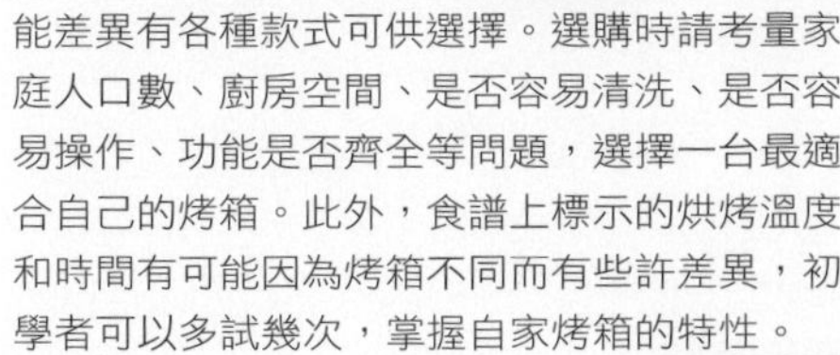

分為瓦斯烤箱、電烤箱兩種，根據大小和功能差異有各種款式可供選擇。選購時請考量家庭人口數、廚房空間、是否容易清洗、是否容易操作、功能是否齊全等問題，選擇一台最適合自己的烤箱。此外，食譜上標示的烘烤溫度和時間有可能因為烤箱不同而有些許差異，初學者可以多試幾次，掌握自家烤箱的特性。

- 甜甜圈機

製作甜甜圈的好幫手，可以迅速完成美味甜甜圈，給孩子們當課後甜點。操作方法簡單，少了油炸的大量油脂，製作出來的甜甜圈更健康。

- 冷卻架

又稱平網盤，使剛出爐的麵包、蛋糕、餅乾加速冷卻降溫的工具。側邊有支架撐高網面，增加通風性，使成品快速降溫，不易生成水氣。

- 計時器

提醒我們麵包的發酵時間以及餅乾麵團的冷藏靜置時間。使用時要避免摔落在地上或是放置於高溫的烤箱或瓦斯爐旁。

- 鬆餅模、鬆餅機

買一包現成的鬆餅粉，搭配鬆餅模或鬆餅機就能輕鬆做出美味好吃的鬆餅。除了圓形，還有四角形、心形等形狀的鬆餅模或鬆餅機。

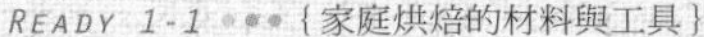

>>> READY 1-2

烘焙新手必學的基礎烘焙技巧

認識了各種材料和工具後，
新手們接著要學會的就是各種準備工作和基礎裝飾，
鋪烘焙紙，製作各種內餡醬料，打發蛋白霜及鮮奶油霜，塗抹鮮奶油霜等……
也許你會覺得基礎技巧就這麼難而感到氣餒，
但是這些都是烘焙時會一直重複運用到的技巧，
只要多烤幾次蛋糕、餅乾作練習，相信你馬上就能學會這些技巧並得心應手了。
現在就一起來學習烘焙新手必學的基礎烘焙技巧吧！

●●●鋪烘焙紙

烤麵包或蛋糕時在烤模內先鋪好烘焙紙，烤模容易清洗，
麵團或麵糊隔著烘焙紙不會直接接觸到炙熱的烤模，也不容易烤焦或是變硬。
現在就來學習如何在各種烤模內鋪烘焙紙吧！

● 圓形烤模

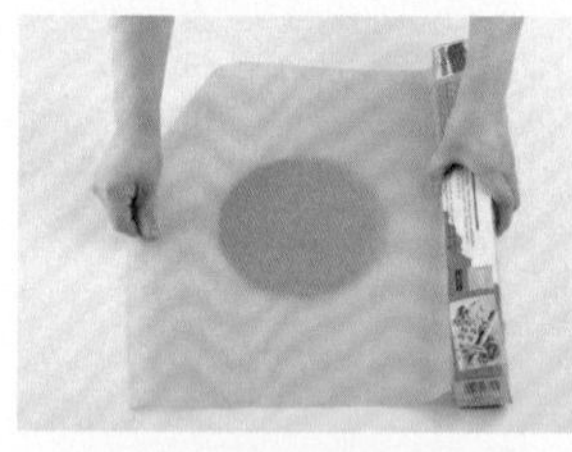

1 先解開圓形烤模的鎖扣，取出底盤，在底盤上方鋪上一層烘焙紙。

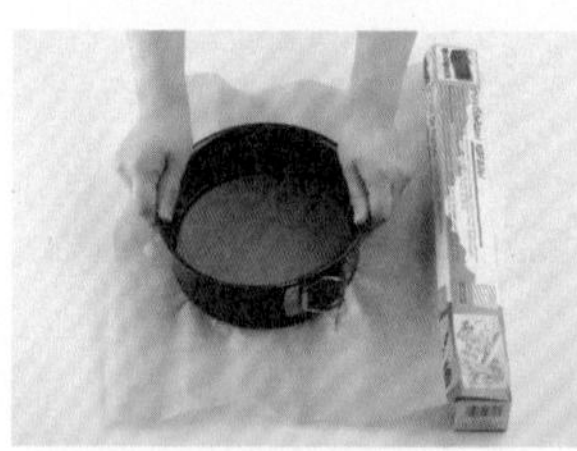

2 烤模的圓框對準底盤，用力地按壓，使其密合。

3 底盤連同烘焙紙一起固定住，扣上鎖扣。

4 圓框邊緣的烘焙紙只需保留3cm的寬度，將多餘的部分剪掉。

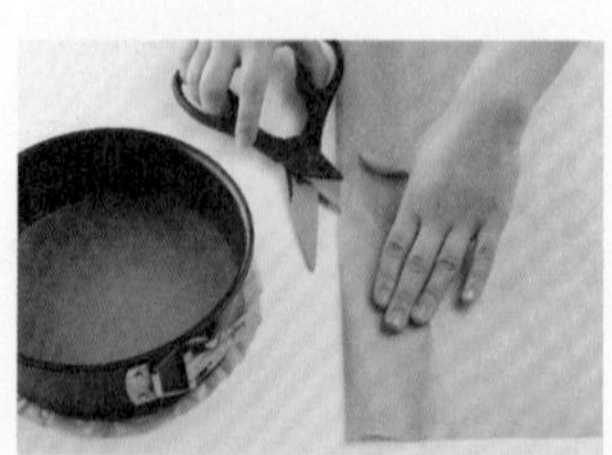

5 摺出與圓框高度一樣寬的紙帶，用剪刀剪下。

6 將紙帶圍在圓框內側，固定住即可。

●方形烤模、蛋糕捲烤盤

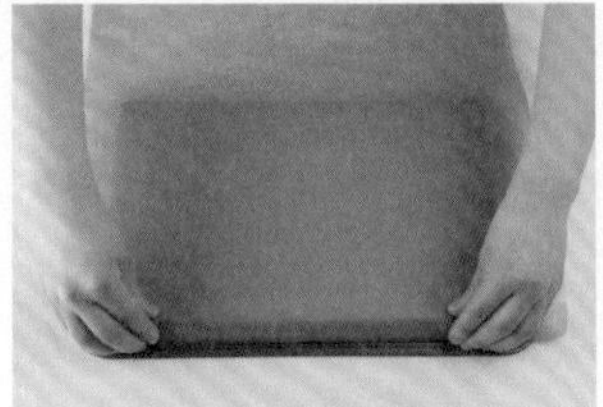

1 烤模翻至背面，烘焙紙覆蓋在烤模上，沿著烤盤的邊角用手指捏摺出兩個長邊。

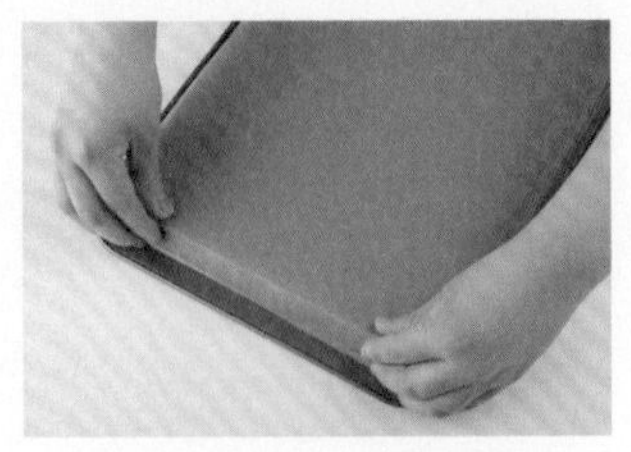

2 用同樣的方法捏摺兩個短邊，將多餘部分做記號。

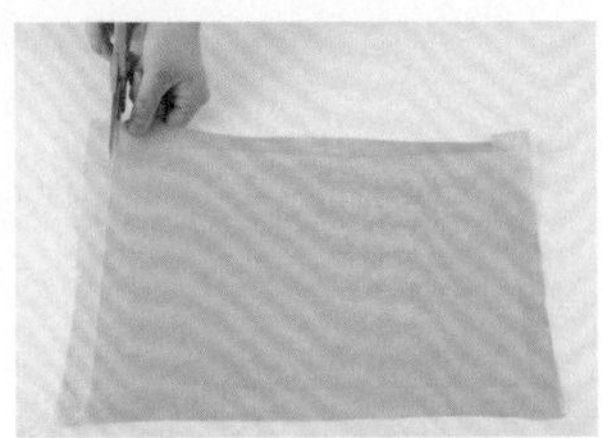

3 用剪刀剪掉多餘的烘焙紙。

4 沿摺線在矩形的四個邊，如圖各剪開一個小缺口。

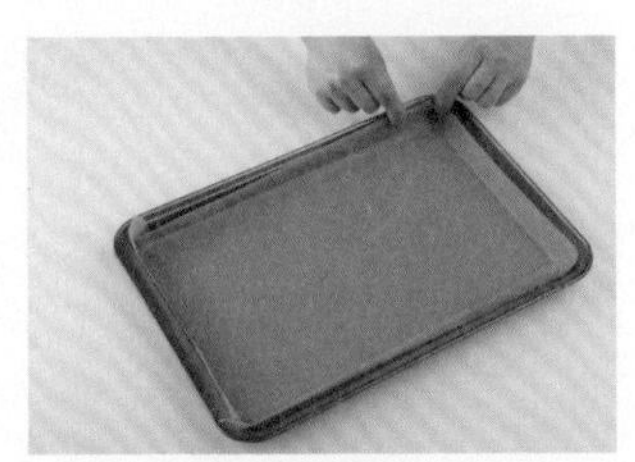

5 烘焙紙鋪入烤模內，四個角摺成立體直角，固定住即可。

●土司模、磅蛋糕模

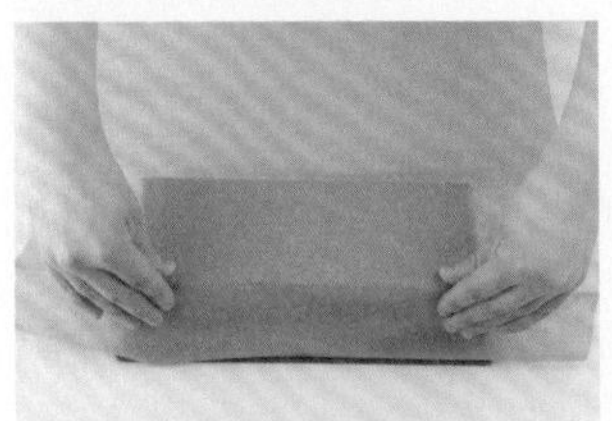

1 土司模翻至背面，烘焙紙覆蓋在烤模上，捏摺出土司模的底面及兩個長面。

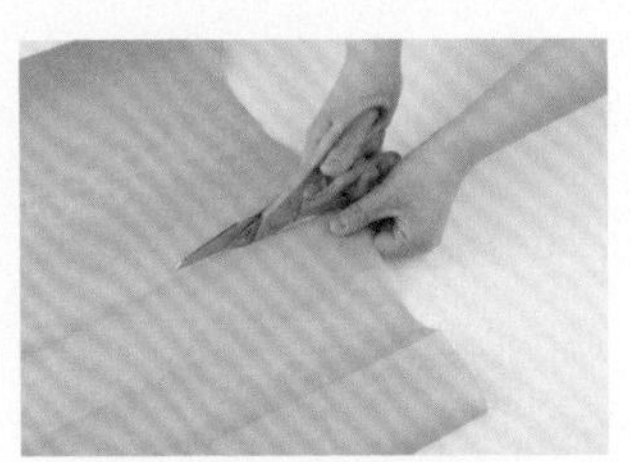

2 用剪刀剪掉多餘的烘焙紙。

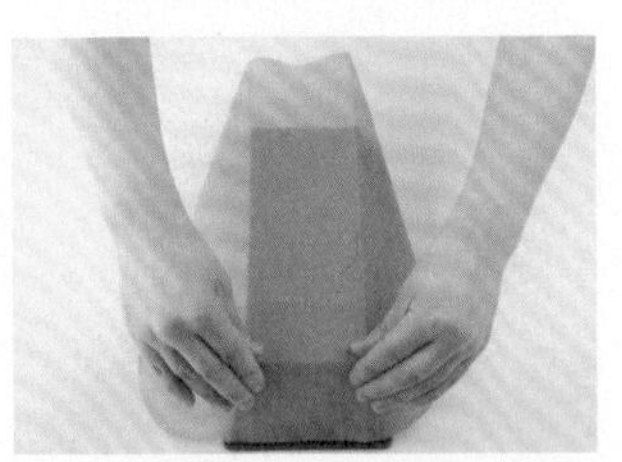

3 烘焙紙鋪回背面，捏摺出兩個較短的面，剪去多餘部分。

4 用剪刀剪掉多餘的烘焙紙。沿著兩個短邊的摺線各剪開兩個缺口。

5 烘焙紙摺成立體長方形，放入烤模中，固定住即可。

使用手持式電動攪拌機

使用手持式電動攪拌機時，
每運轉2分鐘就要讓攪拌機休息一下，馬達才不會過熱，降低使用壽命。
也盡量避免一次加入太大量的食材一起攪拌，造成馬達的負擔。
冷水清洗完攪拌棒和攪揉棒，可以再用熱水沖洗一下，徹底清除殘留的奶油和油脂類。

1 **組裝攪拌棒**

攪拌棒可以用於一般攪拌或是將空氣快速打入液體中。攪拌棒有兩支，呈橢圓形空心狀。攪拌棒插入主機上的插孔內，直到聽到「喀」一聲即表示攪拌棒已正確進入卡榫，組裝完成。

2 **組裝攪揉棒**

攪揉棒呈螺旋鉤狀，用來攪揉麵包的麵團或製作奶酥和菠蘿皮。同樣要將攪揉棒準確插入主機上的插孔內，才能使用。

3 **調整轉速**

握把處的前端有一個轉速調節鈕，可依據標示的數字調整轉速的強弱。一般有五段速，1為最低速，5為最高速。部分機型具有瞬間加速功能，可以迅速加速到最高速，適用於短時間的快速攪拌。有兩支，呈橢圓形空心狀。攪拌棒插入主機上的插孔內，直到聽到「喀」一聲即表示攪拌棒已正確進入卡榫，組裝完成。

4 **拆卸攪拌棒**

拆卸攪拌棒時請按下最前端的推柄鈕，若不按推柄鈕強行拔除，很容易損害主機結構而故障。

5 **傾斜攪拌盆**

當攪拌盆內的食材不多時，可以將攪拌盆往攪拌機的方向稍微傾斜，增加攪拌棒與食材的接觸面。

6 **打發食材**

打發鮮奶油和蛋白時必須讓攪拌棒碰觸到攪拌盆底部並維持垂直角度攪拌，打出來的泡沫會更蓬鬆。此時固定住手持式攪拌機，輕輕旋轉攪拌盆，泡沫會更加細緻均勻。

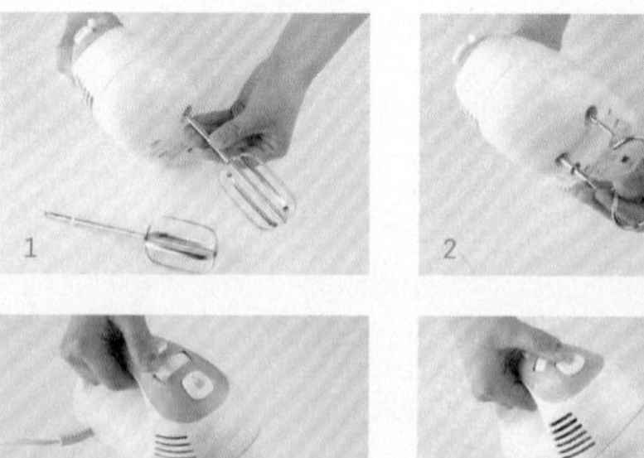

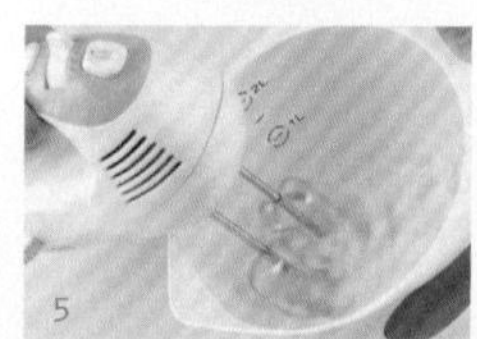

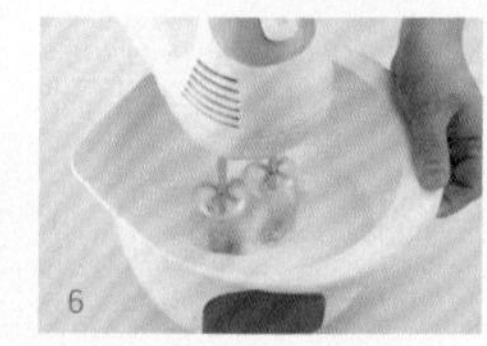

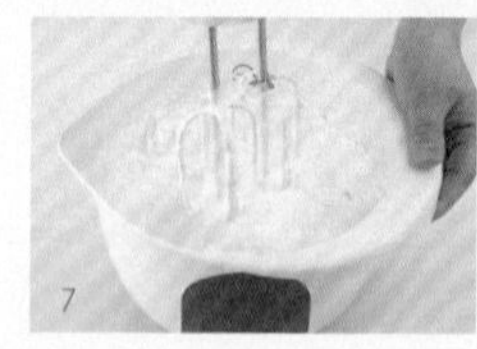

7 **攪拌結束後**

食材攪拌好，轉速鈕歸零，但別急著取出攪拌棒，用刮刀等工具將沾附在攪拌棒上的食材刮入攪拌盆中再移除清洗，才不會浪費食材。

8 **放下攪拌機**

攪拌機暫時不用時可以平放在桌面，使攪拌器不會碰觸到桌面上的髒污。

···蛋糕、麵包脫模

麵包或蛋糕出爐後必須立刻脫模，放置在冷卻架上充分降溫。
若出爐後仍繼續放在烤模中，很容易就會塌陷、變形。
若烤模內有事先鋪上烘焙紙，請脫模後連同烘焙紙一起放在冷卻架上降溫，
冷卻後再撕掉烘焙紙。

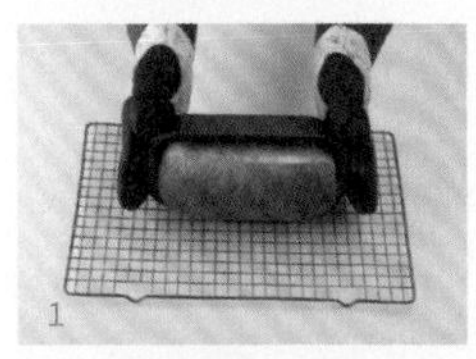
1

2

1 蛋糕或麵包烤好後，帶上隔熱手套將成品脫模，倒在冷卻架上。
2 充分降溫後，裝進塑膠袋或密封容器保存。麵包或蛋糕若在常溫放太久，表面水分會蒸發掉，變得乾硬粗糙。

···打發鮮奶油霜

製作蛋糕裝飾、慕斯蛋糕、冰淇淋都會使用到鮮奶油霜。
打發鮮奶油霜時，鮮奶油一定要夠冰，或是在攪拌盆下方用冰塊水保持冷度。
製作內餡用的鮮奶油霜需要打至8分發左右。
裝飾蛋糕用的鮮奶油霜則需要全打發，泡沫呈固體狀，
完全不會流動才算完成。

材料 •動物性鮮奶油300ml •細砂糖50g •香草砂糖1包（8g） •香橙酒1大匙

1 攪拌盆中倒入鮮奶油，用電動攪拌器的最高速攪打，泡沫開始膨脹後，分2～3次將細砂糖及香草砂糖倒入一起攪打。
2 打到泡沫出現光澤，細緻蓬鬆時，倒入1大匙香橙酒，轉最低速攪拌10秒鐘拌勻，增添香氣。
3 提起攪拌棒時，鮮奶油霜要呈倒鉤狀沾附在攪拌棒上，不會滴落。
4 用刮刀挖起一大勺鮮奶油霜，會像霜淇淋般綿密，慢慢地往下垂落，此時大約是8分發鮮奶油霜。用來裝飾蛋糕用的全打發鮮奶油霜則需要繼續攪打至完全不會流動的固態狀態為止。

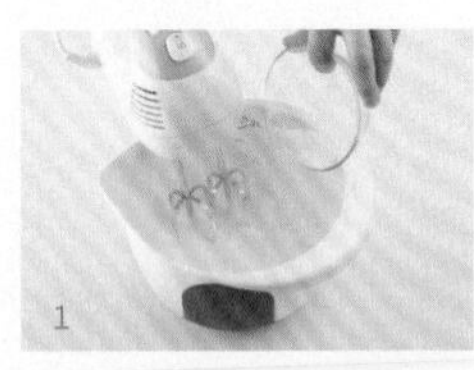
1

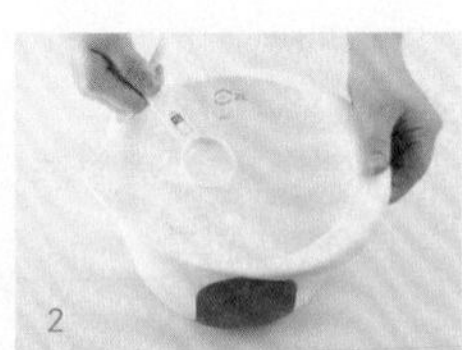
2

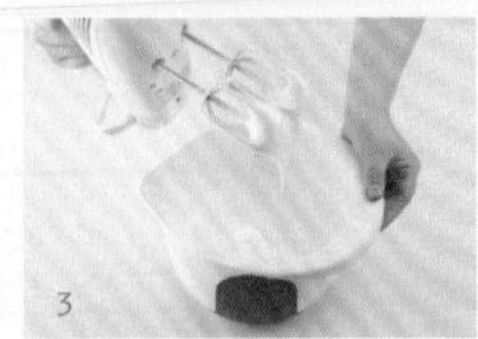
3

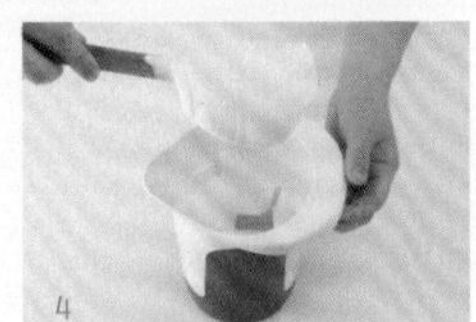
4

···蛋糕裝飾

在蛋糕表面塗抹打發好的鮮奶油霜或巧克力鮮奶油霜等霜飾，
可以使蛋糕看起來更美觀可口。
抹面時，最重要的是塗抹在蛋糕上的霜飾要光滑平順、厚薄均匀，
善用抹刀與旋轉台這兩項工具，能使抹面的過程更得心應手。

材料 • 動物性鮮奶油500ml • 細砂糖50g • 香草砂糖1包（8g）

1 鮮奶油霜打至全打發，先將戚風蛋糕頂面塗滿鮮奶油霜，用抹刀輕輕地左右滑動，抹出工整的平面。

2 蛋糕側邊也抹滿鮮奶油霜。抹刀垂直於旋轉台固定住不動，再轉動旋轉台，就可使側邊的鮮奶油霜平整且厚度均匀。

3 鮮奶油霜抹入蛋糕中央的凹洞後，抹刀垂直插入洞中固定住，轉動旋轉台就能抹出平整的光滑面。

4 抹刀橫放，把裝飾側邊時跑上來的鮮奶油霜刮除，並做最後修飾，使蛋糕上的鮮奶油霜都光滑平整即可。

5 想在蛋糕側邊做一些紋路，可將抹刀末端輕輕碰觸到鮮奶油霜表面，轉動旋轉台，就能在側邊刮出紋路。

6 想在蛋糕頂面做出花朵形狀，可以用抹刀的末端挖一點鮮奶油霜，貼在蛋糕頂面輕輕壓一下，往外收回，就能做出一片花瓣，重複同樣動作做出花朵造型。

1

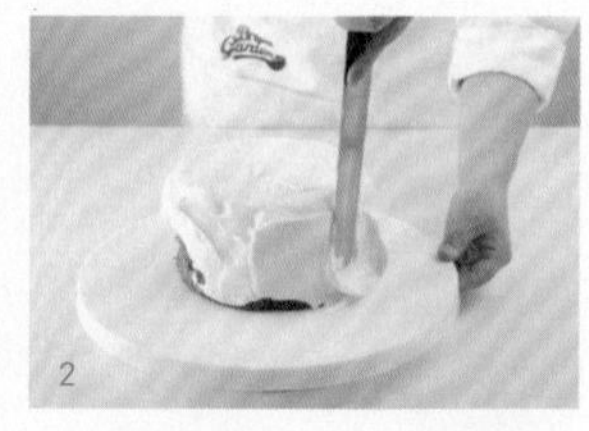
2

3

4

5

6

‧‧‧使用擠花袋

無論是填充內餡還是裱花做裝飾經常會使用到擠花袋。
分為拋棄式擠花袋和可重複使用的專業擠花袋兩種。
拋棄式擠花袋以防油紙或塑膠等材質為主；
專業擠花袋材質為多元酯，柔軟耐用，可清洗，
使用完畢請洗淨晾乾再收納，避免產生異味及孳生細菌。

材料　• 動物性鮮奶油500ml　• 細砂糖50g　• 香草砂糖1包（8g）

1 目測擠花嘴的大小，用剪刀在擠花袋的末端剪一個小開口。一開始不要剪太大，以免缺口大於擠花嘴而無法補救。
2 擠花嘴裝入擠花袋中，擠花嘴與擠花袋約有2/3重疊。
3 填裝鮮奶油霜前，可將擠花嘴上方的擠花袋扭轉幾圈，塞進擠花嘴中，以免填裝時鮮奶油霜從擠花嘴口滲出。
4 打開擠花袋的開口，向外翻摺，用虎口撐開擠花袋。
5 鮮奶油霜裝入擠花袋中。
6 用刮板將鮮奶油霜往擠花嘴的方向推。
7 握住擠花袋上方，扭轉扣緊排出空氣，呈現飽滿的圓錐狀。擠壓時，手掌的施力要大，擠出來的紋路才會清晰。

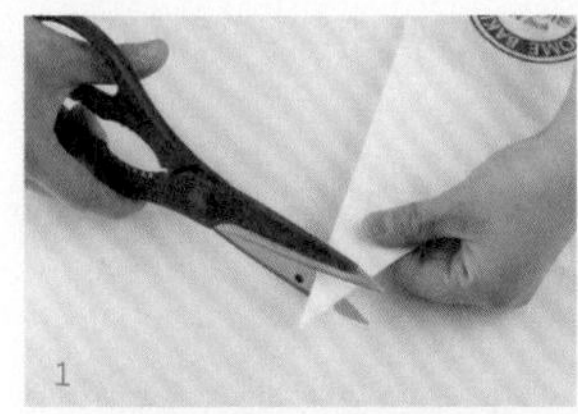
1

2

3

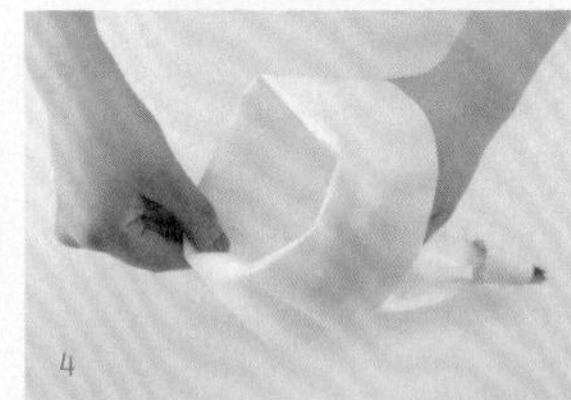
4

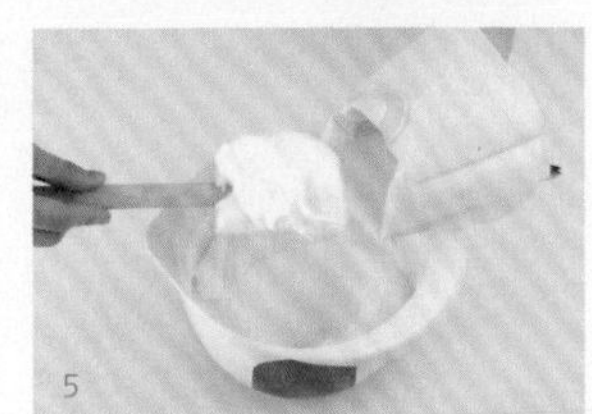
5

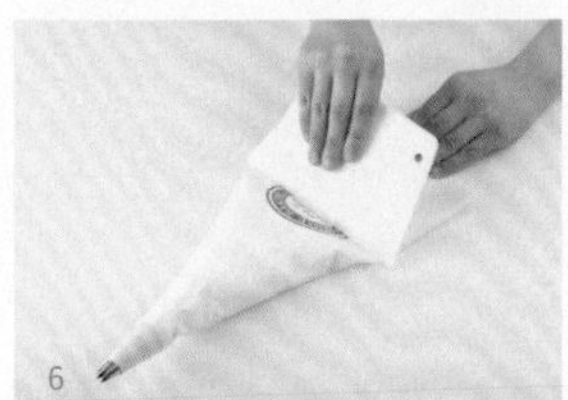
6

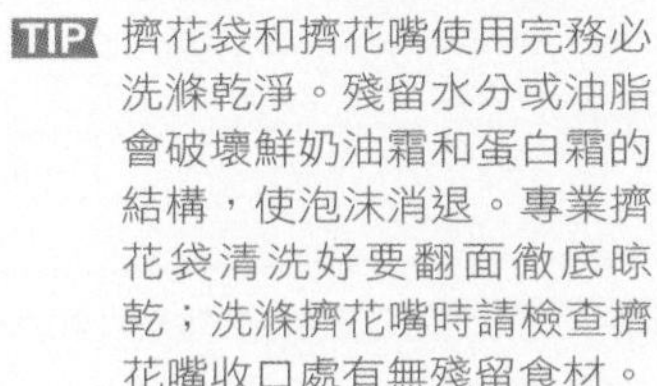
TIP 擠花袋和擠花嘴使用完務必洗滌乾淨。殘留水分或油脂會破壞鮮奶油霜和蛋白霜的結構，使泡沫消退。專業擠花袋清洗好要翻面徹底晾乾；洗滌擠花嘴時請檢查擠花嘴收口處有無殘留食材。

7

自製拋棄式擠花袋

製作糖霜彩繪餅乾或是裝飾巧克力等做細部點綴時經常用到拋棄式擠花袋，
除了購買擠料瓶或拋棄式擠花袋，也可以在家用烘焙紙自行製作喔！

1 用烘焙紙摺出一個等腰直角三角形，並用剪刀剪下。

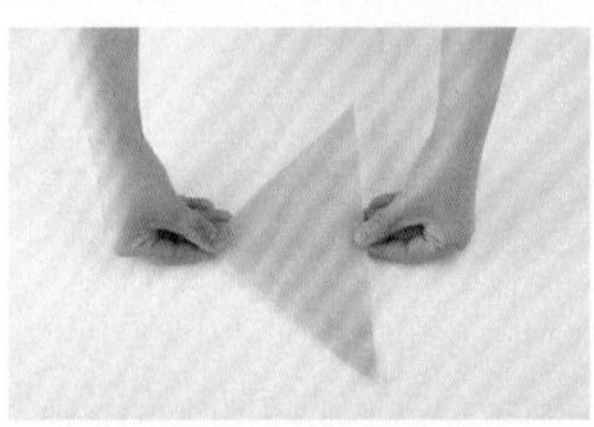

2 用指甲在三角形底邊的中心點做個記號。

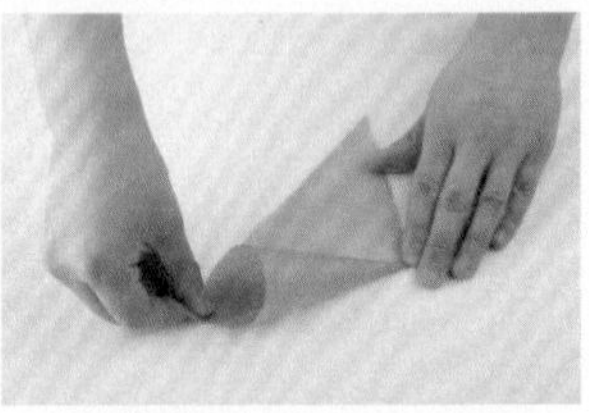

3 固定住底邊中心點，抓住三角形的其中一個銳角向內翻捲，呈圓錐狀。

4 剩下半邊的烘焙紙順著圓錐的弧度捲完。

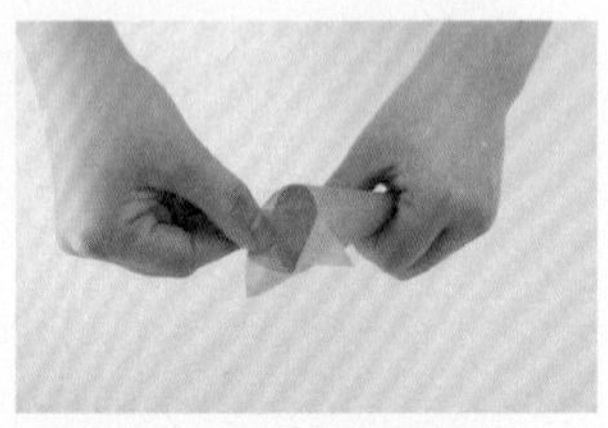

5 突出的內圈銳角向外摺，外圈的銳角向內摺，使形狀固定，不會鬆散，即完成。

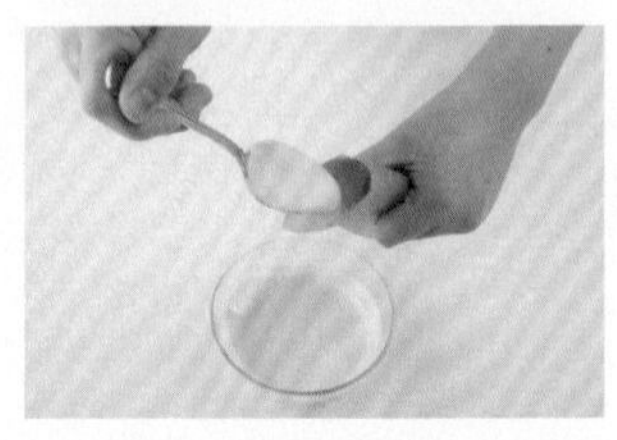

6 用湯匙將裝飾用食材裝入擠花袋。

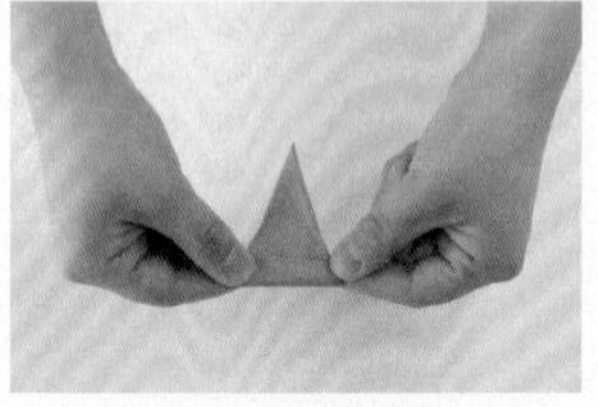

7 開口處向下翻摺數次，使內容物不會流出。

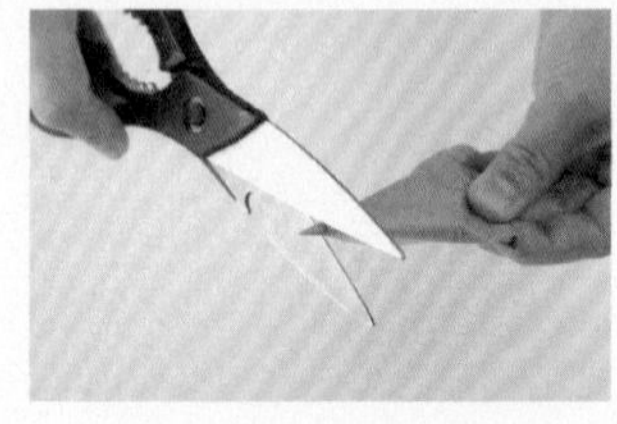

8 用剪刀將擠花袋的尖端剪開一個小孔即可使用。

製作蛋白霜

在蛋白中加入細砂糖打發成綿密的泡沫就是所謂的蛋白霜，
製作各式蛋糕、蛋白餅乾時經常會用到，請一定要熟記蛋白霜的作法。
蛋白霜的作法有很多種，家庭烘焙中最常使用的是法式蛋白霜及義式蛋白霜。

Ⓐ 法式蛋白霜

直接使用冷藏溫度的蛋白，加糖打成細緻的泡沫，是最簡單也最普遍的蛋白霜作法。

材料 • 蛋白3顆 • 細砂糖45g

1 攪拌盆中倒入蛋白，以電動攪拌器的最高速攪打，蛋白會開始出現粗泡沫。
2 繼續以最高速攪打，打到泡沫開始由粗變細。
3 泡沫變膨鬆，體積膨大時，分2～3次加入細砂糖，繼續攪打。
4 持續用最高速攪打至蛋白霜出現光澤，泡沫不會流動。
5 蛋白霜呈彎鉤狀沾附在攪拌棒上，即表示完成濕性發泡。

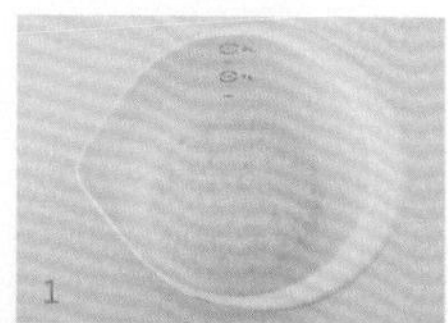
1

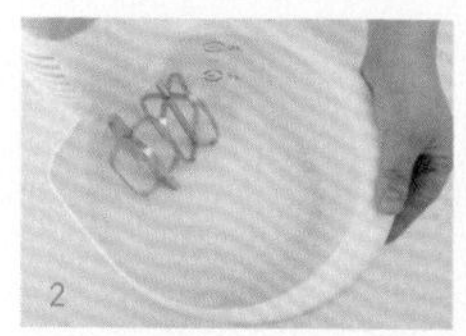
2

3

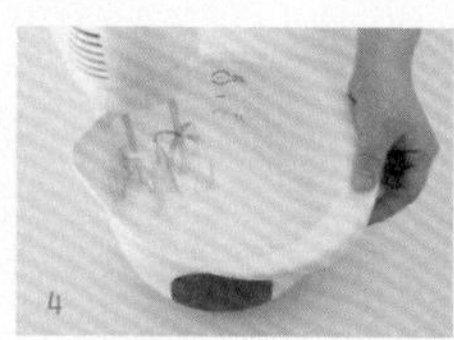
4

5

TIP 製作蛋白霜時，攪拌盆、攪拌棒上不可殘留水分或油脂，否則蛋白霜無法打發。操作前請先確認所有器具已經清洗乾淨並且無殘留水分。

Ⓑ 義式蛋白霜

在蛋白泡沫中注入融化的砂糖糖液一起打發，砂糖糖液要加熱至完全沸騰，倒入蛋白泡沫中攪拌。

材料 • 蛋26g • 水26ml • 細砂糖80g

1 攪拌盆中倒入蛋白，以電動攪拌器的最高速攪打20秒，打至5分發，大泡泡開始轉變成小泡泡的程度。
2 鍋子中倒入一些水，鍋子內部充分潤濕後，將水倒掉。
3 倒入細砂糖及水，開中火煮至細砂糖完全融化，沸騰冒泡，用刮刀撈起呈現濃稠勾芡狀即可關火。
4 步驟3的滾燙砂糖糖漿分次倒入蛋白中，以最高速攪打3～4分鐘。打到蛋白霜出現明亮光澤，泡沫變硬挺。
5 蛋白霜呈尖錐狀懸掛在攪拌棒上，不滴落即表示完成。

1

3

4

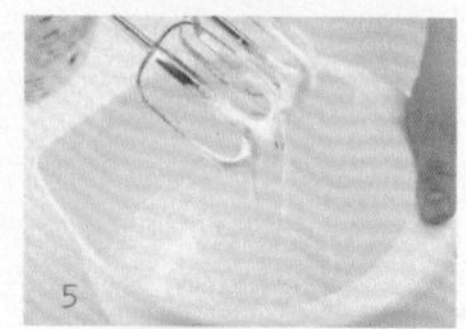
5

•••製作卡士達醬

卡士達醬具有濃滑綿密的口感和香草的特有甜香，
運用在泡芙、水果塔及蛋糕類等甜點的內餡。
內餡用的卡士達醬最好前一天製作完成，放置在冰箱冷藏冰涼。

材料 •香草莢1/2枝 •牛奶250ml •細砂糖60g •蛋黃3顆 •低筋麵粉25g

1 香草莢剖半。
2 用小刀將莢內的香草籽刮下來。
3 鍋子中放入牛奶、60g細砂糖中的20g、香草籽和香草莢的外殼，中火加熱。
4 鍋子邊緣開始出現冒泡時立即關火。
5 攪拌盆中倒入蛋黃、剩餘的40g細砂糖，用打蛋器攪拌均勻。
6 低筋麵粉預先過篩兩次，第三次直接篩入攪拌盆中，用打蛋器攪拌至沒有麵粉顆粒為止。
7 過濾掉步驟4牛奶中的香草莢和較粗的香草籽，倒入步驟6。
8 重新放入鍋中，中火加熱，用刮刀持續攪拌以免燒焦，煮1～2分鐘，當卡士達醬變成濃稠糊狀即可關火。
9 裝入容器中，卡士達醬表面以保鮮膜貼住，與空氣隔絕，放入冰箱冷藏備用。

TIP 若沒有新鮮香草莢，可以用1包香草砂糖（8g）或1/4小匙香草精替代。
要製作巧克力卡士達醬，在步驟8時加入切碎的調溫黑巧克力一起融解、拌勻即可。

···製作巧克力裝飾

調溫巧克力加熱融化後可以製作成片狀、
網狀等各式各樣的造型，裝飾在蛋糕及甜點上。
若初學者還不熟悉如何操作調溫巧克力，
也可以用巧克力筆來替代，簡單又方便。
只需在使用前將巧克力筆放入熱水中浸泡10分鐘即可使用。

Ⓐ 巧克力片

1 在桌上鋪一片透明塑膠紙，抹上一層薄薄的融化調溫白巧克力。
2 再抹上一些融化的調溫黑巧克力，趁巧克力凝固前以抹刀製作出大理石花紋。
3 靜置30分鐘，待巧克力凝固即可用圓形輪刀切割，或用手直接扳摺成不規則形狀。

1

2

3

Ⓑ 巧克力筆

1 在烘焙紙上畫出雪花、翅膀、三角形等喜歡的圖案。
2 靜置30分鐘，待巧克力凝固即可取下使用。

1

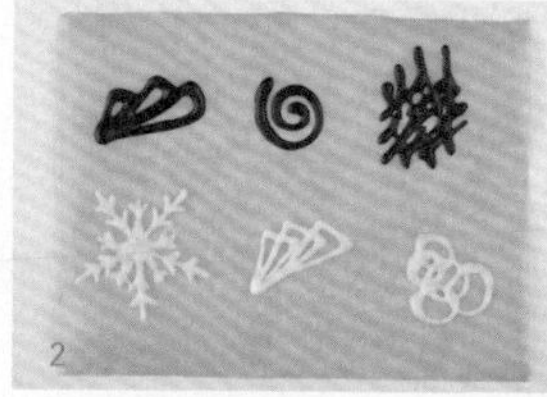
2

•••聰明活用預拌粉製品

最近烘焙預拌粉越來越受歡迎，種類越來越豐富，
有瑪芬蛋糕、布朗尼、甜甜圈、餅乾、土司、鬆餅等。
預拌粉已將大部分食材都調和好，只需要再加入奶油、雞蛋等
材料拌勻就可以放入烤箱或微波爐製作出美味點心，
只要依照製作說明正確操作，成功機率相當高，
無論是造型或口感都可以媲美麵包店或咖啡館販賣的點心呢！

Ⓐ 用瑪芬蛋糕預拌粉做瑪芬蛋糕

材料 〔份量：20個〕

- 瑪芬蛋糕預拌粉1包
- 雞蛋2顆
- 水或牛奶80ml
- 融化奶油或食用油160ml
- 動物性鮮奶油100ml、細砂糖10g

1. 攪拌盆中倒入常溫的雞蛋、水或牛奶，用打蛋器攪拌均勻。
2. 倒入瑪芬蛋糕預拌粉、融化奶油或食用油，以電動攪拌器的最低速攪拌2～3分鐘。
3. 在預熱好的杯子蛋糕機中塗抹奶油或食用油，倒入麵糊。
4. 取一個攪拌盆，倒入動物性鮮奶油，分2～3次加入細砂糖，打發成鮮奶油霜。裝入擠花袋，在烤好的瑪芬蛋糕上做裝飾。
5. 還可撒上一點抹茶粉或無糖可可粉點綴。

❸ 用甜甜圈預拌粉做核桃菓子

材料 〔份量：35顆〕

- 甜甜圈預拌粉1包 • 雞蛋3顆
- 水或牛奶200ml • 融化的奶油或食用油70ml
- 紅豆餡300g • 核桃適量

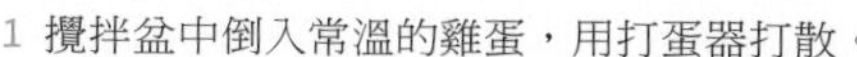

1 攪拌盆中倒入常溫的雞蛋，用打蛋器打散。
2 倒入水或牛奶攪拌均勻，再加入融化奶油或食用油拌勻。
3 倒入甜甜圈預拌粉，攪拌至沒有麵粉顆粒為止。
4 核桃切碎，加入紅豆餡混合均勻，分成每個重6～8g的小團，搓揉成圓球狀。
5 預熱核桃造型的烤模，內層塗抹上融化奶油或食用油，倒入拌好的麵糊，約五分滿，放入紅豆餡後，再繼續倒入麵糊填滿。
6 以小火烘烤，務必使烤模整體受熱均勻，即可完成核桃蛋糕。

❸ 用布朗尼預拌粉做奶油乳酪布朗尼

材料 〔份量：20×20cm方形烤模，1個〕

- 布朗尼預拌粉（含調溫巧克力及核桃）1包
- 無鹽奶油或食用油140ml
- 雞蛋2顆 • 奶油乳酪200g • 細砂糖2大匙

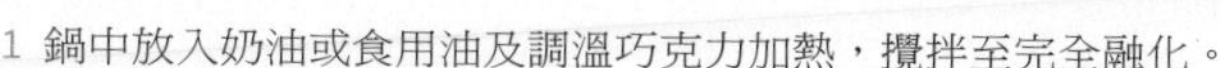

1 鍋中放入奶油或食用油及調溫巧克力加熱，攪拌至完全融化。
2 融化的巧克力倒入攪拌盆，加入雞蛋，用打蛋器攪拌均勻。
3 倒入布朗尼預拌粉攪拌均勻後，加入核桃拌勻。
4 取另一個攪拌盆，倒入細砂糖和常溫軟化的奶油乳酪，以電動攪拌器拌勻。
5 將一半的布朗尼麵糊倒入方形烤模。
6 奶油乳酪餡裝入擠花袋，擠滿布朗尼麵糊的表面，再鋪上剩餘的布朗尼麵糊。
7 放入以170℃預熱好的烤箱或是用微波爐加熱烤熟。再撒上糖粉裝飾即可。

烘焙愛好者必備的進階烘焙技巧

想要從烘焙中獲得更多自信，
學習進階的烘焙技巧，製作更精緻小巧的點心會是不錯的方法。
學會讓巧克力變得更滑順亮麗的調溫技巧，自製義式巧克力，馬上讓你人氣倍增。
還有難度較高的鏡面巧克力醬和焦糖醬，
可以運用在許多點心上，用來裝飾點綴也有加分效果。
還可以自己培養天然酵母，自製健康養生麵包！

•••製作奶酥

奶酥是以奶油、砂糖、麵粉及香料粉或堅果製成的粉狀顆粒，
可鋪在麵包、蛋糕、塔類甜點上增加口感。
試做看看用多種食材組合、口感豐富的奶酥吧！

材料 • 無鹽奶油50g • 黑砂糖50g • 低筋麵粉70g • 肉桂粉1/2小匙

1 攪拌盆中放入常溫軟化的奶油，使用電動攪拌器以最低速打成毛絨狀。

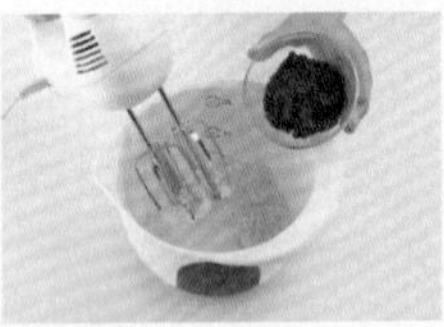

2 分次加入黑砂糖，繼續攪拌均勻。

3 篩入低筋麵粉和肉桂粉，以刮刀混合攪拌成均勻的砂礫狀即可。

TIP 以電動攪拌機製作奶酥，只需將所有食材全部一次加入，以攪揉棒轉最低速拌勻即可，更省時省力。

Baking Tip

製作奶酥時，可根據個人喜好更換食材及口味。咖啡奶酥只需要用少許水或蛋液溶解即溶咖啡粉後一起拌勻即可；抹茶口味和巧克力口味則是將抹茶粉或無糖可可粉和麵粉一起過篩加入攪拌；香氣濃郁的花生醬也很適合製作奶酥，製作時和奶油一起加入攪拌即可。

•••製作鏡面巧克力淋醬

鏡面巧克力淋醬一般用來裝飾蛋糕表面，
因為加入吉利丁而擁有如鏡面反射般的明亮光澤。
鏡面巧克力淋在蛋糕胚上時，請在冷卻架下方放一個鐵盤，
再放上蛋糕胚淋醬，方便承接住多餘的巧克力醬。

材料 • 動物性鮮奶油80ml • 水100ml • 細砂糖100g • 水麥芽15g • 無糖可可粉40g • 吉利丁片2片

1 鍋中倒入鮮奶油、水、細砂糖、水麥芽，中火加熱，用打蛋器將食材攪拌均勻。

2 沸騰後關火，篩入可可粉。用打蛋器充分攪拌至沒有粉狀顆粒，重新開中火加熱。

3 煮至沸騰後關火，放在常溫中降溫至60℃。吉利丁片預先用冰水泡軟，放入攪拌至融化，即完成鏡面巧克力淋醬。

•••製作焦糖醬

焦糖醬可以製作布丁、焦糖堅果塔、焦糖堅果酥等甜點，
也用來製作蛋糕、餅乾，或是塗抹在蛋糕胚上。

材料 • 細砂糖150g • 動物性鮮奶油100ml • 水麥芽50g • 蜂蜜50g • 奶油100g

1 在鍋中倒一些水，將鍋內充分潤濕後倒掉。若鍋子沒有潤濕，細砂糖很快就會燒焦，形成結晶塊。
2 倒入細砂糖，開小火熬煮，邊緣開始變咖啡色時，立即關火。加熱時請勿攪拌，否則形成結晶塊，將無法煮滾。
3 利用餘溫使糖液完全轉變成咖啡色。
4 鮮奶油微波加熱，倒入高溫糖液中。此時焦糖會瞬間冒泡膨脹，請注意安全。
5 開中火，攪拌熬煮至所需的濃稠度後關火。
6 倒入水麥芽、蜂蜜、奶油，攪拌至完全融化即可。

TIP 鮮奶油一定要加熱後再倒入糖液中混合。冰冷的鮮奶油與滾燙的糖液接觸時因溫差過大，易產生突沸現象，造成燙傷。所以製作前請先將鮮奶油倒入玻璃碗中以微波爐加熱30秒。

···巧克力調溫技巧

不同口味的調溫巧克力其熔點（融化的溫度）及可可脂形成結晶的溫度有些微差異。請熟記每一種調溫巧克力的三階段調溫溫度，並備好電子溫度計準確完成調溫步驟。

- **調溫黑巧克力**：階段一45~50℃、階段二27℃、階段三32℃；
- **調溫牛奶巧克力**：階段一43~45℃、階段二26℃、階段三31℃；
- **調溫白巧克力**：階段一40~42℃、階段二27℃、階段三29℃

1 在可加熱攪拌盆中倒入切碎的調溫黑巧克力，以60～70℃的溫熱水隔水加熱，使巧克力融化。
2 用溫度計測量巧克力的溫度，使其達到前述標記的階段一溫度。
3 到達階段一的溫度後，以冰水隔水降溫。
4 巧克力降溫到階段二所需的溫度。
5 冷卻的巧克力再次隔溫熱水加熱。
6 用溫度計測量，準確加熱至階段三所需的溫度。
7 拿一支湯匙放入調溫好的巧克力中再取出，觀察巧克力凝固的速度。若巧克力很快就能凝固，即表示調溫成功。

1

2

3

4

5

6

7

TIP 擠花袋和擠花嘴使用完務必洗滌乾淨。殘留水分或油脂會破壞鮮奶油霜和蛋白霜的結構，使泡沫消退。專業擠花袋清洗好要翻面徹底晾乾；洗滌擠花嘴時請檢查擠花嘴收口處有無殘留食材。

···自然發酵麵包

從自製天然酵母開始，自蔬菜、水果、穀物中培養天然酵母，再自製自然發酵麵包。製作不使用即溶酵母菌、讓麵包自然發酵的健康麵包，完全不添加合成添加物，人體容易吸收、消化，味道也較清香。製作自然發酵麵包的第一個步驟就是先製作酵母液。酵母液必須在預定做麵包的前一週先製作好，之後將麵粉與酵母液融合，放在常溫下靜置，製作成天然酵母種。製作自然發酵麵包需要花費許多時間和心力，但是我們不僅能從中享受天然酵母散發的特有芬芳，還能獲得無價的健康。

Ⓐ 製作葡萄乾發酵液

材料 • 葡萄乾100g • 細砂糖1小匙 • 蜂蜜1小匙 • 水350ml

1 密封玻璃罐以沸騰的水沖洗消毒後，用乾淨的布擦乾瓶中的水分。
2 密封罐中放入葡萄乾、細砂糖、蜂蜜、水，扣上鎖扣，搖晃密封罐使材料充分混合。
3 在25～26℃的常溫下放約3～5天，每天搖晃一次密封罐，使浮在水面的葡萄乾浸入水中。
4 當葡萄乾都飄浮起來，有小氣泡從密封罐下方往上飄至水面時，開罐，濾掉葡萄乾，保留發酵液。若發酵充足，打開瓶蓋時，生成的二氧化碳會衝開瓶蓋，發出「啵」的聲響。

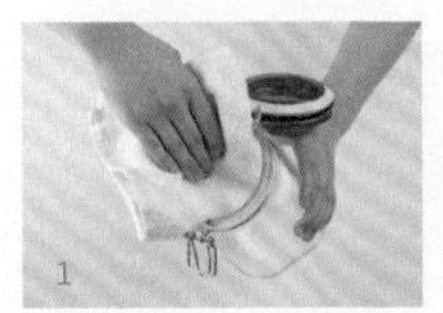
1

2

3

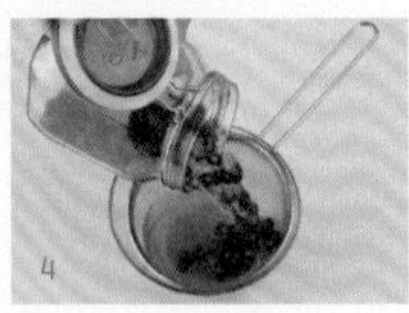
4

TIP 發酵時間會依據季節和室內溫度高低而有些許差異。

Ⓑ 製作葡萄乾發酵種

材料 • 高筋麵粉350g • 全麥麵粉35g • 葡萄乾發酵液250ml

1 攪拌盆中篩入高筋麵粉和全麥麵粉，並倒入葡萄乾發酵液。
2 以電動攪揉棒的最低速攪揉7～8分鐘，直到麵團表面變光滑。
3 麵團放入密封容器，在26～28℃的常溫下放置10～20小時，直到麵團膨脹至原來的兩倍大。

TIP 麵團放置在35~40℃的溫暖處，可以加快發酵種的熟成時間。

4 麵團膨脹至兩倍大後就可以直接用來製作麵包。若沒有馬上使用，請以密封盒盛裝，放入冰箱冷藏保存。

TIP 發酵液放冷藏保存，可以放一個月；發酵種放冷藏保存，可以放兩星期。

1

2

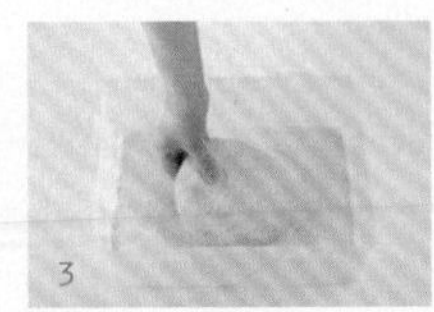
3

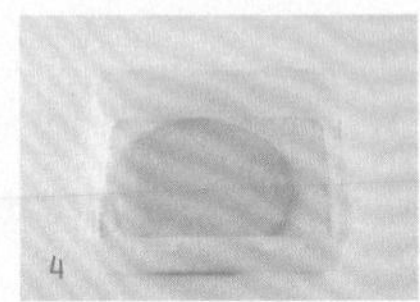
4

Ⓒ 發酵過程

發酵第1天
葡萄乾開始吸收水分。

發酵第2天
吸收水分的葡萄乾開始浮至水面。

發酵第3～5天
發酵液表面出現氣泡。

PART 2

Bread

麵包

麵包，無論是當主食或當點心都令人無法不喜愛。

只要熟悉製作麵包麵團的基礎步驟，就能隨心所欲挑戰製作各式各樣的麵包了！

準確量好所需的食材份量，並遵守一次發酵、中間發酵、二次發酵的時間，

肯定能做出鬆軟Q彈的美味麵包。

別忘了發酵時間會依據季節和室內溫度而有所增減，

請多試做幾次，找出最理想的發酵時間。

剛烤好的麵包一定要在冷卻架上充分降溫後，

才能裝入塑膠袋密封保存。

火腿乳酪麵包捲

>>> BREAD 2-1 Ham Cheese Roll Bread

材料 〔份量：長10cm，12個｜溫度：180℃｜時間：10～12分鐘｜難度：★★☆〕

麵團
• 高筋麵粉250g • 細砂糖45g • 鹽1/2小匙 • 即溶酵母粉1小匙
• 雞蛋1顆 • 水60ml • 牛奶40ml • 無鹽奶油20g

內餡
• 火腿片150g • 艾蒙塔乳酪100g

裝飾
• 無鹽奶油20g

工具
• 網篩 • 攪拌盆 • 矽膠刮刀 • 電動攪拌機 • 保鮮膜 • 發酵布
• 擀麵棍 • 起酥輪刀 • 烘焙紙 • 烤盤 • 烘焙刷

準備

Ⓐ 雞蛋、麵團用的奶油放置在常溫下退冰，至少30分鐘。
Ⓑ 高筋麵粉過篩一次；烤盤上鋪好烘焙紙。
Ⓒ 水、牛奶加熱至35℃。
Ⓓ 火腿切成12片7×3cm大小火腿片，艾蒙塔乳酪（Emmental）切成12個寬2cm小條狀。
Ⓔ 裝飾用奶油放入微波爐加熱20秒，使融化。
Ⓕ 烤箱以180℃預熱10分鐘。

作法

製作麵團

1 攪拌盆中篩入高筋麵粉。

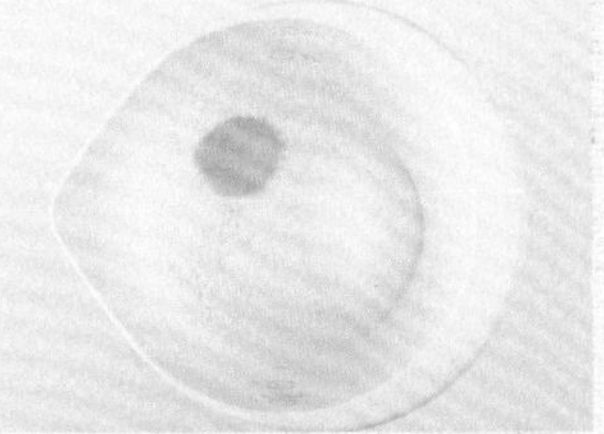

2 在麵粉堆中撥出一個凹槽，倒入細砂糖、鹽、酵母粉，三者分開放置。

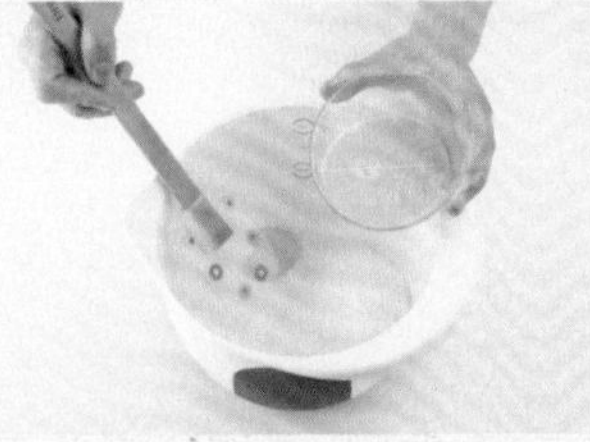

3 倒入雞蛋。雞蛋先打散後再加入麵粉中，較不容易形成麵粉塊。

4 倒入加熱至35℃的溫水及溫牛奶。微溫的環境能增加酵母的活性。

5 使用刮刀從中心開始畫圓圈攪拌，由內至外將盆內食材充分拌勻。

火腿乳酪麵包捲

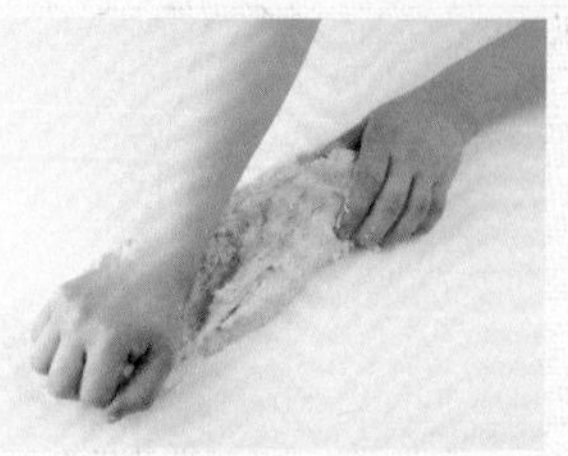

6 液體食材充分被麵團吸收後，取出麵團，用手搓揉10分鐘。

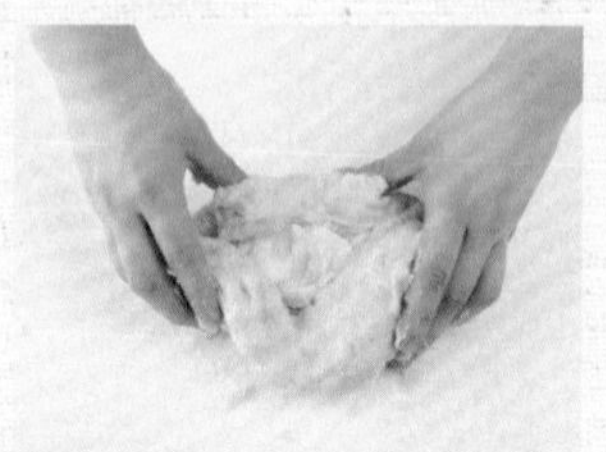

7 奶油包入麵團中，繼續搓揉麵團10分鐘。

TIP

揉麵團時可在手上撒一些麵粉，麵團較不易沾黏在手上，麵團表面也不會因接觸空氣而乾裂。

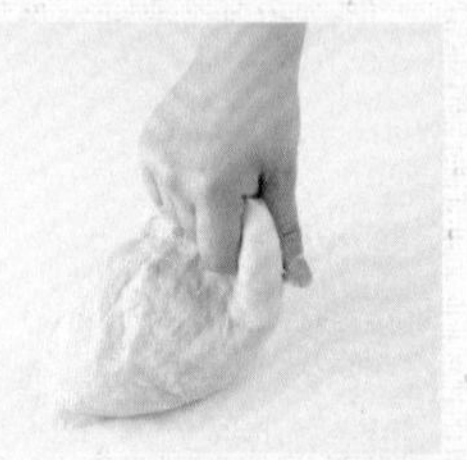

8 麵團搓揉出筋性後，抓注麵團的一端，反覆在桌面上摔打數次。

TIP

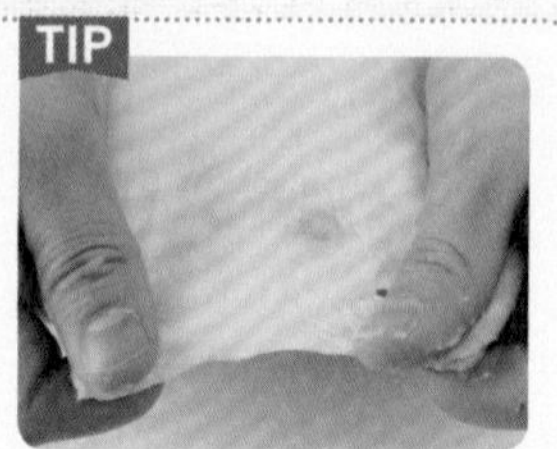

要確定麵團是否揉好了，可以用手拉開麵團，若麵團具有延展性，可以拉成透光的薄膜而不會破裂，即表示完成。

一次發酵

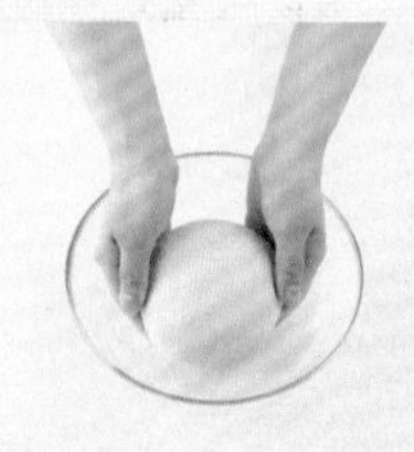

9 麵團揉整成表面光滑的圓球後，放入攪拌盆中，用保鮮膜密封碗口。取另一個攪拌盆，裝入45℃的溫水，放置於麵團攪拌盆下隔水保溫，進行1小時的一次發酵。

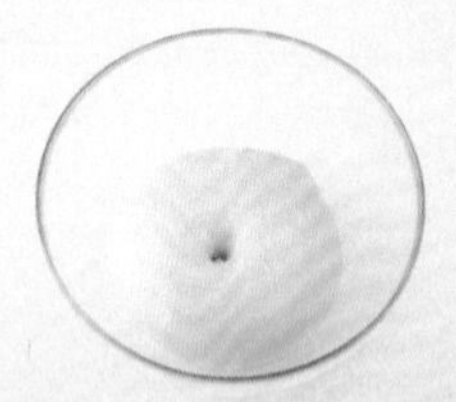

10 發酵好後，麵團會膨脹成原來的兩倍大小。用手指沾一些麵粉，在麵團中央戳一個洞，洞口不下陷也不回彈即表示一次發酵完成。

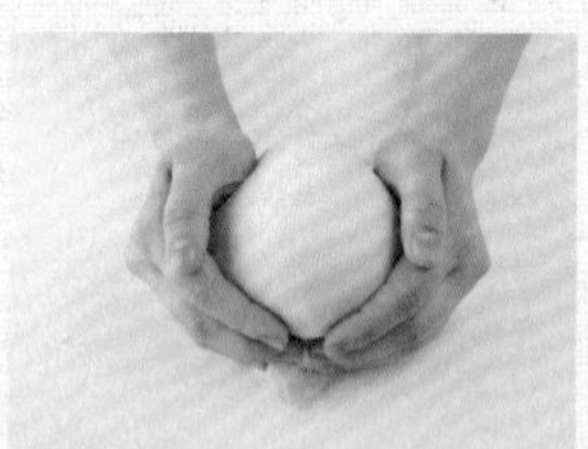

11 單手握拳，用力擠壓攪拌盆中麵團，充分排氣後重新搓揉成圓球。麵團充分排氣過，烤出來的麵包才不會孔動過大、太粗糙。

TIP 充分排出發酵產生的碳酸氣體，重新揉入新鮮空氣，可增加酵母的活性，麵團繼續熟成。

中間發酵

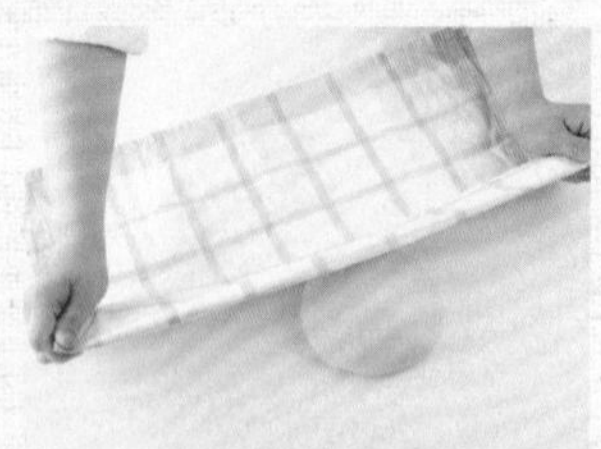

12 蓋上發酵布，靜置15分鐘，進行中間發酵。

整型

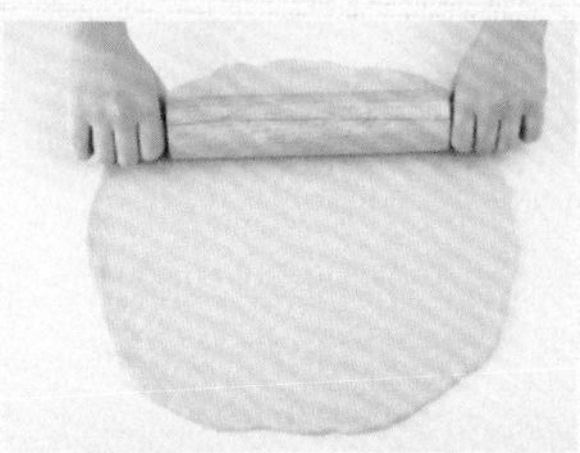

13 在麵團上撒一些麵粉，用擀麵棍擀成一個大圓形。

14 用輪刀將麵團切成12等份的三角形。

15 火腿和艾蒙塔乳酪重疊，排在圓形的最外圍。

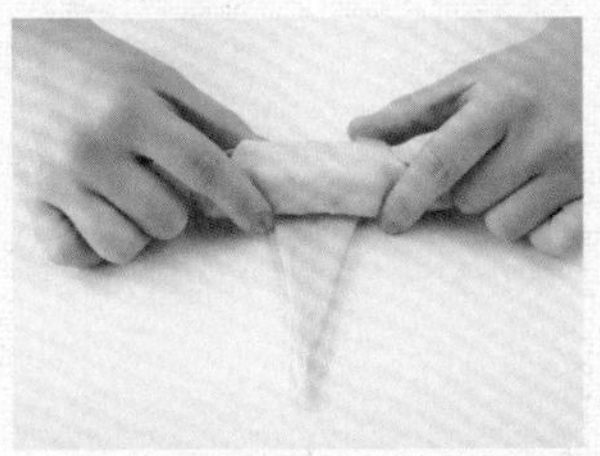

16 麵團連同內餡由外向內捲。

TIP

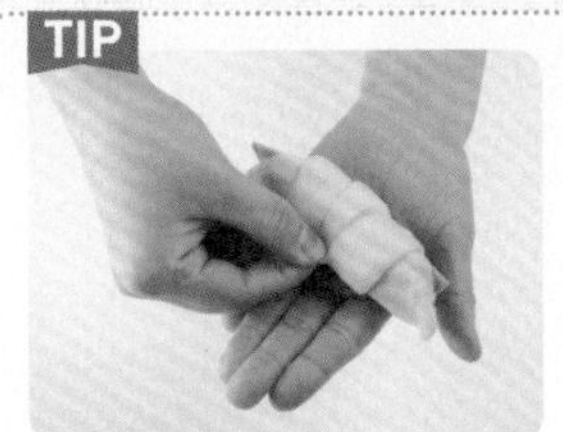

麵團最末端的部分用手指緊密捏合，以免麵團散開。

二次發酵

17 末端接合處朝下，整齊排列在鋪好烘焙紙的烤盤上。發酵布覆蓋住所有麵團，移至溫暖處靜置40～45分鐘，進行二次發酵。

TIP 二次發酵時最重要的是濕度的調節。太乾燥的話，烤好的麵包表皮容易乾硬；太潮濕的話，水分滲透入麵團中，外皮會變得潮濕、厚重。二次發酵時，若感覺麵團表面變得太乾燥，可以適時在棉布製成的發酵布上噴一些水，保持濕潤。

烘烤

18 當麵團膨脹至原先兩倍大時，放入預熱好的烤箱，以180℃烤10～12分鐘。

19 麵包捲烤好出爐後，立即將融化奶油刷抹在餐包表面。

Ham Cheese Roll Bread

●●●關於火腿乳酪麵包捲

包裹著火腿和乳酪的麵包捲可以當點心，
也可以當正餐吃，
搭配一盤沙拉和一杯咖啡或牛奶，
就是營養又豐富的一餐。
這款麵包一定要在剛出爐的時候趁熱品嘗，
感受濃郁滑順的乳酪在嘴裡散開的絕妙滋味！
包入內餡用的乳酪建議使用艾蒙塔、
豪達（Gouda）等半硬質乳酪，
若使用市售的披薩乳酪絲，
很容易在烘烤時就流光了。
此外，內餡的火腿和乳酪也可以改用馬鈴薯，
或是包入豆沙餡、卡士達醬，
做成甜口味的麵包捲。

Baking Tip

了解製作麵包時會使用到的烘焙專業用語以及為什麼必須要有這些步驟，
能幫助你掌握正確的麵包製作流程。做麵包時，確實遵守每個步驟所需的時間，
並維持發酵所需的溫度及濕度，才能做出好吃的麵包。

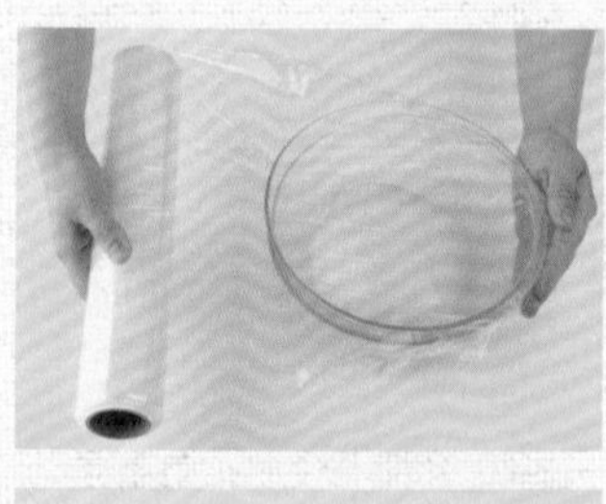

TIP 隔水保溫，一次發酵

一次發酵時應維持發酵最理想的溫度和濕度，也就是最適合酵母活動的環境：溫度27℃、濕度75～80%。發酵時記得以保鮮膜密封住放有麵團的攪拌盆，下方再以45℃的溫熱水隔水保溫。發酵時間大約是1小時，但是會根據季節及室內溫度而有些許差異，當麵團體積膨脹至原來的兩倍大時，即表示發酵完成。

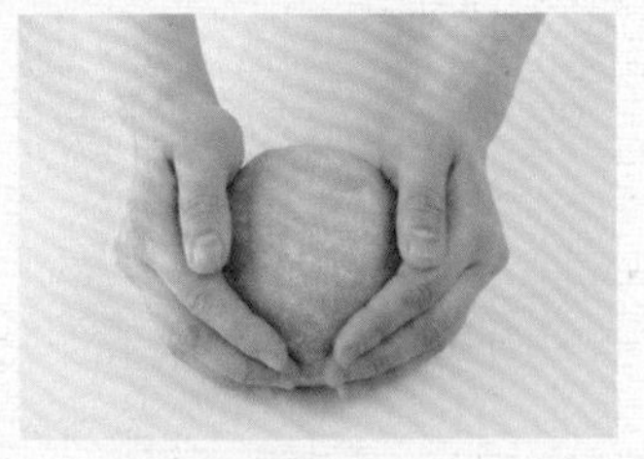

TIP 整麵搓圓，中間發酵

一次發酵完成後，用拳頭擠壓麵團，排出發酵氣體，秤重分割成所需的麵團份數，搓揉成圓球狀。麵團搓圓是為了重新整頓因為擠壓、切割而散亂的麵筋結構，有利於接續之後的麵團整型步驟。若要搓圓較大的麵團時，在桌面上撒一些麵粉，用雙手輕靠住麵團側邊，以畫圓圈的方式讓麵團在桌面上滾動，慢慢滾成圓球狀；小麵團就直接放在手掌心搓圓。搓圓後，蓋上發酵布，靜置15分鐘，進行中間發酵。

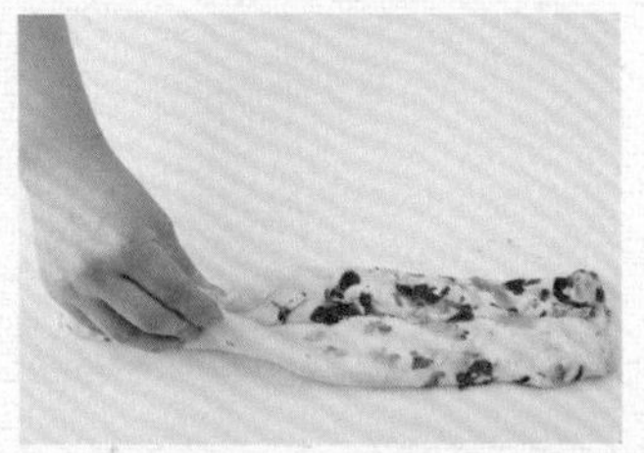

TIP 整型

此階段即是為麵包做造型，將麵團調整成各式各樣的形狀。一開始會有點困難，但是多試幾次，累積經驗，一定能做出和麵包店架上一樣的專業麵包。製作摺疊或滾捲成型的麵包時，末端接縫處請記得用手指捏緊密合，並將接縫處朝下，整齊排列在烤盤上，烘烤時麵包才不會從接縫處爆裂開來。

TIP 二次發酵

二次發酵是為了讓麵筋再次熟成，時間較長。必須讓麵團充分發酵至原來大小的兩倍大，使麵團組織膨脹，烤出來的麵包才會鬆軟，造型也較立體。但是若過度發酵，會開始出現酸味，麵團組織過度膨脹失去支撐力，使麵包塌陷變形，所以二次發酵時請密切留意麵團的變化。

變化版

●●●用電動攪拌機製作麵團

使用電動攪拌機製作麵團時，請記得替換成攪揉棒。
量好所需食材的份量後，就可以用電動攪拌機取代手揉麵團的過程了，既省時又省力。
操作時需留意不要讓電動攪拌機的馬達過熱，每攪拌2分鐘記得讓機器休息一下。

作法

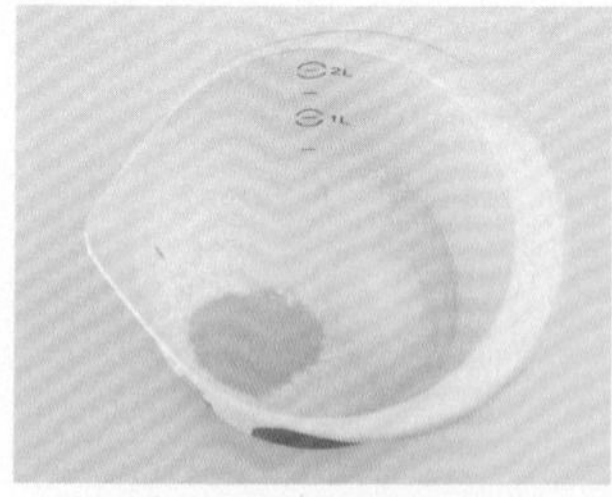

1 攪拌盆中篩入麵粉或米穀粉等粉狀食材。在麵粉中央撥出一個凹槽，倒入砂糖、鹽、即溶酵母粉，三者分開放置。

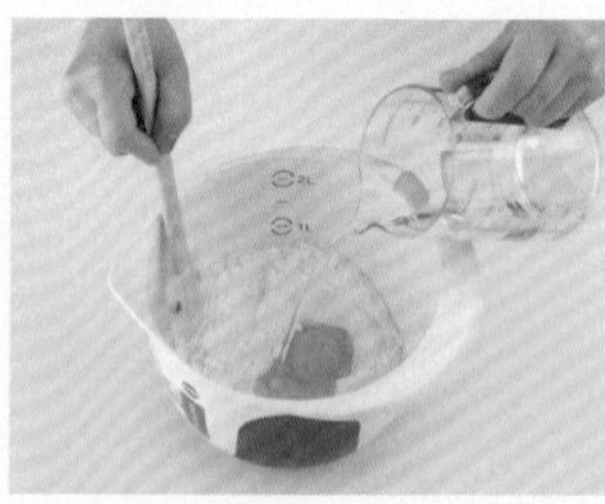

2 倒入常溫的雞蛋後，倒入加熱至35℃的水及牛奶等液體類食材。

3 用刮刀以畫圓圈的方式從中心慢慢向外混合均勻。

4 使用電動攪拌機的攪揉棒，以最低速攪揉5分鐘。

5 當鬆散的食材揉成團狀、表面也變得光滑時，加入常溫軟化的奶油，繼續以最低速攪揉5分鐘。

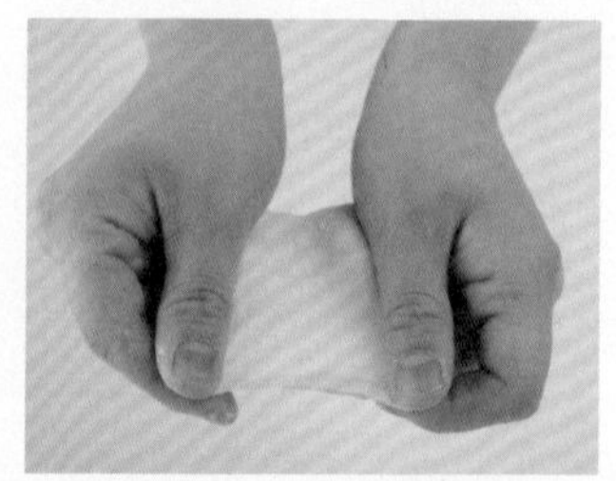

6 取出麵團，用手握住兩端向外拉，若麵團不會斷裂，可以延展成可透光的薄膜，即表示麵團揉製完成。接著就可以用溫熱水隔水保溫，進行一次發酵。

TIP 想要製作鬆軟又有彈性的麵包，最重要的就是要讓麵團產生麵筋。以電動攪拌機揉麵團時，務必以最低速慢慢攪揉出筋性，若以高速攪揉會破壞麵團的紋理，使麵筋斷裂。

••• 用製麵包機製作麵團

製麵包機的功能多樣，只需要放入食材、按幾個按鈕，
就能省去做麵包麻煩步驟，等待香噴噴的麵包出爐。
除此之外還可以使用揉麵團功能，將做好的麵團製作成各種造型的麵包喔！
但是使用製麵包機製作麵團時，材料必須一次全部放入，
因此材料放入的順序就變得格外重要。

作法

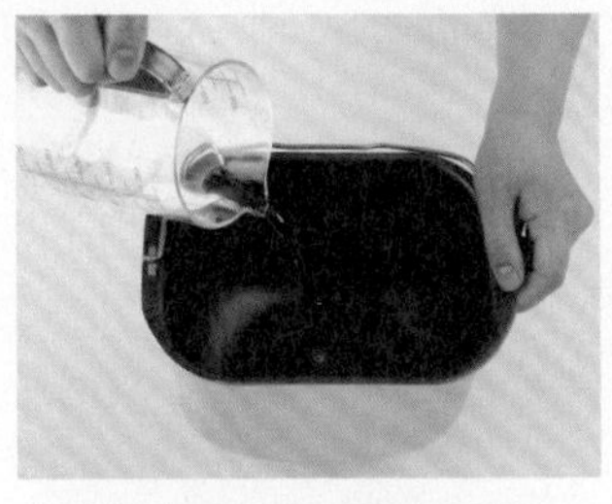

1 攪拌葉片裝入製麵包機的內鍋中。首先倒入加熱至35℃的液體類食材（水、牛奶、鮮奶油等）。

2 倒入常溫的雞蛋。

3 篩入粉狀的食材（麵粉、砂糖、鹽、奶粉等）。

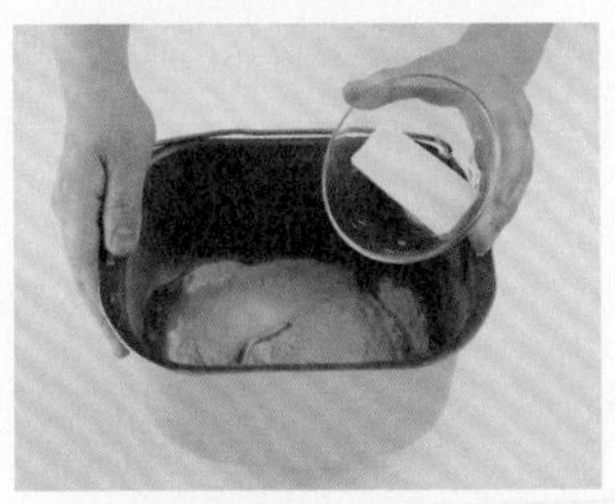

4 倒入置放在常溫軟化的奶油（或油脂類食材）。

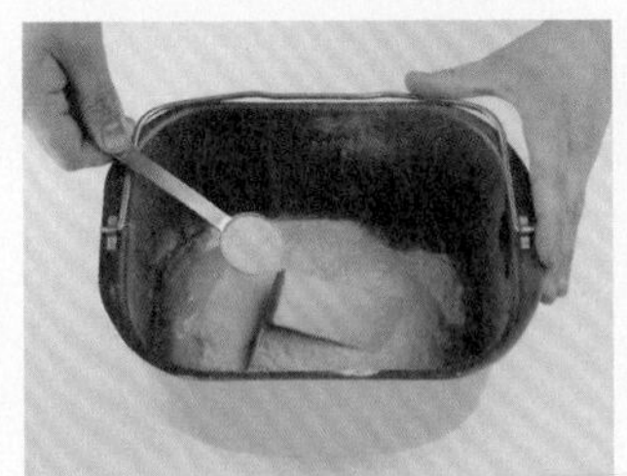

5 倒入即溶酵母粉，請勿讓酵母粉接觸到奶油。

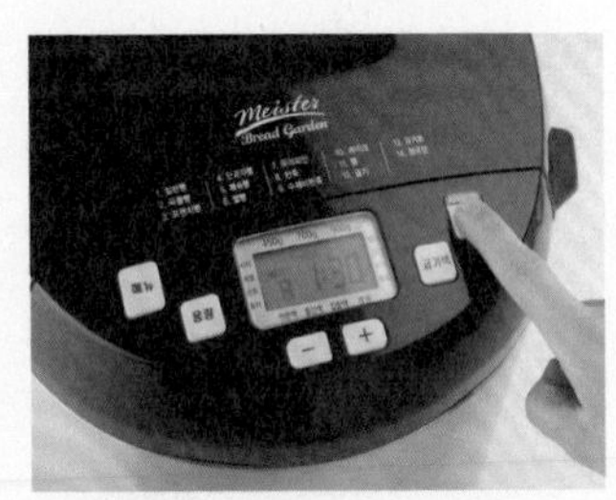

6 內鍋放入製麵包機，選擇揉麵團功能。製麵包機的揉麵團功能已包含一次發酵和排氣步驟，取出後將麵團分割、搓圓，即可進行中間發酵。

TIP 最後放入的酵母粉，請勿直接倒在奶油上。酵母若一開始就吸收了油脂會妨礙發酵，不易形成筋性。可以在放酵母粉前先從旁邊撥一點麵粉覆蓋在奶油上，或是在麵粉堆上挖兩個凹槽，分別放入奶油和酵母粉。

材料　〔份量：21.5×9.5cm土司模，1個｜溫度：190℃｜時間：25～30分鐘｜難度：★★☆〕

麵團
- 高筋麵粉300g
- 細砂糖2大匙
- 鹽1小匙
- 奶粉1大匙
- 即溶酵母粉1.5小匙
- 水200ml
- 無鹽奶油20g

裝飾
- 無鹽奶油30g

工具
- 網篩
- 攪拌盆
- 矽膠刮刀
- 電動攪拌機
- 保鮮膜
- 發酵布
- 擀麵棍
- 烘焙刷
- 21.5×9.5cm土司模
- 冷卻架

山形白土司

>>> BREAD 2-2

White Bread

準備

Ⓐ 麵團用奶油、雞蛋放置在常溫下退冰，至少30分鐘。

Ⓑ 高筋麵粉過篩1次。

Ⓒ 水調溫成35℃。

Ⓓ 裝飾用奶油放入微波爐中，加熱30秒使其融化。

Ⓔ 土司模內塗抹烤盤油。

Ⓕ 烤箱以190℃預熱15分鐘。

作法

製作麵團 1 攪拌盆中依序放入高筋麵粉、細砂糖、鹽、奶粉、酵母粉後，倒入35℃的溫水，用刮刀從中心開始畫圓圈攪拌。

2 充分拌勻後，用電動攪拌機的攪揉棒，以最低速攪揉5分鐘。倒入奶油，繼續攪揉5分鐘。

一次發酵 3 麵團搓圓放入攪拌盆，用保鮮膜密封碗口，下方以45℃溫水隔水保溫，靜置1小時，進行一次發酵。

4 當麵團膨脹至兩倍大時，以拳頭按壓麵團，排出發酵氣體。使用電子秤將麵團分成重量相同的兩等份。

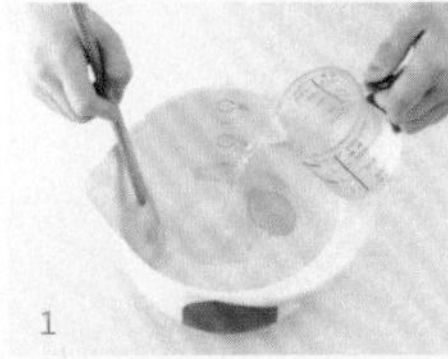
1

2

3

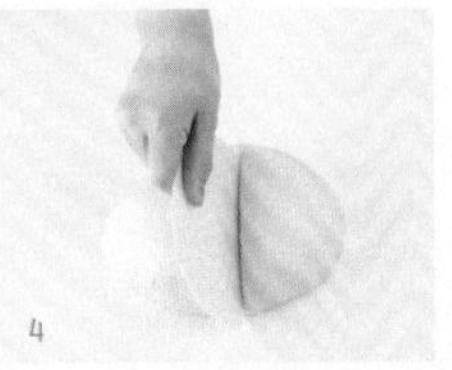
4

中間發酵 5 麵團分別搓圓球，蓋上發酵布。靜置約15分鐘，進行中間發酵。

整型 6 使用擀麵棍從麵團中間向前後擀開成橢圓形。

7 較長的兩個邊向內各摺1/3。

8 麵團捲成圓筒狀，用手指將末端接縫處捏緊密後，接縫處朝下放入土司模中。

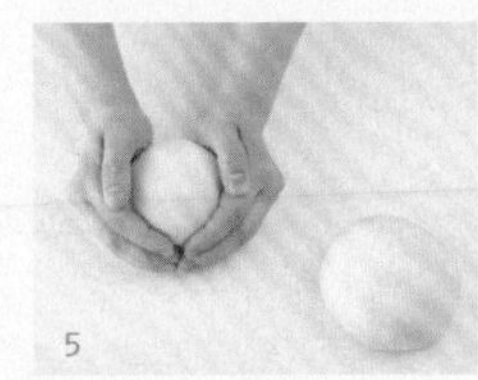
5

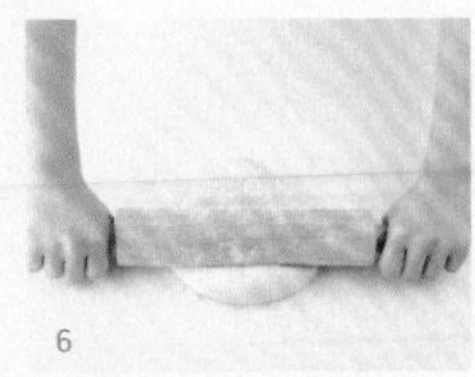
6

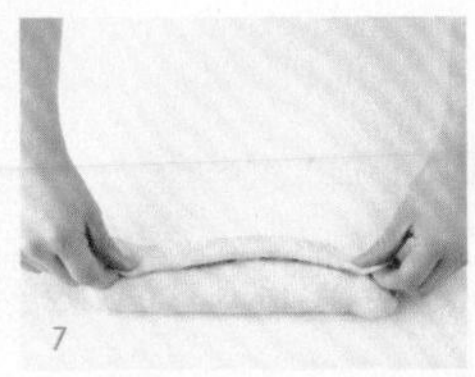
7

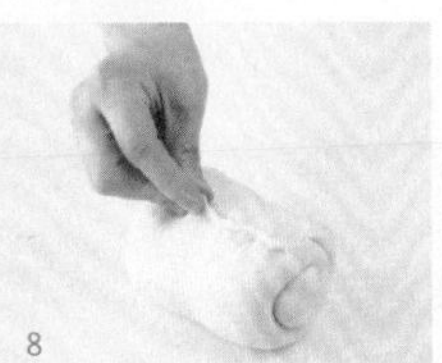
8

二次發酵 9 另一個麵團也以同樣步驟做好，放入土司模，麵團中間請保留間隔。蓋上發酵布，移至溫暖處靜置40～45分鐘，進行二次發酵。

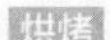

烘烤 10 麵團膨脹至兩倍大時，放入預熱好的烤箱，以190℃烤25～30分鐘。烤好後脫模，放在冷卻架上降溫，塗上融化的奶油。

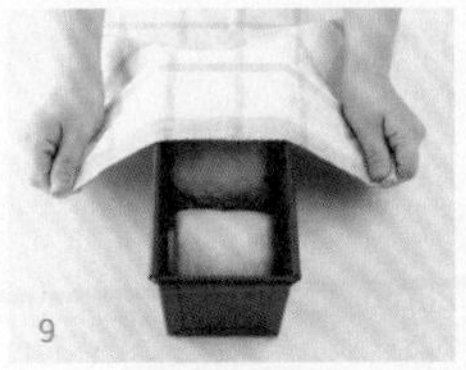
9

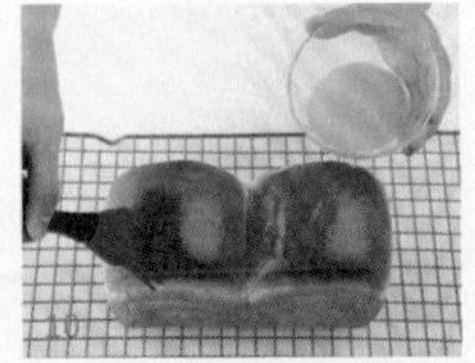
10

方形白土司

>>> BREAD 2-3 Pullman Bread

材料 〔份量：17×12.5cm土司模，1個｜溫度：190℃｜時間：30～35分鐘｜難度：★★☆〕

麵團
- 高筋麵粉300g
- 細砂糖30g
- 鹽1小匙
- 即溶酵母粉1.5小匙
- 雞蛋1顆
- 水130ml
- 動物性鮮奶油60ml
- 無鹽奶油30g

工具
- 網篩
- 攪拌盆
- 矽膠刮刀
- 電動攪拌機
- 保鮮膜
- 發酵布
- 擀麵棍
- 冷卻架
- 17×12.5cm土司模（附蓋子）

準備

A 奶油、雞蛋放置在常溫下退冰，至少30分鐘。
B 高筋麵粉過篩一次。
C 水、鮮奶油加熱至35℃。
D 土司模內塗抹烤盤油。
E 烤箱以190℃預熱15分鐘。

作法

製作麵團

1 攪拌盆中依序放入高筋麵粉、細砂糖、鹽、酵母粉後，倒入35℃的溫水及鮮奶油，用刮刀從中心開始畫圓圈攪拌。

2 充分拌勻後，使用電動攪拌機的攪揉棒，以最低速攪揉5分鐘。倒入奶油，繼續攪揉5分鐘。

一次發酵

3 麵團搓圓放入攪拌盆中，以保鮮膜密封碗口，下方以45℃溫水隔水保溫，靜置1小時，進行一次發酵。

4 當麵團膨脹至2倍大時，以拳頭按壓麵團，排出發酵氣體，重新搓圓。

中間發酵

5 蓋上發酵布，靜置15分鐘，進行中間發酵。

整型

6 麵團擀開呈長方形。

7 較長的兩個邊向內各摺1/3後，捲成圓筒狀。麵團末端接縫處緊密捏合，放入土司模中。

二次發酵

8 蓋上發酵布，移至溫暖處靜置40～45分鐘，進行二次發酵。

烘烤

9 放入預熱好的烤箱，以190℃烤30～35分鐘。烤好後脫模、降溫。

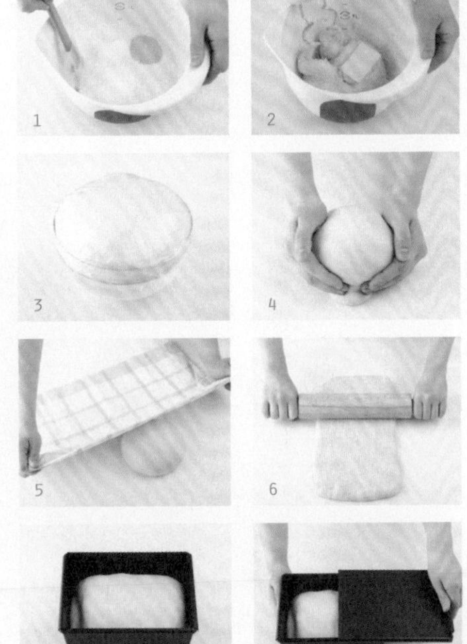

Baking Tip

方形白土司適合用來製作三明治，若是家中的土司模沒有蓋子，可以將麵團放入土司模，上方鋪一張烘焙紙，再蓋上一個平底烤盤，同樣能烤出方形土司。

抹茶紅豆土司

>>> BREAD 2-4

Greentea Roll Bread

材料 〔份量：23×11cm土司模，1條｜溫度：190℃｜時間：30～35分鐘｜難度：★★☆〕

基礎麵團	•高筋麵粉250g •細砂糖2大匙 •鹽1小匙 •奶粉2小匙 •即溶酵母粉1小匙 •水180ml •無鹽奶油20g
抹茶麵團	•抹茶粉2小匙 •水2小匙 •蜜紅豆50g
工具	•網篩 •攪拌盆 •矽膠刮刀 •電動攪拌機 •保鮮膜 •發酵布 •擀麵棍 •23×11cm土司模

準備

Ⓐ 奶油放常溫退冰，至少30分鐘。
Ⓑ 高筋麵粉過篩一次。
Ⓒ 兩種麵團用的水調溫成35℃。
Ⓓ 土司模內塗抹烤盤油。
Ⓔ 烤箱以190℃預熱15分鐘。

作法

製作基礎麵團

1 攪拌盆中依序放入高筋麵粉、細砂糖、鹽、奶粉、酵母粉後，倒入35℃的溫水，用刮刀從中心開始畫圓圈攪拌。

2 充分拌勻後，再用電動攪拌機的攪揉棒以最低速攪揉5分鐘。加入奶油，繼續攪揉5分鐘。

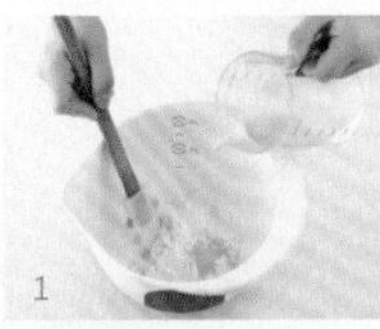
1

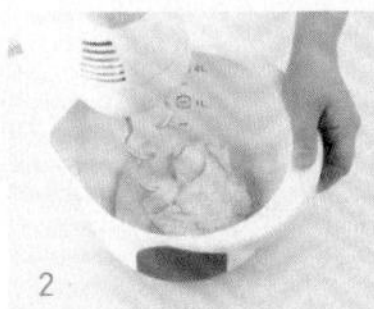
2

製作抹茶麵團

3 基礎麵團分成兩等份，取其中一份麵團加入抹茶粉和水，用手搓揉1分鐘，完成抹茶麵團。

一次發酵

4 基礎麵團和抹茶麵團分別搓圓，放入攪拌盆中，以保鮮膜密封碗口。下方以45℃溫水隔水保溫，靜置1小時，進行一次發酵。

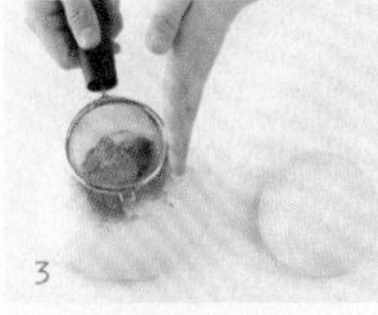
3

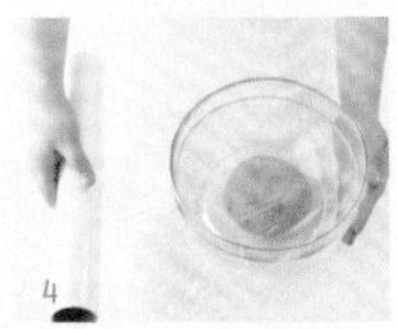
4

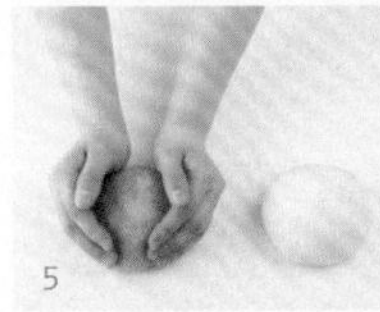
5

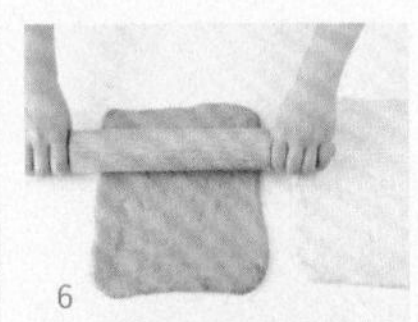
6

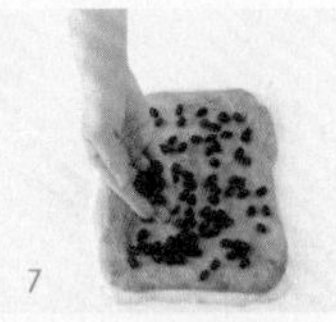
7

8

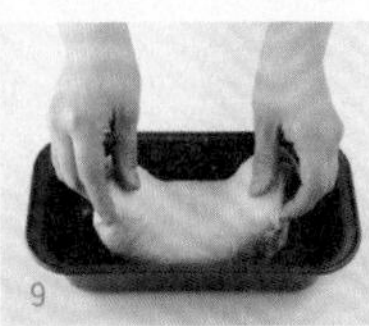
9

中間發酵

5 麵團膨脹至兩倍大時，用拳頭按壓排氣，再搓圓，蓋上發酵布，靜置15分鐘，進行中間發酵。

塑型

6 基礎麵團和抹茶麵團分別擀成20×10cm的長方形。

7 抹茶麵團重疊在基礎麵團上方，鋪滿蜜紅豆。

8 麵團由內向外捲成圓筒狀，末端接縫處記得用手指緊密捏合。

二次發酵&烘烤

9 放入土司模，蓋上發酵布，移至溫暖處靜置40～45分鐘，進行二次發酵。放入預熱好的烤箱，以190℃烤30～35分鐘即可。

Baking Tip

白麵團和綠麵團交織出的美麗紋路讓麵包看起來更可口。除了抹茶粉，還可以替換成可可粉、紫地瓜粉製作不同顏色的美麗土司喔！

紫米藍莓土司

>>> BREAD 2-5

Black Rice Blueberry Bread

材料 〔份量：30×10cm土司模，1條｜溫度：200℃｜時間：30～35分鐘｜難度：★★☆〕

麵團
- 紫糯米粉500g
- 細砂糖50g
- 鹽2小匙
- 奶粉1大匙
- 即溶酵母粉3小匙
- 水350ml
- 無鹽奶油40g
- 藍莓乾100g
- 蘭姆酒1大匙
- 核桃仁50g

裝飾
- 無鹽奶油30g

工具
- 網篩
- 攪拌盆
- 矽膠刮刀
- 保鮮膜
- 電動攪拌機
- 發酵布
- 擀麵棍
- 30×10cm土司模
- 冷卻架
- 烘焙刷

準備

A 紫糯米粉過篩一次。

B 核桃仁切碎；藍莓乾預先用蘭姆酒泡軟。

C 麵團用奶油在常溫下退冰；裝飾用奶油以微波爐加熱融化。

D 土司模內塗抹烤盤油。

E 烤箱以200℃預熱15分鐘。

作法

製作麵團

1 攪拌盆中依序放入紫糯米粉、細砂糖、鹽、奶粉、酵母粉、水、奶油，用刮刀從中心開始畫圓圈攪拌。

2 充分拌勻後，再用電動攪拌機的攪揉棒以最低速攪揉8分鐘。

3 當麵團揉出筋性後，倒入用蘭姆酒泡軟的藍莓乾及切碎的核桃，攪揉1分鐘拌勻。

4 麵團表面變光滑時，將麵團分成3等份，分別搓成圓球狀。

中間發酵

5 蓋上發酵布，靜置15分鐘，進行中間發酵。

塑型

6 麵團擀成橢圓形，較長的兩個邊各向內摺1/3，重疊部分用手指輕壓，使其厚度一致。

7 麵團捲成捲筒狀，末端接縫處用手指緊密捏合後，接縫朝下放入土司模。

二次發酵

8 剩下的兩個麵團也以同樣步驟做好，放入土司模，麵團間保留適當間隔。蓋上發酵布，移至溫暖處靜置50分鐘，進行二次發酵。

烘烤

9 麵團膨脹至兩倍大時，放入預熱好的烤箱中，以200℃烤30～35分鐘。烤好後立刻脫模，並刷上融化的奶油。

1

2

3

4

5

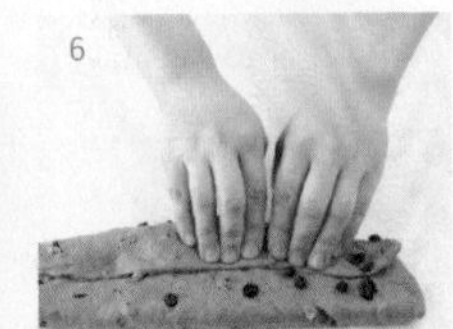
6

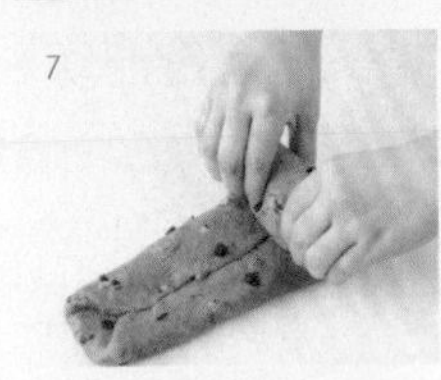
7

8

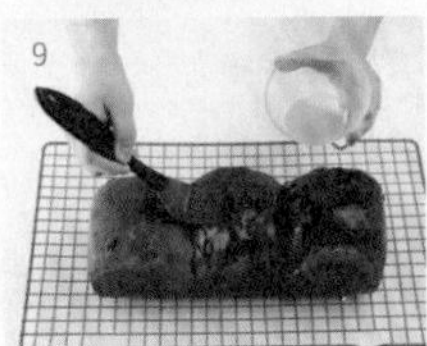
9

Baking Tip

使用紫糯米粉製作麵包可以省略一次發酵的步驟，大大縮短了製作時間。吃麵粉製品容易脹氣的人可以安心食用，還能品嘗到紫糯米特有的香氣及獨特口感。

巧克力方塊麵包

>>> BREAD 2-6

Chocolate Cube Bread

材料 〔份量：6cm正立方體土司模，6個｜溫度：190℃｜時間：20～25分鐘｜難度：★★☆〕

麵團
- 高筋麵粉200g
- 低筋麵粉50g
- 鹽1小匙
- 無糖可可粉1大匙
- 細砂糖35g
- 雞蛋1顆
- 即溶酵母粉1小匙
- 水40ml
- 牛奶80ml
- 無鹽奶油25g
- 巧克力豆50g

內餡
- 奶油乳酪100g
- 細砂糖25g
- 香草砂糖1包（8g）
- 調溫牛奶巧克力20g

工具
- 網篩
- 攪拌盆
- 矽膠刮刀
- 電動攪拌機
- 保鮮膜
- 發酵布
- 擠花袋
- 擀麵棍
- 6cm正立方體土司模

準備

- Ⓐ 雞蛋、奶油、奶油乳酪放常溫退冰，至少30分鐘。
- Ⓑ 高筋麵粉、低筋麵粉、可可粉過篩一次。
- Ⓒ 水、牛奶加熱至35℃。
- Ⓓ 正立方體土司模內塗抹烤盤油。
- Ⓔ 調溫牛奶巧克力隔水加熱，使其融化。
- Ⓕ 烤箱以190℃預熱10分鐘。

作法

製作麵團

1 攪拌盆中依序放入高筋麵粉、低筋麵粉、可可粉、鹽、細砂糖、酵母粉、雞蛋、35℃的溫水及牛奶，用刮刀從中心開始畫圓圈攪拌。

2 充分拌勻後，再用電動攪拌機的攪揉棒以最低速攪揉5分鐘。倒入奶油，繼續攪揉5分鐘。再倒入巧克力豆，攪揉1分鐘拌勻。

1

2

一次發酵

3 麵團搓圓，放入攪拌盆，以保鮮膜密封碗口。下方以45℃溫水隔水保溫，靜置1小時，進行一次發酵。

4 麵團發酵至兩倍大時，以拳頭按壓排氣。將麵團分成每個重90g的小麵團。

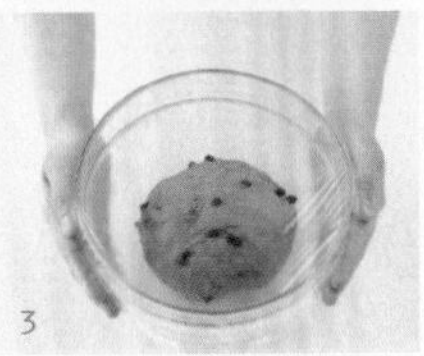
3

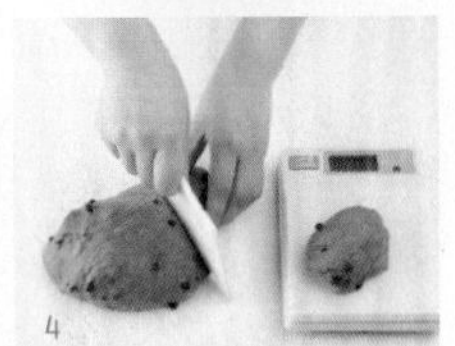
4

中間發酵

5 麵團分別搓圓，蓋上發酵布，靜置15分鐘，進行中間發酵。

製作內餡

6 取一個攪拌盆，倒入常溫的奶油乳酪、細砂糖、香草砂糖、融化的牛奶巧克力。電動攪拌機換上攪拌棒，以最低速攪拌1分鐘後，裝入擠花袋中。

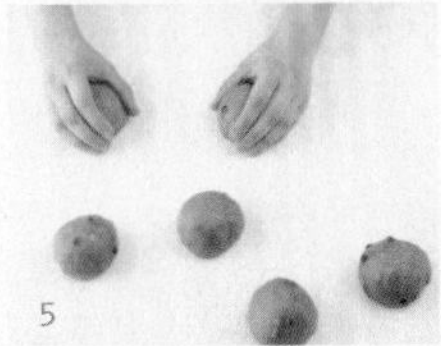
5

6

整型&二次發酵

7 發酵好的麵團擀成圓餅狀，內餡擠在中央，用手指將麵皮收攏、捏合。

8 剩下的麵團也以同樣步驟做好，接縫處朝下放入土司模中。蓋上發酵布，移至溫暖處靜置40～45分鐘，進行二次發酵。

9 麵團膨脹至兩倍大時，蓋上土司模的蓋子，放入預熱好的烤箱以190℃烤20～25分鐘。

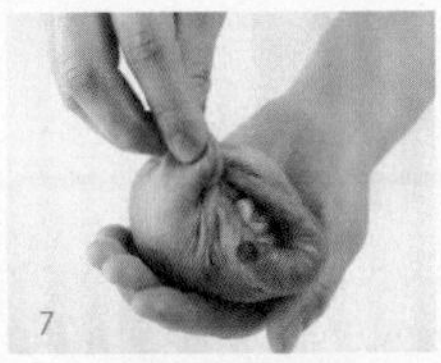
7

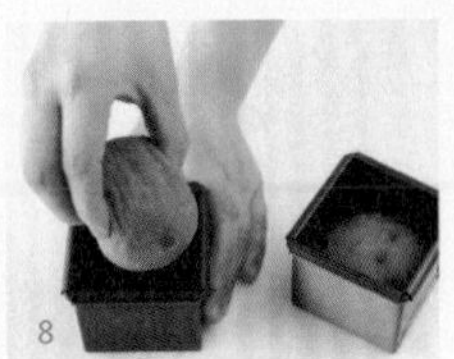
8

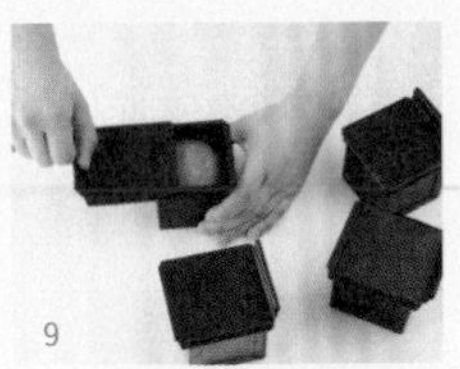
9

早餐麵包

>>> BREAD 2-7 Morning Bread

材料 〔份量：直徑5cm，12個｜溫度：180℃｜時間：12～15分鐘｜難度：★★☆〕

麵團
- 高筋麵粉200g
- 細砂糖15g
- 鹽1/2小匙
- 即溶酵母粉1小匙
- 玉米粉30g
- 牛奶30ml
- 水60ml
- 雞蛋1顆
- 橄欖油1小匙
- 無鹽奶油15g

裝飾
- 黑罌粟籽30g
- 白罌粟籽30g

工具
- 攪拌盆
- 矽膠刮刀
- 電動攪拌機
- 保鮮膜
- 刮板
- 發酵布
- 烘焙紙
- 烤盤
- 烘焙刷
- 冷卻架

準備

Ⓐ 高筋麵粉過篩一次。

Ⓑ 牛奶、水加熱至35℃。

Ⓒ 雞蛋、奶油從冰箱中取出，退冰至常溫狀態。

Ⓓ 烤盤上鋪好烘焙紙。

Ⓔ 烤箱以180℃預熱15分鐘。

作法

製作麵團

1 攪拌盆中依序放入高筋麵粉、細砂糖、鹽、酵母粉、玉米粉、35℃的牛奶及水、常溫的雞蛋，用刮刀從中心開始畫圓圈攪拌。

2 充分拌勻後，再用電動攪拌機的攪揉棒以最低速攪揉5分鐘。倒入橄欖油和奶油，繼續攪揉5分鐘。

一次發酵

3 麵團表面變光滑時，將麵團搓圓，放入攪拌盆中，以保鮮膜密封碗口，下方以45℃水隔水保溫，靜置1小時，進行一次發酵。麵團膨脹至兩倍大時，用拳頭按壓排氣，分割成每個重30g的小麵團。

中間發酵

4 麵團分別搓圓，蓋上發酵布，靜置15分鐘，進行中間發酵。

整型

5 麵團整齊排列在烤盤上，保留適當間距。用刷子沾水沾濕麵團表面。

6 分別撒上黑罌粟籽和白罌粟籽作裝飾。

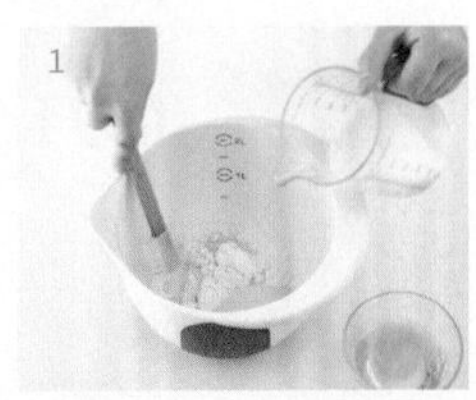

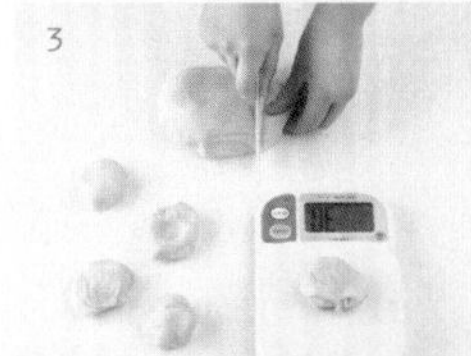

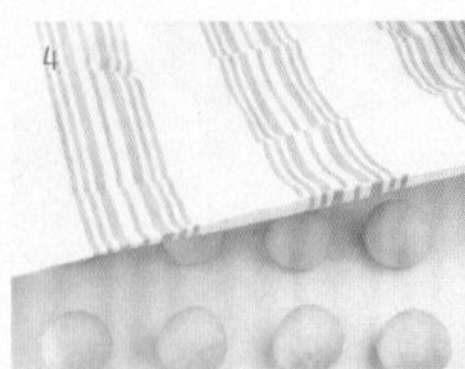

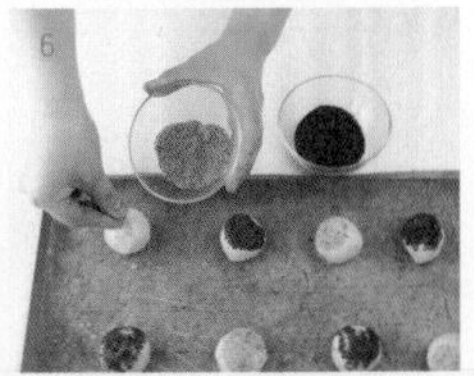

二次發酵

7 蓋上發酵布，移至溫暖處靜置15分鐘，進行二次發酵。

烘烤

8 麵團膨脹至兩倍大時，放入預熱好的烤箱以180℃烤12～15分鐘。

9 麵包出爐後，放置冷卻架上降溫。

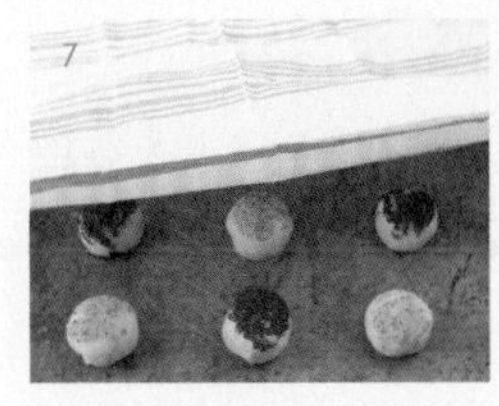

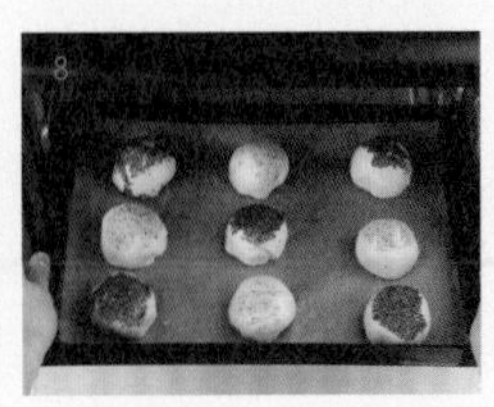

英式瑪芬

>>> BREAD 2-8 *English Muffin*

材料 〔份量：直徑8cm，12個｜溫度：200℃｜時間：12～15分鐘｜難度：★★☆〕

麵團	• 高筋麵粉250g • 細砂糖1小匙 • 鹽1/2小匙 • 奶粉2小匙 • 即溶酵母粉1小匙 • 水200ml • 橄欖油2小匙
三明治配料	• 奶油乳酪100g • 火腿12片 • 水煮蛋2顆 • 培根6片 • 乳酪片12片 • 生菜適量
工具	• 攪拌盆 • 矽膠刮刀 • 電動攪拌機 • 保鮮膜 • 發酵布 • 厚紙板 • 鋁箔紙 • 烘焙紙 • 烤盤 • 麵包刀

準備

Ⓐ 水調溫成35℃。
Ⓑ 高筋麵粉過篩一次。
Ⓒ 烤盤上鋪好烘焙紙。
Ⓓ 烤箱以200℃預熱15分鐘。

作法

製作麵團&一次發酵

1 參照p.50做好麵團後，以保鮮膜密封碗口，隔溫水保溫，靜置1小時，進行一次發酵。

2 麵團膨脹至兩倍大時，用拳頭按壓排氣，並秤重分成每個重55g的小麵團。

中間發酵

3 麵團分別搓圓，蓋上發酵布，靜置15分鐘，進行中間發酵。

整型

4 厚紙板裁切直徑8cm、高3cm的紙圈，用鋁箔紙包覆紙圈後，在內層塗上一些融化奶油，放置在鋪好烘焙紙的烤盤上。

5 發酵好的麵團分別放入鋁箔紙圈內，用手掌輕壓成扁平狀。

二次發酵&烘烤

6 蓋上發酵布，移至溫暖處靜置40分鐘，進行二次發酵。

7 鋁箔紙圈上再覆蓋一個烤盤，放入200℃的烤箱中，烤12～15分鐘。

製作三明治

8 英式瑪芬放冷卻架完全降溫後，用麵包刀橫切剖半。塗抹奶油乳酪後，夾入火腿、切片水煮蛋、煎熟切對半的培根、乳酪片、生菜即可。

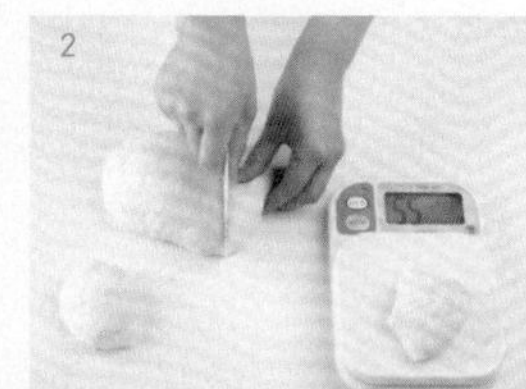

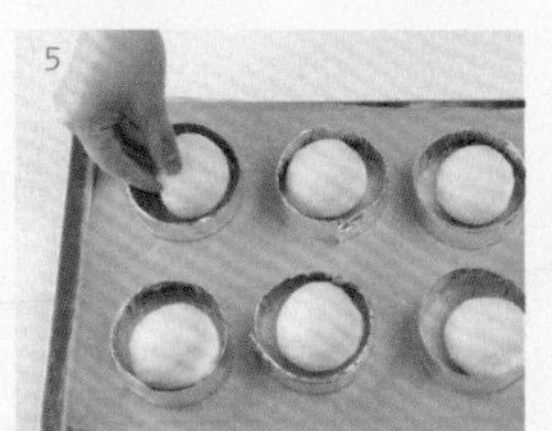

布里歐許麵包

>>> BREAD 2-9 **Brioche**

材料　〔份量：直徑7cm杯形烤盤，15個｜溫度：190℃｜時間：12分鐘｜難度：★★☆〕

麵團　• 高筋麵粉250g　• 細砂糖35g　• 鹽1小匙
• 即溶酵母粉1小匙　• 雞蛋1顆　• 水100ml
• 蘭姆酒1小匙　• 水100ml無鹽奶油100g

裝飾　• 蛋黃1顆　• 牛奶2小匙

工具　• 網篩　• 攪拌盆　• 矽膠刮刀
• 電動攪拌機　• 保鮮膜　• 發酵布
• 直徑7cm杯形烤盤　• 烘焙刷　• 冷卻架

準備

Ⓐ 雞蛋、奶油放置在常溫退冰，至少30分鐘。
Ⓑ 高筋麵粉過篩一次。
Ⓒ 水調溫至35℃。
Ⓓ 杯形烤盤內塗抹烤盤油。
Ⓔ 烤箱以190℃預熱15分鐘。

作法

製作麵團

1 攪拌盆中依序放入高筋麵粉、細砂糖、鹽、酵母粉、雞蛋、蘭姆酒、35℃溫水，用刮刀從中心開始畫圓圈攪拌。

2 充分拌勻後，再用電動攪拌機的攪揉棒以最低速攪揉5分鐘。倒入奶油，繼續攪揉5分鐘。

一次發酵

3 麵團表面變光滑後，將麵團搓圓，放入攪拌盆中，用保鮮膜密封碗口，以45℃溫水隔水保溫，靜置1小時，進行一次發酵。

4 發酵膨脹至兩倍大時，用拳頭按壓排氣。秤重分成每個重50g的小麵團。

中間發酵

5 將麵團分別搓圓，蓋上發酵布，靜置15分鐘，進行中間發酵。

整型

6 以虎口握住麵團的上方1/3處，將麵團捏塑成雪人狀，放入杯形烤盤中。

1

2

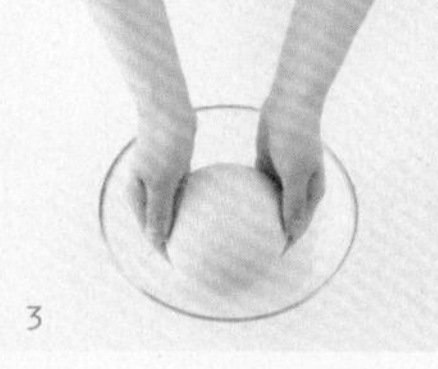
3

4

5

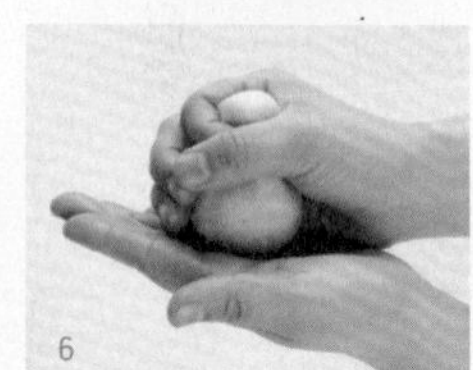
6

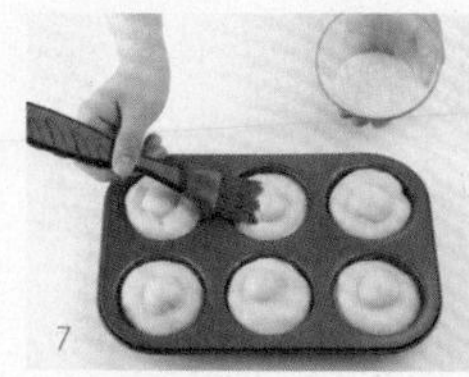
7

8

二次發酵&烘烤

7 蓋上發酵布，移至溫暖處靜置40～45分鐘，進行二次發酵。蛋黃和牛奶拌勻，均勻塗抹在發酵好的麵團上。

8 以190℃烤12分鐘後，放冷卻架上降溫。

TIP

也可以直接將1/3的麵團切下並搓圓後，再組合成雪人狀。小麵團疊在大麵團上後，用手指沿著麵團接縫處戳壓，使紋路加深。

花形麵包

>>> BREAD 2-10 Flower Bread

材料 〔份量：直徑8cm，10個｜溫度：190℃｜時間：12分鐘｜難度：★★☆〕

麵團
- 高筋麵粉250g
- 細砂糖45g
- 鹽1小匙
- 即溶酵母粉1小匙
- 雞蛋1顆
- 水80ml
- 牛奶25ml
- 無鹽奶油35g

內餡
- 紅豆沙400g

工具
- 網篩
- 攪拌盆
- 矽膠刮刀
- 電動攪拌機
- 保鮮膜
- 發酵布
- 擀麵棍
- 刮板
- 烘焙紙
- 烤盤

準備

A 雞蛋、奶油放常溫退冰，至少30分鐘。

B 高筋麵粉過篩一次。

C 水、牛奶加熱至35℃。

D 紅豆沙秤重分成每個重35g的小圓球。

E 烤盤上鋪好烘焙紙。

F 烤箱以190℃預熱15分鐘。

作法

製作麵團

1 攪拌盆中依序放入高筋麵粉、細砂糖、鹽、酵母粉、雞蛋、35℃的水及牛奶，用刮刀從中心開始畫圓圈攪拌。

2 充分拌勻後，再用電動攪拌機的攪揉棒以最低速攪揉5分鐘。倒入奶油，繼續攪揉5分鐘。

一次發酵

3 麵團搓圓放入攪拌盆，用保鮮膜密封碗口，以45℃溫水隔水保溫，靜置1小時，進行一次發酵。發酵好後，以拳頭按壓排氣，秤重分成每個重50g的小麵團。

中間發酵

4 麵團分別搓圓，蓋上發酵布，靜置15分鐘，進行中間發酵。

整型&烘烤

5 麵團擀成8×15cm的長方形，把紅豆沙搓揉成等長的條狀放在麵團上，用麵團包住紅豆沙向前捲，不要捲到底，預留部分麵團。

6 用刮板在預留的麵團上切出等距的開口。

7 切開的麵團向上捲，保留最後一條不要動。

8 麵團彎曲成圓圈，利用預留的最後一條麵團將兩端緊密銜接。

9 麵團取適當間距，排列在烤盤上。覆蓋發酵布，移至溫暖處靜置40～45分鐘，進行二次發酵。

10 放入預熱好的烤箱以190℃烤12分鐘。

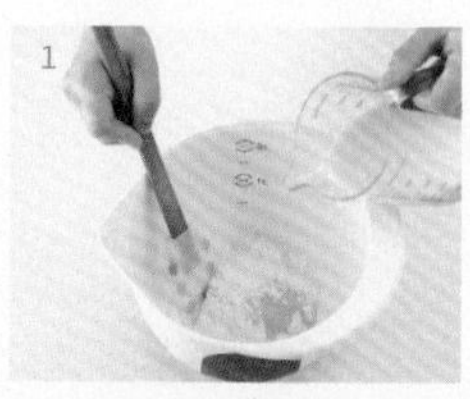
1

2

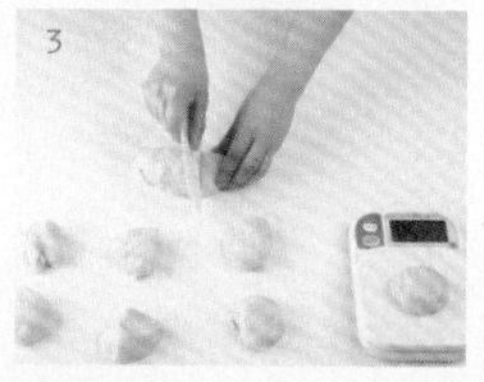
3

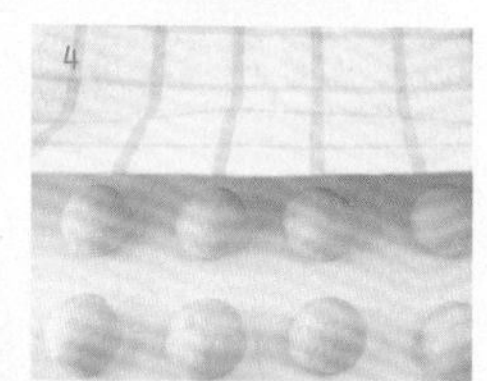
4

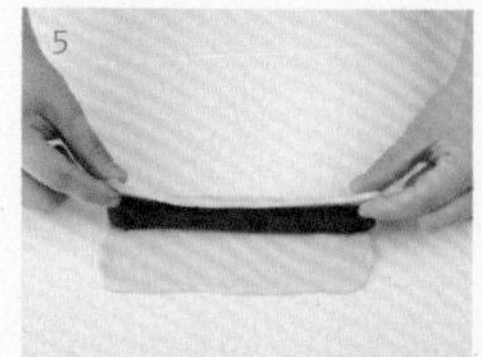
5

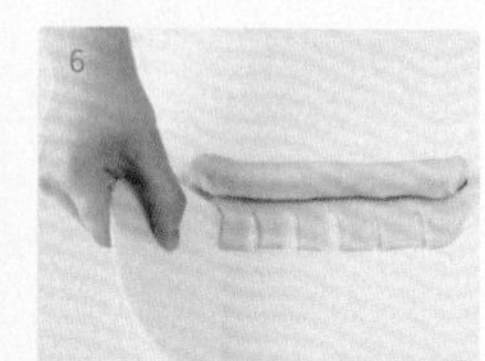
6

7

8

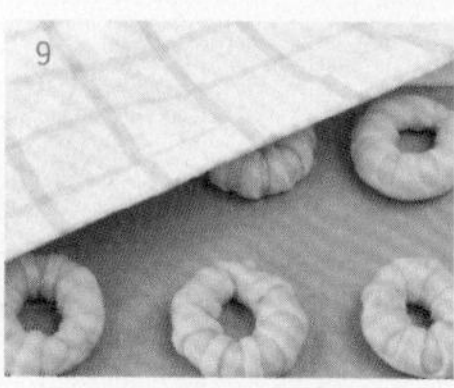
9

10

五穀菠蘿麵包

>>> BREAD 2-11 Streusel Bread

材料 〔份量：直徑9cm，8個｜溫度：190℃｜時間：12分鐘｜難度：★★☆〕

麵團
- 高筋麵粉150g
- 全麥麵粉30g
- 五穀粉30g
- 細砂糖1大匙
- 鹽1/2小匙
- 即溶酵母粉1小匙
- 雞蛋1顆
- 牛奶120ml
- 橄欖油1大匙

菠蘿皮
- 無鹽奶油35g
- 細砂糖35g
- 香草砂糖1包（8g）
- 水麥芽30g
- 低筋麵粉60g
- 五穀粉30g

裝飾
- 細砂糖50g

工具
- 網篩
- 攪拌盆
- 矽膠刮刀
- 保鮮膜
- 電動攪拌機
- 塑膠紙
- 發酵布
- 滾輪
- 烘焙紙
- 烤盤
- 烘焙刷

準備

Ⓐ 雞蛋放常溫退冰，至少30分鐘。
Ⓑ 牛奶加熱至35℃。
Ⓒ 高筋麵粉、全麥麵粉、五穀粉過篩一次。
Ⓓ 烤盤上鋪好烘焙紙。
Ⓔ 烤箱以190℃預熱15分鐘。

作法

製作麵團

1 攪拌盆中依序放入高筋麵粉、全麥麵粉、五穀粉、細砂糖、鹽、酵母粉、雞蛋、35℃的牛奶，用刮刀從中心開始畫圓圈攪拌。

2 充分拌勻後，再用電動攪拌機的攪揉棒以最低速攪揉5分鐘。倒入橄欖油，繼續攪揉5分鐘。

1

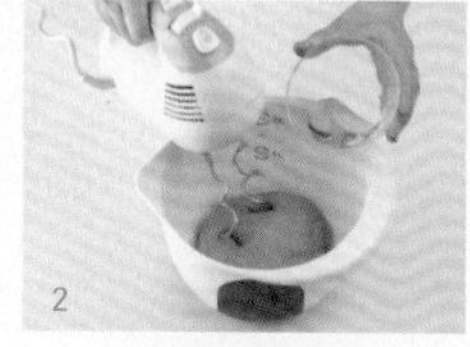
2

一次發酵

3 麵團搓圓放入攪拌盆，用保鮮膜密封碗口，以45℃溫水隔水保溫，靜置1小時，進行一次發酵。

4 麵團膨脹至兩倍大時，用拳頭按壓排氣，秤重分成每個重50g的小麵團。

3

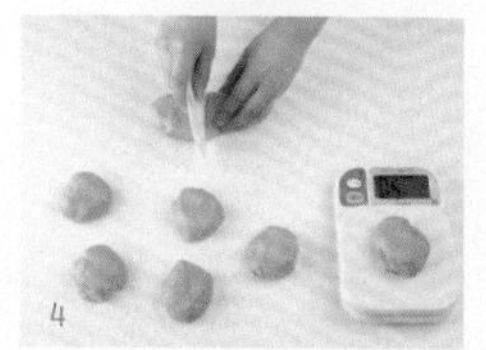
4

中間發酵

5 麵團分別搓圓，蓋上發酵布，靜置15分鐘，進行中間發酵。

整型

6 取另一個攪拌盆，依序放入奶油、細砂糖、香草砂糖、水麥芽，再篩入低筋麵粉及五穀粉，使用電動攪揉棒，以最低速攪拌均勻。

7 桌面鋪一張塑膠紙，放上1湯匙的菠蘿皮麵團，再蓋上一張塑膠紙，以滾輪壓成厚度0.3cm的薄片。

8 用刷子沾水沾濕麵包麵團表面，拿掉塑膠紙，將菠蘿皮包覆在麵團上。

5

6

7

二次發酵&烘烤

9 菠蘿皮朝上排列在烤盤上，靜置40～45分鐘，二次發酵好後，以190℃烤12分鐘。

9

TIP

用塑膠紙將麵團全部包覆住、轉緊，即可使菠蘿皮緊密貼合。

南瓜菠蘿麵包

>>> BREAD 2-12 **Sweet Melon Bread**

材料 〔份量：直徑10cm，8～10個｜溫度：180℃｜時間：10～12分鐘｜難度：★★☆〕

麵團	•高筋麵粉280g •細砂糖30g •鹽1小匙 •即溶酵母粉1小匙 •南瓜50g •南瓜粉1大匙 •雞蛋1/2顆 •水120ml •無鹽奶油35g •葵瓜子20g
菠蘿皮	•無鹽奶油50g •香草砂糖1包（8g） •細砂糖80g •雞蛋1顆 •南瓜30g •低筋麵粉160g •泡打粉1/4小匙
裝飾	•細砂糖50g
工具	•網篩 •攪拌盆 •矽膠刮刀 •保鮮膜 •電動攪拌機 •發酵布 •刮板 •滾輪 •烘焙刷 •塑膠紙 •烘焙紙 •烤盤

準備

Ⓐ 所有雞蛋及奶油放常溫退冰，至少30分鐘。

Ⓑ 高筋麵粉過篩一次。

Ⓒ 水調溫至35℃，南瓜蒸熟後搗成泥狀。

Ⓓ 烤盤上鋪好烘焙紙。

Ⓔ 烤箱以180℃預熱15分鐘。

作法

製作麵團

1 攪拌盆中依序放入高筋麵粉、細砂糖、鹽、酵母粉、雞蛋、南瓜、南瓜粉、35℃溫水，用刮刀從中心開始畫圓圈攪拌。

2 充分拌勻後，再用電動攪拌機的攪揉棒以最低速攪揉5分鐘。加入奶油，繼續攪揉5分鐘。再倒入葵瓜子攪揉1分鐘拌勻。

一次發酵

3 麵團搓圓放入攪拌盆中，用保鮮膜密封碗口，以45℃溫水隔水保溫，靜置1小時，進行一次發酵。

4 麵團膨脹至兩倍大時，以拳頭按壓排氣，秤重分成每個重65g的小麵團。

中間發酵

5 麵團分別搓圓，蓋上發酵布，靜置15分鐘，進行中間發酵。

製作菠蘿皮

6 取另一個攪拌盆，依序放入奶油、細砂糖、香草砂糖、雞蛋、南瓜、低筋麵粉、泡打粉，以電動攪揉棒低速拌勻。

7 桌上鋪一張塑膠紙，放上1湯匙菠蘿皮麵團，再蓋上塑膠紙，用滾輪壓成厚度0.3cm的薄片。

整型

8 用刷子沾水沾濕麵包麵團表面。拿起塑膠紙將菠蘿皮蓋在麵包麵團上，並用塑膠紙包住整個麵團、轉緊，使菠蘿皮緊密貼合。拿掉塑膠紙後，在表面撒滿細砂糖。

二次發酵&烘烤

9 蓋上發酵布，移至溫暖處靜置40～45分鐘，進行二次發酵。發酵好後，用刮板在表面壓出紋路。以180℃烤10～12分鐘。

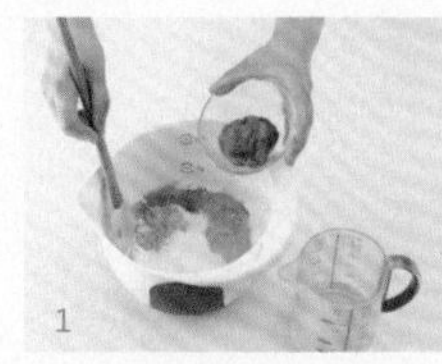

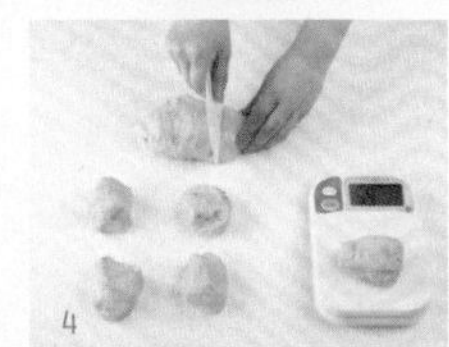

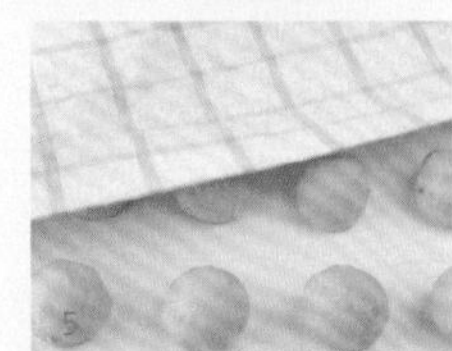

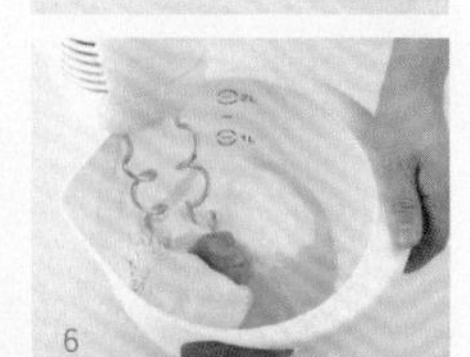

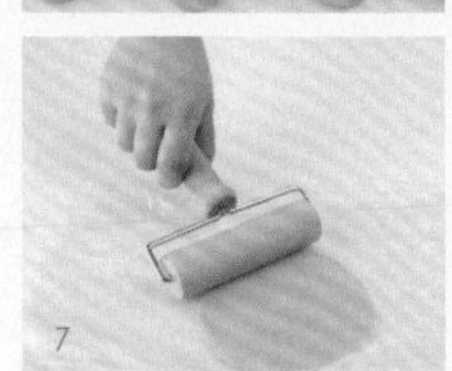

TIP

包覆麵包用的菠蘿皮麵團，要攪拌至有點黏性，能變成團狀為止。

卡布奇諾麵包捲

>>> BREAD 2-13

Cappucino Roll Bread

材料 〔份量：直徑10cm，10個｜溫度：190℃｜時間：12分鐘｜難度：★★☆〕

麵團
- 高筋麵粉250g
- 細砂糖30g
- 鹽1小匙
- 即溶酵母粉1小匙
- 蛋黃1顆
- 肉桂粉1/4小匙
- 即溶咖啡粉2小匙
- 水120ml
- 無鹽奶油15g

內餡
- 無鹽奶油20g
- 黑砂糖40g
- 即溶咖啡粉1小匙
- 肉桂粉1/2小匙
- 胡桃仁70g

裝飾
- 即溶咖啡粉2小匙
- 咖啡酒1大匙
- 糖粉100g

工具
- 網篩
- 攪拌盆
- 矽膠刮刀
- 電動攪拌機
- 保鮮膜
- 發酵布
- 打蛋器
- 擀麵棍
- 刮板
- 麵包刀
- 烤盤
- 直徑10cm麵包紙杯
- 擠花袋

準備

A 蛋黃、奶油放常溫退冰，至少30分鐘。

B 高筋麵粉過篩一次。

C 水調溫成35℃。

D 胡桃仁切碎。

E 烤箱以190℃預熱15分鐘。

作法

製作麵團

1 攪拌盆中依序放入高筋麵粉、細砂糖、鹽、酵母粉、蛋黃、即溶咖啡粉、肉桂粉、35℃溫水，用刮刀從中心開始畫圓圈攪拌。

2 充分拌勻後，再用電動攪拌機的攪揉棒以最低速攪揉5分鐘。加入奶油，繼續攪揉5分鐘。

一次發酵&中間發酵

3 麵團搓圓放入攪拌盆，用保鮮膜密封碗口，以45℃溫水隔水保溫，靜置1小時，進行一次發酵。

4 麵團膨脹至兩倍大時，用拳頭按壓排氣。重新搓圓，蓋上發酵布，靜置15分鐘，進行中間發酵。

製作內餡

5 取一個攪拌盆，放入奶油、黑砂糖、即溶咖啡粉、肉桂粉，用打蛋器拌勻後，倒入切碎的胡桃仁再次攪拌均勻。

塑型

6 麵團擀成30×30cm的正方形，鋪上拌好的內餡，用刮板整平。

7 麵團捲成圓筒狀，末端以手指緊密捏合。用麵包刀將麵團切成10等份。

二次發酵&烘烤

8 麵團放入麵包紙杯中，排列在烤盤上。蓋上發酵布，靜置40～45分鐘。發酵好後，放入烤箱以190℃烤12分鐘。

裝飾

9 將即溶咖啡粉、咖啡酒、糖粉混合均勻，裝入擠花袋中，待卡布奇諾麵包捲烤好、放涼後，以「之」字形的方式擠在表面作裝飾。

1

2

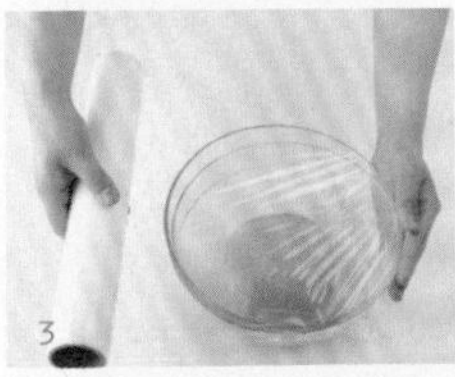
3

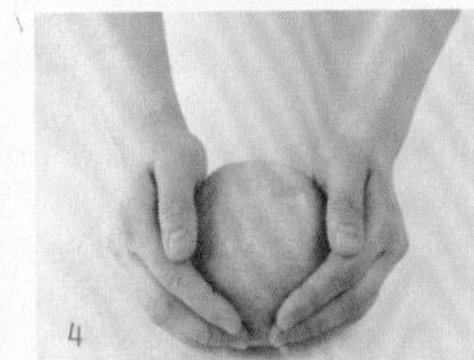
4

5

6

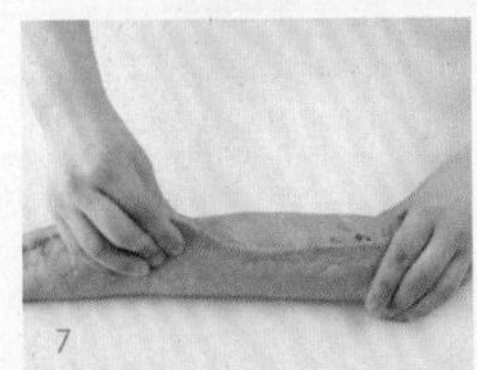
7

8

9

奶油乳酪摩卡麵包

>>> BREAD 2-14

Cream Cheese Mocha Bread

材料 〔份量：長30cm，2個｜溫度：200℃｜時間：12～15分鐘｜難度：★★☆〕

麵團	•高筋麵粉250g •細砂糖45g •鹽1小匙 •即溶酵母粉1小匙 •雞蛋1顆 •即溶咖啡粉1大匙 •牛奶 85ml •無鹽奶油 30g •無花果乾 50g •蔓越莓乾 25g •開心果仁 20g •香橙酒 1大匙
內餡	•奶油乳酪 150g •細砂糖 50g •香草砂糖 1包（8g）•原味優格 50g
摩卡酥皮	•無鹽奶油 50g •細砂糖 80g •香草砂糖1包（約5g） •雞蛋 1顆 •即溶咖啡粉 1大匙 •低筋麵粉 250g •泡打粉 1小匙
工具	•網篩 •攪拌盆 •矽膠刮刀 •電動攪拌機 •保鮮膜 •發酵布 •桿麵棍 •塑膠紙 •烘焙刷 •烘焙紙 •烤盤 •擠花袋

準備

Ⓐ 雞蛋、奶油、奶油乳酪放常溫退冰，至少30分鐘。

Ⓑ 高筋麵粉、低筋麵粉、泡打粉各過篩兩次。

Ⓒ 無花果乾切小塊，和蔓越莓乾一起用香橙酒泡軟。

Ⓓ 烤盤上鋪好烘焙紙。

Ⓔ 烤箱以200℃預熱15分鐘。

作法

製作麵團

1 攪拌盆中依序放入高筋麵粉、細砂糖、鹽、酵母粉、雞蛋、咖啡粉、35℃的牛奶，用刮刀從中心開始畫圓圈攪拌。

2 充分拌勻後，再用電動攪拌機的攪揉棒以最低速攪揉5分鐘。倒入奶油、開心果仁，以及用香橙酒泡軟的無花果乾、蔓越莓乾，繼續攪揉5分鐘。

一次發酵

3 麵團搓圓放入攪拌盆中，用保鮮膜密封碗口，以45℃溫水隔水保溫，靜置1小時，進行一次發酵。

中間發酵

4 麵團膨脹至兩倍大時，用拳頭按壓排氣，分成兩等份。麵團分別搓圓，蓋上發酵布，靜置15分鐘，進行中間發酵。

1

2

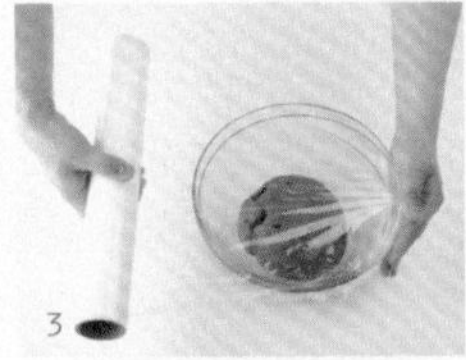
3

4

製作內餡

5 取一個攪拌盆，倒入常溫軟化的奶油乳酪，電動攪拌機換上攪拌棒，以最低速攪拌10秒後，倒入細砂糖、香草砂糖、優格繼續攪拌均勻，裝入擠花袋中。

6 發酵好的麵團擀成橢圓形，包入內餡後，將接縫處緊密捏合。另一個麵團也以同樣步驟做好。

5

6

7

8

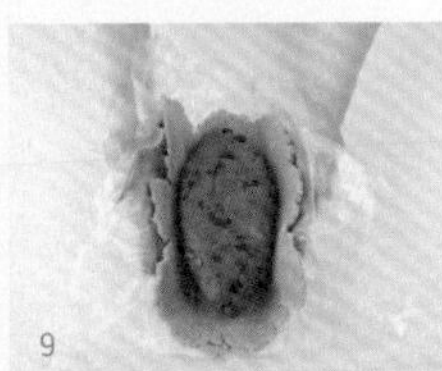
9

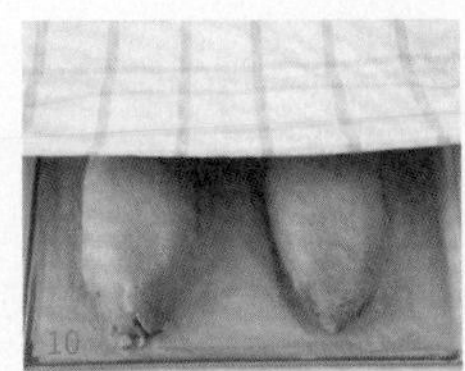
10

製作咖啡酥皮

7 先將雞蛋、即溶咖啡粉混合。取一個攪拌盆，倒入剩餘的咖啡酥皮材料，再倒入咖啡雞蛋液，使用電動攪揉棒，以低速攪拌成黏稠團狀。

8 桌面鋪一張塑膠紙，放上1/2的咖啡酥皮麵團，再蓋上一張塑膠紙，用擀麵棍擀成厚度0.3cm的薄片。

9 用刷子沾水將步驟6的麵團表面沾濕，鋪上咖啡酥皮。

二次發酵&烘烤

10 蓋上發酵布，靜置40～45分鐘發酵好後，以200℃烤12～15分鐘。

辮子麵包

>>> BREAD 2-15

Hefezopf

材料 〔份量：長35cm，1個｜溫度：190℃｜時間：30～35分鐘｜難度：★★★〕

麵團
- 高筋麵粉250g
- 細砂糖25g
- 香草砂糖1包（8g）
- 鹽1/2小匙
- 即溶酵母粉1小匙
- 蛋白1顆
- 蛋黃2顆
- 動物性鮮奶油150ml
- 牛奶1大匙
- 葡萄乾50g
- 蔓越莓乾30g
- 蘭姆酒1大匙

裝飾
- 蛋黃1顆
- 牛奶1大匙

工具
- 網篩
- 攪拌盆
- 矽膠刮刀
- 電動攪拌機
- 保鮮膜
- 發酵布
- 擀麵棍
- 烘焙紙
- 烤盤
- 烘焙刷

準備

Ⓐ 雞蛋放常溫退冰，至少30分鐘。

Ⓑ 葡萄乾、蔓越莓乾預先用蘭姆酒泡軟。

Ⓒ 高筋麵粉過篩一次；烤盤鋪好烘焙紙。

Ⓓ 烤箱以190℃預熱15分鐘。

作法

製作麵團

1 攪拌盆中依序放入高筋麵粉、細砂糖、香草砂糖、鹽、酵母粉、蛋白、蛋黃、加熱至35℃的鮮奶油及牛奶，用刮刀從中心開始畫圓圈充分拌勻。使用電動攪拌機的攪揉棒，以最低速攪揉5分鐘。倒入泡軟的葡萄乾和蔓越莓乾，繼續攪揉5分鐘。

一次發酵

2 麵團搓圓放入攪拌盆，用保鮮膜密封碗口，以45℃溫水隔水保溫，靜置1小時，進行一次發酵。

3 麵團膨脹至兩倍大時，用拳頭按壓排氣。先將麵團分成2/3及1/3大小的兩個麵團，再各自分成3等份的小麵團。

中間發酵

4 6個麵團分別搓圓，蓋上發酵布，靜置15分鐘，進行中間發酵。

塑型

5 大、小麵團搓揉成30cm及20cm的條狀。

6 先將三條長的麵團靠緊，一端捏合固定後，交叉編成辮子。將兩端捏扁，摺到辮子下方藏好。

7 再將三條短麵團以同樣的方式編成辮子形狀。

8 長辮子麵團的中央部分用擀麵棍稍微壓平。裝飾用蛋黃和牛奶攪拌均勻，塗抹在長辮子麵團表面。

二次發酵&烘烤

9 短辮子麵團疊在長辮子麵團上方，蓋上發酵布，靜置40～45分鐘，進行二次發酵。

10 蛋黃牛奶液塗滿麵團表面。放入烤箱，以190℃烤30～35分鐘。

1

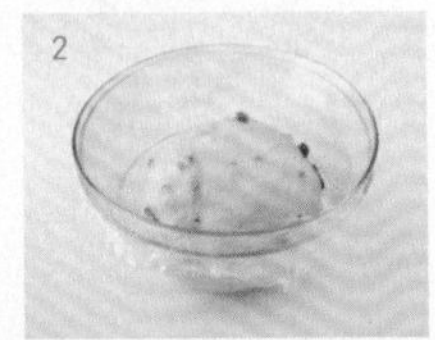
2

3

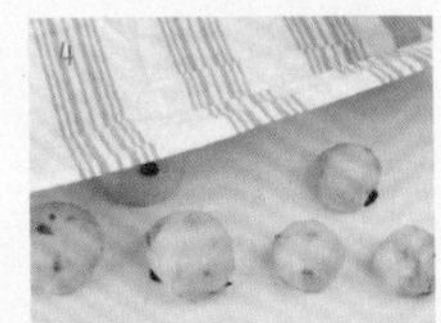
4

5

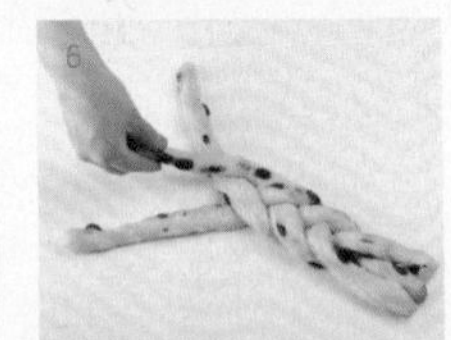
6

7

8

9

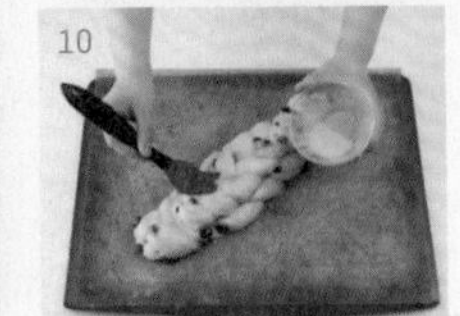
10

杏仁奶油蛋糕

>>> BREAD 2-16

Almond Butter Kuchen

材料 〔份量：25×35cm烤盤，1個｜溫度：190℃｜時間：25～30分鐘｜難度：★☆☆〕

麵團	• 高筋麵粉250g • 細砂糖35g • 鹽1/2小匙 • 香草砂糖1包（8g）• 即溶酵母粉1小匙 • 牛奶165ml • 無鹽奶油40g
鋪料	• 無鹽奶油50g • 細砂糖25g • 香草砂糖1包（8g）• 杏仁片60g
工具	• 網篩 • 攪拌盆 • 矽膠刮刀 • 保鮮膜 • 發酵布 • 電動攪拌機 • 擀麵棍 • 25×35cm烤盤 • 冷卻架

準備

- Ⓐ 高筋麵粉過篩一次。
- Ⓑ 牛奶加熱至35℃。
- Ⓒ 奶油放常溫退冰，至少30分鐘。
- Ⓓ 烤盤塗抹烤盤油。
- Ⓔ 烤箱以190℃預熱15分鐘。

作法

製作麵團

1 攪拌盆中依序放入高筋麵粉、細砂糖、香草砂糖、鹽、酵母粉、35℃的牛奶，用刮刀從中心開始畫圓圈攪拌。

2 充分拌勻後，再用電動攪拌機的攪揉棒以最低速攪揉5分鐘。倒入奶油，繼續攪揉5分鐘。

一次發酵

3 麵團搓圓放入攪拌盆，用保鮮膜密封碗口，以45℃溫水隔水保溫，靜置1小時，進行一次發酵。

中間發酵

4 麵團膨脹至兩倍大時，用拳頭按壓排氣。重新搓圓，蓋上發酵布，靜置15分鐘，進行中間發酵。

鋪麵團

5 麵團擀成25×35cm的長方形，鋪平在烤盤上。麵團邊緣用手指捏高，緊貼烤盤側邊。

整型&鋪料

6 用食指和中指在麵團上戳出整齊的凹洞。

7 在凹洞內填滿常溫軟化的鋪料用奶油。將細砂糖、香草砂糖拌勻後，撒在麵團上。

8 最後撒上杏仁片。

二次發酵&烘烤

9 蓋上發酵布，移至溫暖處靜置40分鐘，進行二次發酵。

10 以190℃烤25～30分鐘後，脫模放在冷卻架上降溫。

熱狗麵包

>>> BREAD 2-17

Sausage Bread

材料 〔份量：長15cm，8個｜溫度：180℃｜時間：12分鐘｜難度：★★☆〕

麵團	• 高筋麵粉250g • 細砂糖30g • 鹽1/2小匙 • 即溶酵母粉1小匙 • 牛奶150ml • 無鹽奶油20g
內餡	• 熱狗8根
裝飾	• 牛奶2大匙 • 黑芝麻10g • 罌粟籽10g
工具	• 網篩 • 攪拌盆 • 矽膠刮刀 • 電動攪拌機 • 保鮮膜 • 發酵布 • 擀麵棍 • 烘焙紙 • 起酥輪刀或刀子 • 烤盤 • 烘焙刷

準備

Ⓐ 雞蛋、奶油放常溫退冰，至少30分鐘。

Ⓑ 高筋麵粉過篩一次。

Ⓒ 牛奶加熱至35℃。

Ⓓ 烤盤上鋪好烘焙紙。

Ⓔ 烤箱以180℃預熱10分鐘。

作法

製作麵團

1 攪拌盆中依序放入高筋麵粉、細砂糖、鹽、酵母粉、35℃的牛奶，用刮刀從中心開始畫圓圈攪拌。

2 充分拌勻後，再用電動攪拌機的攪揉棒以最低速攪揉5分鐘。倒入奶油，繼續攪揉5分鐘。

一次發酵

3 麵團表面變光滑後，將麵團搓圓放入攪拌盆，用保鮮膜密封碗口，以45℃溫水隔水保溫，靜置1小時，進行一次發酵。

4 麵團膨脹至兩倍大時，用拳頭按壓排氣，秤重分成8等份的小麵團。

中間發酵

5 麵團分別搓圓，蓋上發酵布，靜置15分鐘，進行中間發酵。

塑型

6 麵團擀成和熱狗等長的長方形，用輪刀或刀子在麵團的兩個長邊切割出平行的2cm切口。

7 熱狗擺放在麵團中央，把兩側切開的麵團左右交錯疊在熱狗上，包覆住熱狗。

二次發酵

8 其他麵團也以同樣步驟做好後，保持適當間距，排列在烤盤上。蓋上發酵布，移至溫暖處靜置40～45分鐘，進行二次發酵。

烘烤

9 裝飾用牛奶刷抹在麵團表面，撒上黑芝麻和罌粟籽。放入預熱好的烤箱以180℃烤12分鐘。

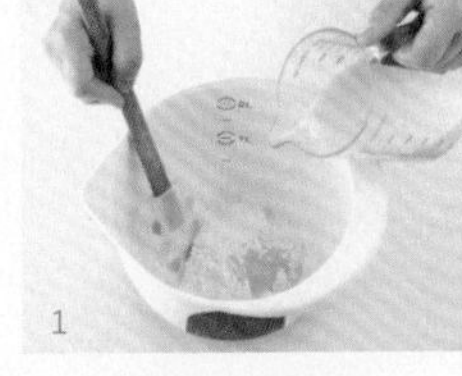

1

2

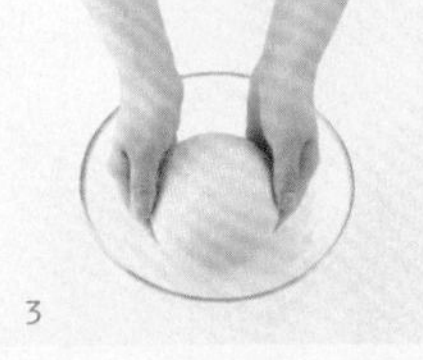
3

4

5

6

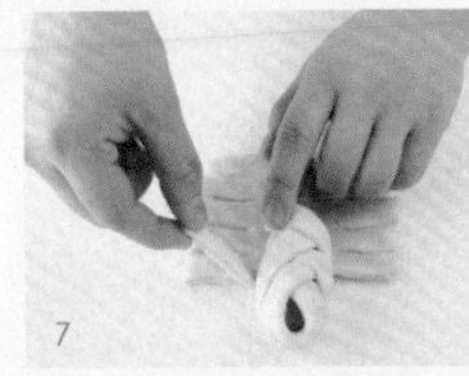
7

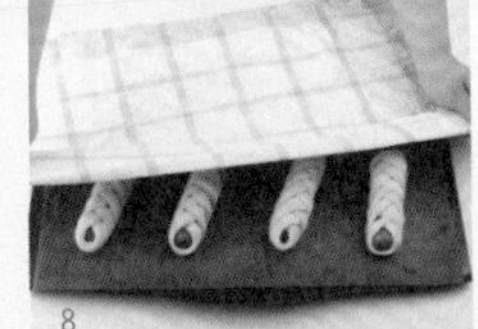
8

奶茶十字餐包

>>> BREAD 2-18

Milk-Tea Cross Buns

材料 〔份量：20×20cm方形烤模，1個｜溫度：200℃｜時間：30～35分鐘｜難度：★★☆〕

麵團
- 高筋麵粉250g
- 細砂糖25g
- 鹽1/2小匙
- 即溶酵母粉1小匙
- 雞蛋1顆
- 紅茶末1小匙
- 牛奶125ml
- 無鹽奶油30g
- 核桃仁50g
- 開心果仁20g

裝飾
- 高筋麵粉2大匙
- 紅茶茶湯2大匙（熱水2大匙＋紅茶末1小匙）

工具
- 網篩
- 攪拌盆
- 矽膠刮刀
- 電動攪拌機
- 保鮮膜
- 發酵布
- 擀麵棍
- 20×20cm方形烤模
- 擠花袋
- 冷卻架

準備

Ⓐ 雞蛋、奶油放常溫退冰，至少30分鐘。
Ⓑ 高筋麵粉過篩一次。
Ⓒ 牛奶加熱至35℃，倒入紅茶末浸泡。
Ⓓ 泡好裝飾用的紅茶茶湯。
Ⓔ 核桃仁、開心果仁切成小塊。
Ⓕ 烤箱以200℃預熱15分鐘。

作法

製作麵團

1 攪拌盆中依序放入高筋麵粉、細砂糖、鹽、酵母粉、雞蛋、浸泡了紅茶末的35℃牛奶，用刮刀從中心開始畫圓圈攪拌。

2 充分拌勻後，再用電動攪拌機的攪揉棒以最低速攪揉5分鐘。倒入奶油、核桃仁、開心果仁，繼續攪揉5分鐘。

一次發酵

3 麵團表面變光滑後，將麵團搓圓放入攪拌盆中，用保鮮膜密封碗口，以45℃溫水隔水保溫，靜置1小時，進行一次發酵。

4 麵團膨脹至兩倍大時，用拳頭按壓排氣，秤重分成等重的16個小麵團。

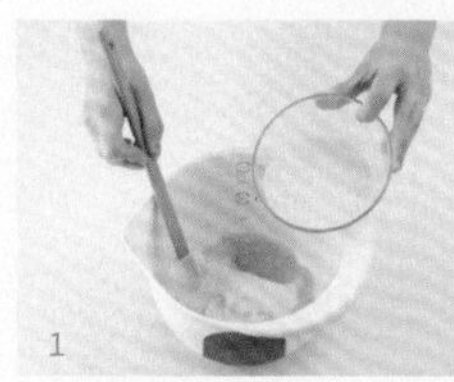
1

2

3

4

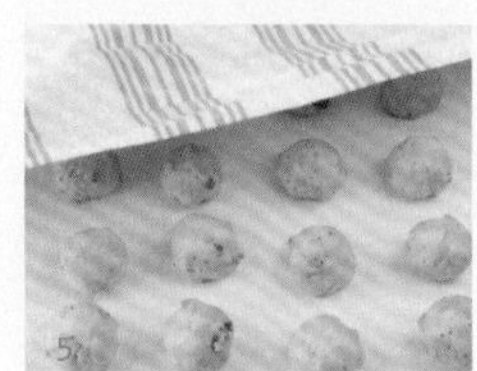
5

6

中間發酵

5 麵團分別搓圓，蓋上發酵布，靜置15分鐘，進行中間發酵。

塑型

6 發酵好的麵團再次搓圓，整齊放入烤模中，麵團間請保持適當間距。

7

8

9

二次發酵

7 蓋上發酵布，移至溫暖處靜置40～45分鐘，進行二次發酵。

烘烤

8 裝飾用高筋麵粉和泡好的紅茶茶湯充分混合，裝入擠花袋中。
在發酵好的麵團表面畫出接續的「十」字形。

9 以200℃烤30～35分鐘後，脫模放在冷卻架上降溫。

椰蓉餐包

>>> BREAD 2-19

Coconut Buns

材料 〔份量：直徑12cm，12個｜溫度：190℃｜時間：12～15分鐘｜難度：★★☆〕

麵團	• 高筋麵粉300g • 細砂糖30g • 鹽1/2小匙 • 即溶酵母粉1＋1/2小匙 • 雞蛋1顆 • 牛奶130ml • 無鹽奶油30g
內餡	• 無鹽奶油45g • 蜂蜜50g • 雞蛋1顆 • 椰子粉70g
頂部裝飾	• 無鹽奶油50g • 細砂糖50g • 雞蛋1顆 • 椰子粉1大匙 • 椰子絲50g
工具	• 網篩 • 攪拌盆 • 矽膠刮刀 • 電動攪拌機 • 保鮮膜 • 發酵布 • 擠花袋 • 擀麵棍 • 烘焙紙 • 烤盤

準備

- Ⓐ 雞蛋、奶油放常溫退冰，至少30分鐘。
- Ⓑ 高筋麵粉過篩一次。
- Ⓒ 牛奶加熱至35℃。
- Ⓓ 烤盤上鋪好烘焙紙。
- Ⓔ 烤箱以190℃預熱15分鐘。

作法

製作麵團

1 參照p.50做好麵團後，以保鮮膜密封碗口，隔溫水保溫，靜置1小時，進行一次發酵。

2 麵團膨脹至兩倍大時，按壓排氣，秤重分成每個重50g的小麵團。

中間發酵

3 麵團分別搓圓，蓋上發酵布，靜置15分鐘，進行中間發酵。

製作內餡

4 取一個攪拌盆，放入奶油，以電動攪拌棒的最低速攪拌10秒。倒入蜂蜜拌勻，再放入雞蛋，以最低速打成絨毛狀。

5 加入椰子粉用刮刀拌勻後，裝入擠花袋中。

6 發酵好的麵團擀成圓餅狀，填入內餡，將麵皮收攏，接縫處捏緊密合。

二次發酵

7 麵團收口朝下，排列在烤盤上，保留適當間距。蓋上發酵布，靜置50～60分鐘，進行二次發酵。

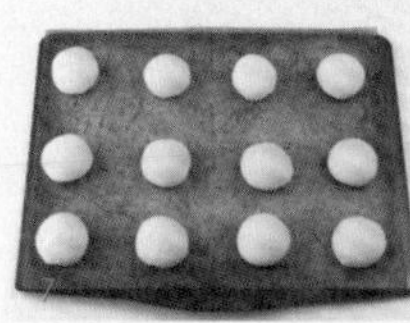

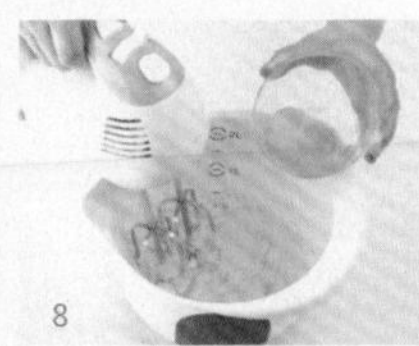

製作頂部裝飾

8 取一個攪拌盆，放入奶油，以電動攪拌棒的最低速打散後，放入細砂糖拌勻，再倒入雞蛋攪拌至蛋液完全被吸收。

9 倒入椰子粉和椰子絲，用刮刀攪拌均勻後，裝入擠花袋。

烘烤

10 頂部裝飾擠在發酵好的麵團上，放入烤箱以190℃烤12～15分鐘。

菠菜培根麵包捲

>>> BREAD 2-20

Spinach Bacon Roll Bread

材料 〔份量：直徑5cm烘烤紙杯，10個｜溫度：180℃｜時間：10～12分鐘｜難度：★★☆〕

麵團
- 高筋麵粉250g
- 細砂糖3大匙
- 鹽1小匙
- 即溶酵母粉1小匙
- 蛋黃2顆
- 牛奶120ml
- 無鹽奶油50g

內餡
- 菠菜70g
- 培根70g
- 帕馬森乳酪粉50g

工具
- 網篩
- 攪拌盆
- 矽膠刮刀
- 保鮮膜
- 電動攪拌機
- 發酵布
- 擀麵棍
- 麵包刀
- 烤盤
- 直徑5cm烘烤紙杯

準備

Ⓐ 雞蛋、奶油放常溫退冰，至少30分鐘。

Ⓑ 高筋麵粉過篩一次。

Ⓒ 牛奶加熱至35℃。

Ⓓ 菠菜燙熟，瀝乾水分，切成段；培根切丁。

Ⓔ 烤箱以180℃預熱10分鐘。

作法

製作麵團

1 攪拌盆中依序放入高筋麵粉、細砂糖、鹽、酵母粉、蛋黃、35℃的牛奶，用刮刀從中心開始畫圓圈攪拌。

2 充分拌勻後，再用電動攪拌機的攪揉棒以最低速攪揉5分鐘。倒入奶油，繼續攪揉5分鐘。

一次發酵

3 麵團表面變光滑後，將麵團搓圓放入攪拌盆中，用保鮮膜密封碗口，以45℃溫水隔水保溫，靜置1小時，進行一次發酵。

4 麵團膨脹至兩倍大時，用拳頭按壓排氣，重新搓圓。

中間發酵

5 蓋上發酵布，靜置15分鐘，進行中間發酵。

塑型

6 麵團擀成30×30cm正方形。

7 菠菜、培根均勻鋪在麵團表面，撒上帕瑪森乳酪粉。

8 麵團捲成圓筒狀。

二次發酵&烘烤

9 用麵包刀將麵團切成10等份，放入烘烤紙杯內，整齊排列在烤盤上。蓋上發酵布，靜置40～45分鐘，進行二次發酵。麵團膨脹至兩倍大時，放入烤箱，以180℃烤10～12分鐘。

1

2

3

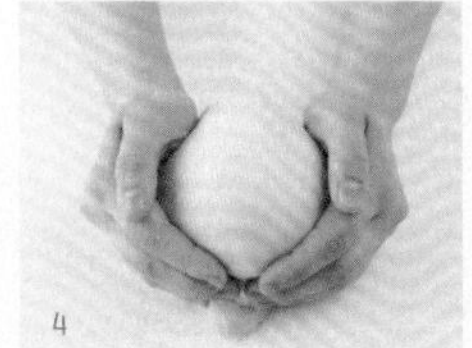
4

5

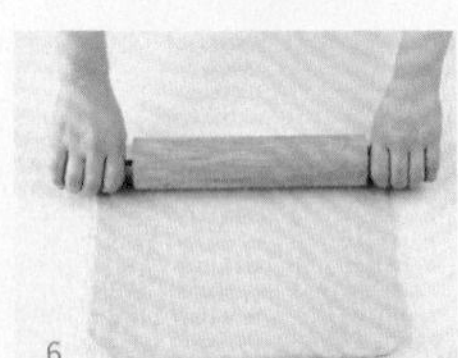
6

7

8

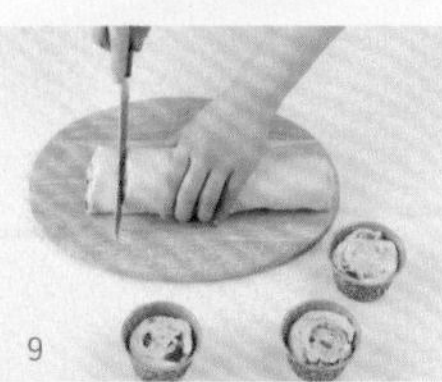
9

Baking Tip

用培根搭配菠菜製作而成的麵包捲，就算不敢吃菠菜的孩子也一定會喜歡。除了菠菜和培根外，也可以用家裡冰箱現有的蔬菜或火腿來製作喔！

咖哩麵包

>>> BREAD 2-21

Curry Bread

材料 〔份量：直徑8cm，6個｜溫度：180℃｜時間：15分鐘｜難度：★★☆〕

麵團
- 高筋麵粉200g
- 咖哩粉15g
- 鹽1/2小匙
- 細砂糖1大匙
- 即溶酵母粉1/2小匙
- 水125ml
- 無鹽奶油1大匙

內餡
- 培根50g
- 洋蔥1/2顆
- 馬鈴薯1/2顆
- 紅蘿蔔1/2根
- 咖哩粉4大匙

裝飾
- 蛋黃1顆
- 麵包粉50g

工具
- 網篩
- 攪拌盆
- 矽膠刮刀
- 電動攪拌機
- 保鮮膜
- 發酵布
- 平底鍋
- 滾輪
- 烘焙刷
- 烘焙紙
- 烤盤

準備

A 高筋麵粉過篩一次。

B 奶油放常溫退冰，至少30分鐘。

C 水調溫成35℃。

D 培根、洋蔥、馬鈴薯、紅蘿蔔切成小丁狀。

E 烤盤上鋪好烘焙紙。

F 烤箱以180℃預熱10分鐘。

作法

製作麵團

1 攪拌盆中依序放入高筋麵粉、咖哩粉、鹽、細砂糖、酵母粉、35℃溫水，用刮刀從中心開始畫圓圈攪拌。

2 充分拌勻後，再用電動攪拌機的攪揉棒以最低速揉5分鐘。倒入奶油繼續攪揉5分鐘。

一次發酵

3 麵團表面變光滑後，將麵團搓圓放入攪拌盆，用保鮮膜密封碗口，以45℃溫水隔水保溫，靜置1小時，進行一次發酵。

4 麵團膨脹至兩倍大時，用拳頭按壓排氣，秤重分成每個重60g的小麵團。

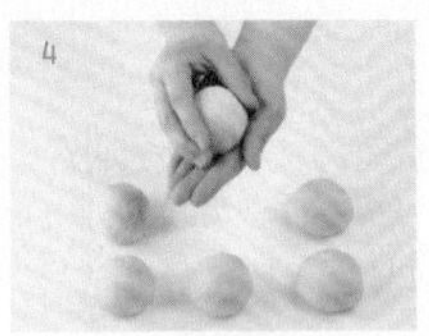

中間發酵

5 麵團分別搓圓，蓋上發酵布，靜置15分鐘，進行中間發酵。

製作內餡

6 平底鍋中倒入少許食用油，開中火，將切丁的培根、洋蔥、馬鈴薯、紅蘿蔔炒熟後，放入咖哩粉攪拌均勻。

7 用滾輪將發酵好的麵團 成圓餅狀，包入內餡，將麵皮收攏，接縫處捏緊密合。

8 麵團表面刷上蛋黃液，裹上麵包粉。輕壓成圓餅狀，放入烤盤。

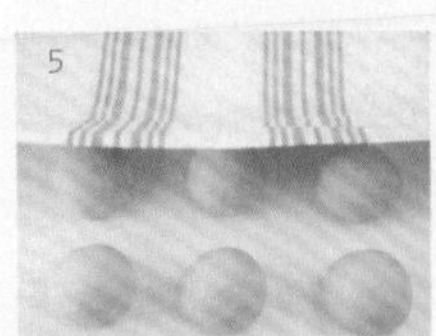

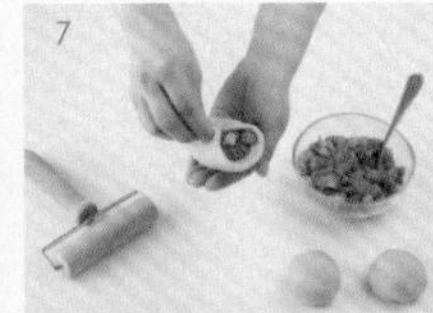
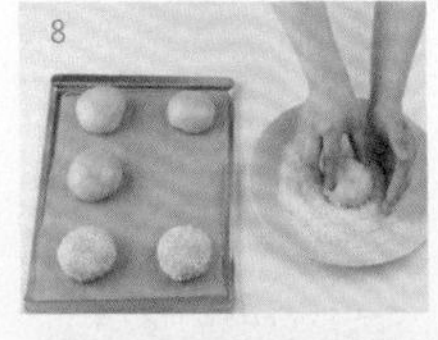

9 蓋上發酵布，靜置50～60分鐘，進行二次發酵。

10 放入烤箱，以180℃烤15分鐘。

馬鈴薯美乃滋麵包

>>> BREAD 2-22

Potato Mayo Bread

材料 〔份量：直徑8cm，8個｜溫度：190℃｜時間：15分鐘｜難度：★★☆〕

麵團
- 高筋麵粉200g
- 低筋麵粉50g
- 鹽1小匙
- 細砂糖1大匙
- 鹽1小匙即溶酵母粉1小匙
- 水170ml
- 鹽1小匙無鹽奶油1大匙

內餡
- 中等大小馬鈴薯1顆
- 洋蔥1/2顆
- 培根50g
- 美乃滋3大匙
- 酸奶油3大匙
- 鹽1/4小匙
- 胡椒粉1/8小匙

工具
- 網篩
- 攪拌盆
- 矽膠刮刀
- 電動攪拌機
- 保鮮膜
- 發酵布
- 擀麵棍
- 烘焙紙
- 烤盤
- 剪刀

準備

Ⓐ 奶油放常溫退冰，至少30分鐘。
Ⓑ 培根、洋蔥切成1cm小丁狀。
Ⓒ 高筋麵粉、低筋麵粉過篩一次。
Ⓓ 水調溫至35℃。
Ⓔ 烤盤上鋪好烘焙紙。
Ⓕ 烤箱以190℃預熱10分鐘。

作法

製作麵團 1 攪拌盆中依序放入高筋麵粉、低筋麵粉、細砂糖、鹽、酵母粉、35℃溫水，用刮刀從中心開始畫圓圈充分拌勻。使用電動攪拌機的攪揉棒，以最低速攪揉5分鐘。倒入奶油，繼續攪揉5分鐘。

一次發酵 2 麵團搓圓放入攪拌盆，用保鮮膜密封碗口，以45℃溫水隔水保溫，靜置1小時，進行一次發酵。

3 麵團膨脹至兩倍大時，用拳頭按壓排氣，秤重分成8等份。

中間發酵 4 麵團分別搓圓，蓋上發酵布，靜置15分鐘，進行中間發酵。

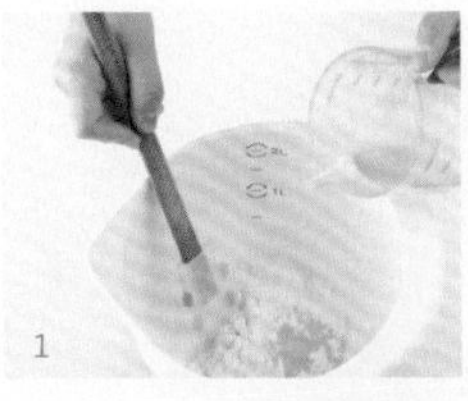
1

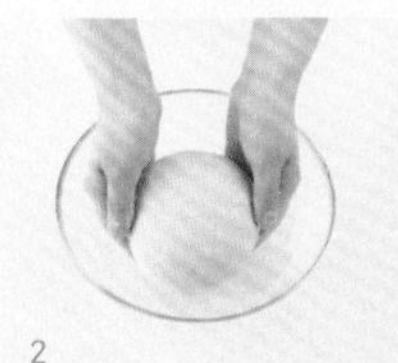
2

3

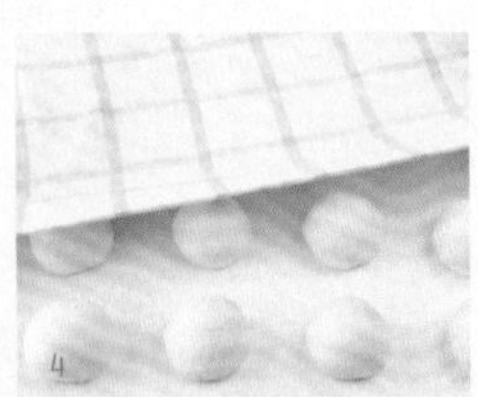
4

5

6

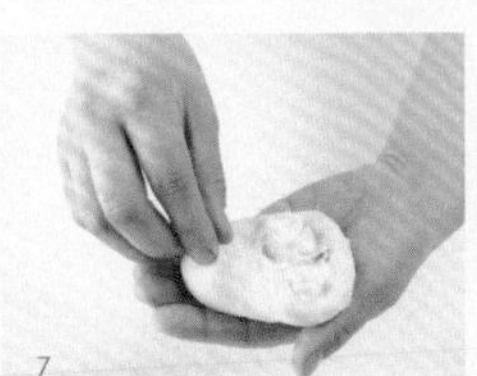
7

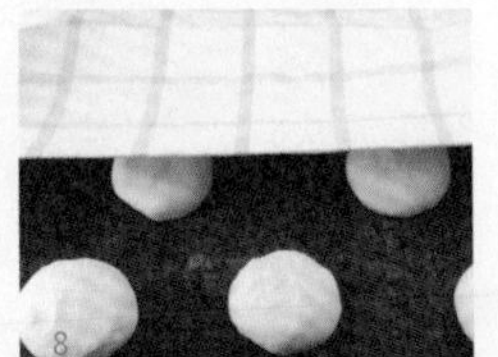
8

製作內餡 5 馬鈴薯洗乾淨，連皮放入微波爐加熱3～5分鐘。取出後去皮，切成1×1cm的小丁狀。

6 取一個攪拌盆，放入美乃滋、酸奶油、鹽、胡椒粉先攪拌均勻。再倒入切好的馬鈴薯、培根及洋蔥輕柔拌勻。

7 發酵好的麵團擀成圓餅狀，包入內餡，將麵皮收攏，接縫處捏緊密合。

二次發酵 8 接縫處朝下，整齊排列在烤盤上，並保留適當間距。蓋上發酵布，靜置50～60分鐘，進行二次發酵。

整型&烘烤 9 麵團頂部用剪刀剪出「十」字形開口。放入烤箱，以190℃烤15分鐘。

9

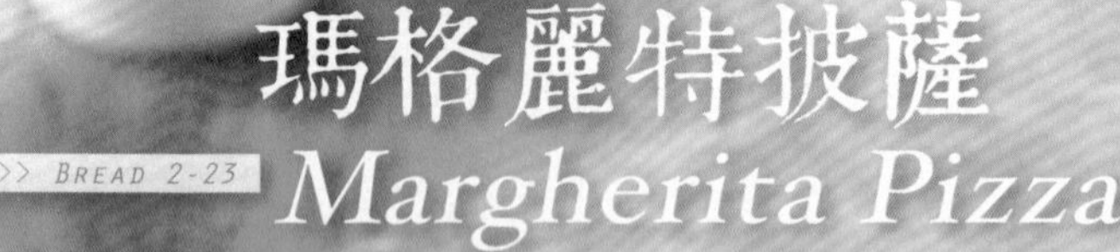

瑪格麗特披薩

>>> BREAD 2-23

Margherita Pizza

材料 〔份量：直徑25cm，2個｜溫度：250℃｜時間：4～6分鐘｜難度：★★☆〕

麵團	• 高筋麵粉250g • 即溶酵母粉1小匙 • 鹽1/2小匙 • 水160ml • 橄欖油2小匙
披薩醬	• 橄欖油2大匙 • 蒜末1/2小匙 • 罐裝整粒番茄3罐 • 罐裝番茄糊50g • 乾奧勒岡末1小匙 • 月桂葉2片 • 乾羅勒末1/2小匙 • 鹽適量 • 胡椒粉適量
鋪料	• 新鮮番茄適量 • 新鮮羅勒葉適量 • 莫札瑞拉乳酪適量 • 蔬菜適量
工具	• 攪拌盆 • 矽膠刮刀 • 電動攪拌機 • 保鮮膜 • 發酵布 • 平底鍋 • 擀麵棍 • 烘焙紙 • 烤盤

準備

Ⓐ 高筋麵粉過篩一次。

Ⓑ 水調溫成35℃。

Ⓒ 新鮮番茄切成薄片。

Ⓓ 烤盤上鋪好烘焙紙。

Ⓔ 烤箱以250℃預熱15分鐘。

作法

製作麵團

1 攪拌盆中依序放入高筋麵粉、酵母粉、鹽、35℃溫水，用刮刀從中心開始畫圓圈充分拌勻。用電動攪拌機的攪揉棒以最低速攪揉5分鐘。倒入橄欖油，繼續攪揉5分鐘。

一次發酵

2 麵團表面變光滑時，將麵團搓圓放入攪拌盆，用保鮮膜密封碗口，以45℃溫水隔水保溫，靜置1小時，進行一次發酵。

3 麵團膨脹至兩倍大時，用拳頭按壓排氣。秤重分成兩等份。

中間發酵

4 麵團分別搓圓，蓋上發酵布，靜置15分鐘，進行中間發酵。

製作披薩醬

5 平底鍋中放入橄欖油、蒜末炒香，將罐裝整粒番茄搗成泥和番茄糊、奧勒岡末、羅勒末、月桂葉、鹽、胡椒粉一同放入鍋中熬煮成糊狀。

6 發酵好的麵團擀平成直徑25cm的圓餅狀，放在烤盤上。

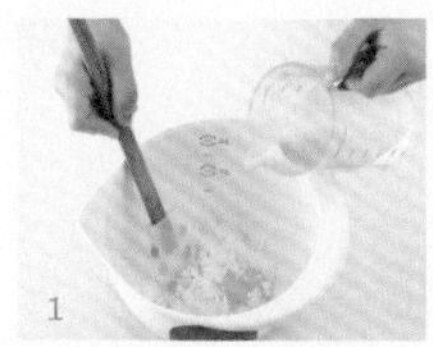
1

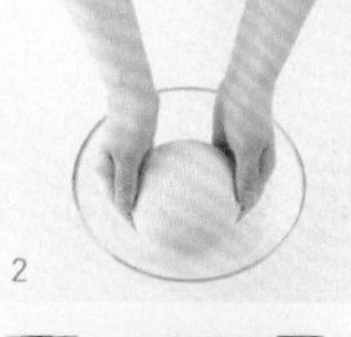
2

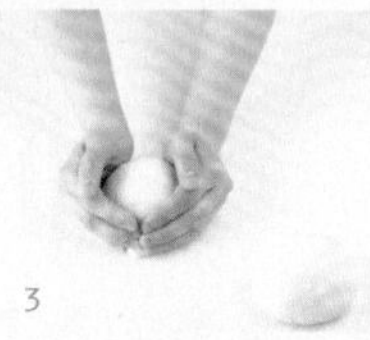
3

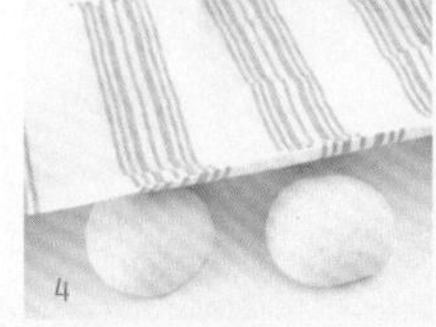
4

5

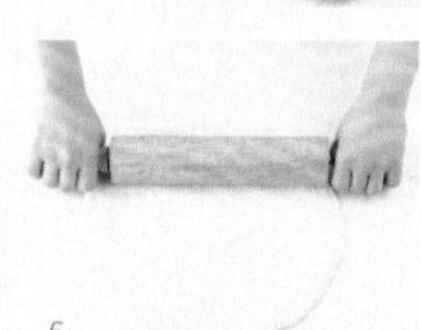
6

7

8

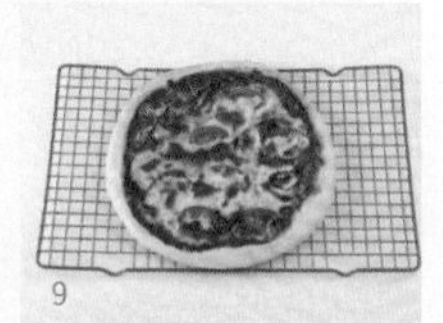
9

7 撈掉披薩醬中的月桂葉，均勻抹在餅皮上。鋪上的番茄片、羅勒葉、切碎的莫札瑞拉乳酪，以及自己喜歡的蔬菜。

二次發酵&烘烤

8 蓋上發酵布，靜置20分鐘，進行二次發酵。

9 放入烤箱，以250℃烤4～6分鐘。

TIP

塗抹披薩醬前先用叉子在餅皮上戳出細密的小洞，烘烤時餅皮才不會膨脹成不規則形狀。

材料 〔份量：直徑12cm，6～7張｜難度：★☆☆〕

麵團	• 高筋麵粉100g • 低筋麵粉50g • 泡打粉2小匙 • 鹽1/8小匙 • 原味優格100g • 無鹽奶油10g
工具	• 網篩 • 攪拌盆 • 矽膠刮刀 • 保鮮膜 • 擀麵棍 • 平底鍋

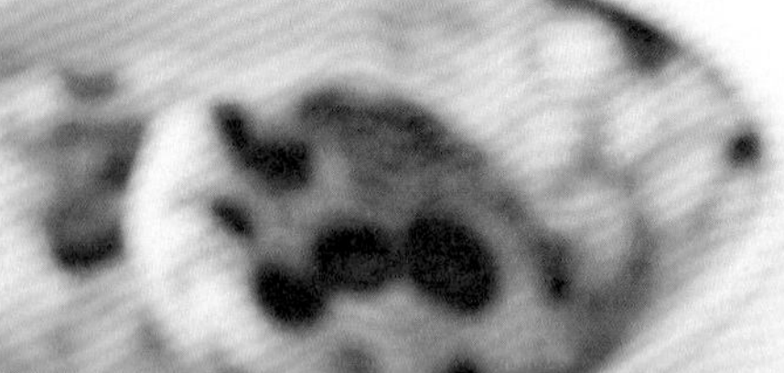

準備

Ⓐ 高筋麵粉、低筋麵粉過篩一次。

Ⓑ 奶油切成0.5cm小丁狀，放入冰箱冷藏。

印度烤餅

>>> BREAD 2-24

Naan

作法

製作麵團

1 攪拌盆中依序放入高筋麵粉、低筋麵粉、泡打粉、鹽、優格。用手搓揉至沒有麵粉顆粒殘留後，搓成圓球狀。

2 用保鮮膜密封碗口，在常溫下靜置10分鐘。

3 倒入切成0.5cm丁狀的奶油，用手慢慢揉進麵團。

4 秤重分成每個重45g的小麵團，表面撒上少許麵粉，擀成薄餅。

烙餅皮

5 開小火將平底鍋燒熱，放入擀好的餅皮，乾鍋煎至餅皮起泡，兩面微焦即可。

1

2

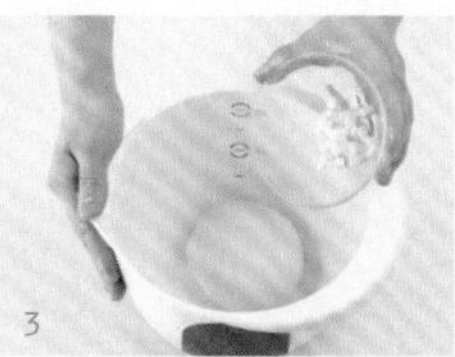
3

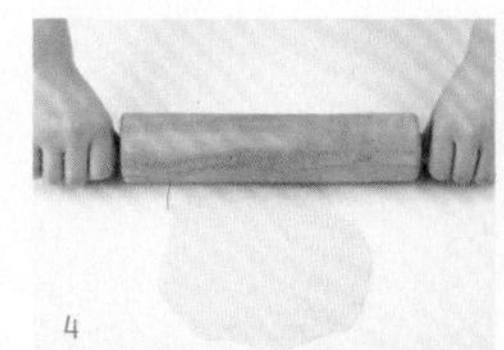
4

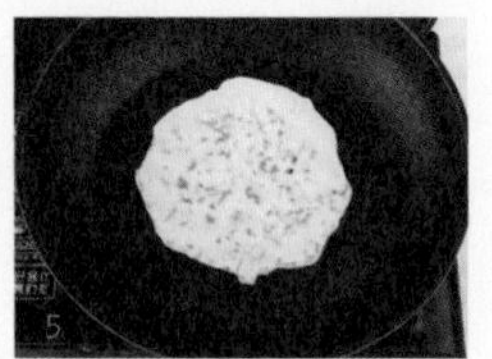
5

變化版

●●● 莎莎醬熱狗捲餅

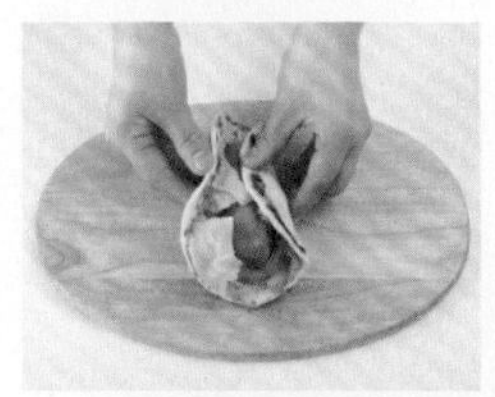

材料 • 烤餅2張 • 熱狗2根 • 生菜1片 • 番茄1顆

莎莎醬 • 洋蔥末1/8顆 • 小番茄3顆 • 甜辣醬1大匙
• 番茄醬1/2小匙 • 檸檬汁1/2小匙 • 橄欖油1/2小匙
• Tabasco辣椒醬1/4小匙 • 鹽1/8小匙 • 胡椒粉1/8小匙

●●● 火腿番茄乳酪簡易披薩

材料 • 烤餅2張 • 火腿2片 • 番茄1/4顆 • 莫札瑞拉乳酪80g
• 披薩醬100g • 鹽1/8小匙 • 胡椒粉1/8小匙 • 新鮮羅勒葉20g

●●● 乾果烤餅

材料 • 葡萄乾50g • 蔓越莓乾30g • 藍莓乾20g • 杏桃乾50g • 糖漬橙皮20g

作法

1 生的烤餅麵團分成6等份，擀成圓餅狀，果乾包入麵團中。

2 麵團頂部放上果乾作裝飾。

3 開小火將平底鍋燒熱，放入麵團，煎至兩面微焦即可。

1

2

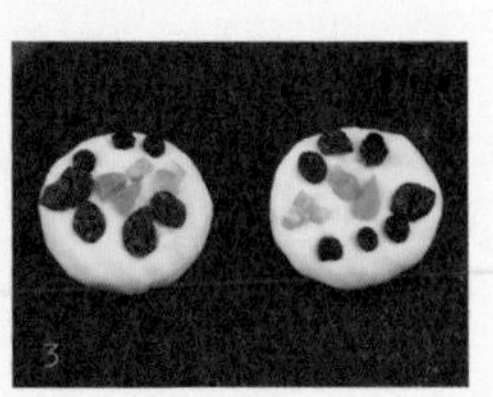
3

巧克力可頌

>>> BREAD 2-25 **Chocolate Croissant**

材料 〔份量：6×10cm，12個｜溫度：200℃｜時間：15分鐘｜難度：★★★〕

麵團	• 高筋麵粉400g • 低筋麵粉100g • 細砂糖55g • 鹽1.5小匙 • 奶粉2大匙 • 即溶酵母粉2小匙 • 雞蛋1顆 • 水225ml • 無鹽奶油50g
內餡	• 無鹽奶油250g • 杏仁白巧克力醬100g • 巧克力豆100g
裝飾	• 蛋黃1顆 • 牛奶 1大匙
工具	• 網篩 • 攪拌盆 • 矽膠刮刀 • 電動攪拌機 • 保鮮膜 • 夾鏈袋 • 塑膠紙 • 擀麵棍 • 烘焙刷 • 起酥輪刀 • 烘焙紙 • 烤盤 • 發酵布 • 冷卻架

準備

Ⓐ 內餡用奶油放入夾鏈袋，用擀麵棍敲打、擀壓成20×20cm的正方形，放入冰箱冷藏。

Ⓑ 麵團材料中的雞蛋和奶油放常溫退冰。

Ⓒ 高筋麵粉、低筋麵粉混合後，過篩一次。

Ⓓ 水調溫至35℃。

Ⓔ 烤盤上鋪好烘焙紙。

Ⓕ 烤箱以200℃預熱15分鐘。

作法

製作麵團

1 攪拌盆中依序放入高筋麵粉、低筋麵粉、細砂糖、鹽、奶粉、酵母粉、雞蛋、35℃溫水。

2 用刮刀從中心向外畫圓攪拌，使水分完全被麵團吸收，食材攪拌均勻。

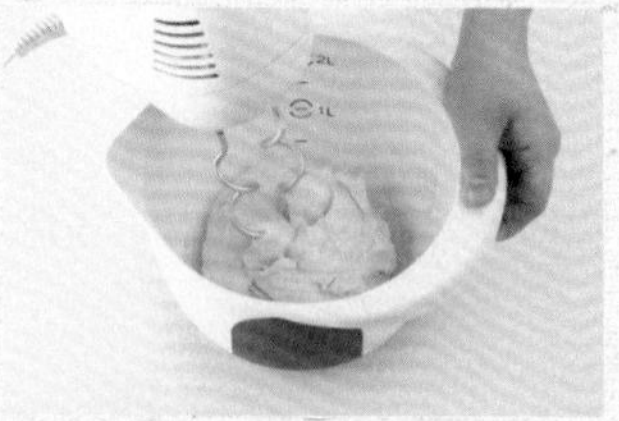

3 充分拌勻後，再用電動攪拌機的攪揉棒，以最低速攪揉5分鐘。倒入奶油，繼續攪揉5分鐘。

一次發酵

4 麵團表面變光滑時，取出搓圓後放入攪拌盆，用保鮮膜密封碗口，以45℃溫水隔水保溫，靜置1小時，進行一次發酵。

冷藏靜置

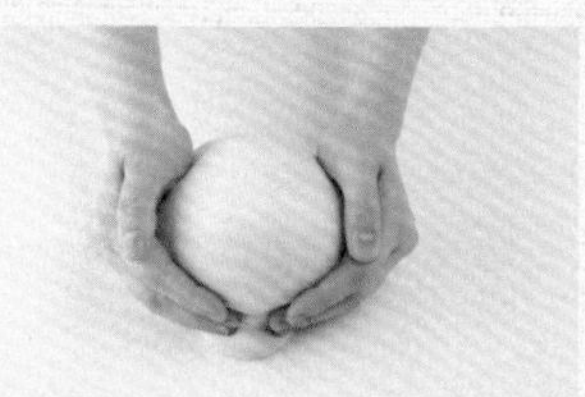

5 麵團膨脹至兩倍大時，用拳頭按壓排氣後，用塑膠紙包好，放入冰箱，冷藏15分鐘。

Baking Tip

可頌是利用麵團中包覆奶油，反覆壓薄做出層次，擀麵團時力道要輕巧，慢慢壓滾，以免壓薄的麵團破裂，使奶油外露。擀麵團時，奶油和麵團的溫度要一致，才容易推擀開來，可頌的造型也會更漂亮。

巧克力可頌

擀麵團

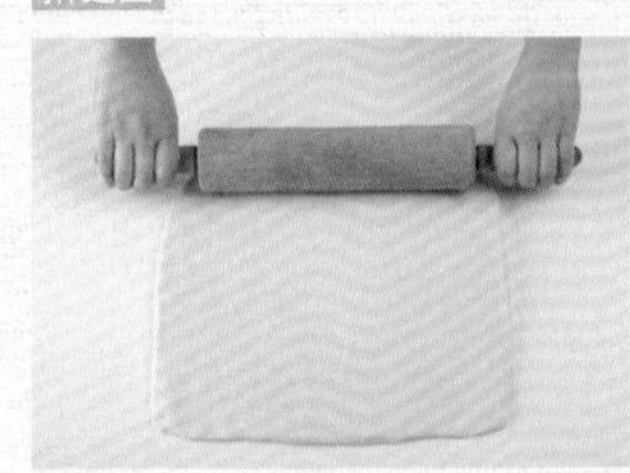

6 從冰箱中取出麵團，擀成25×25cm的正方形。

包覆奶油

7 從冰箱中取出20×20cm的內餡用奶油，奶油四角對齊麵團四個邊的中點放置在中央，摺成卡片信封的形狀。

8 用手指將麵團接縫處緊密捏合。

擀開麵團和奶油

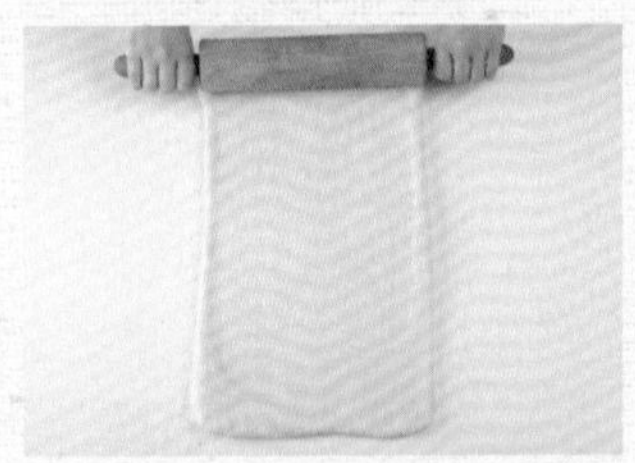

9 在桌面和麵團表面撒一些麵粉，擀麵棍放在麵團中間位置，慢慢地施力往前後擀開。

10 麵團擀成原來的三倍長，用烘焙刷在麵團表面刷上淡淡的麵粉，摺成三等份，末端處用手指緊密捏合。

冷藏靜置

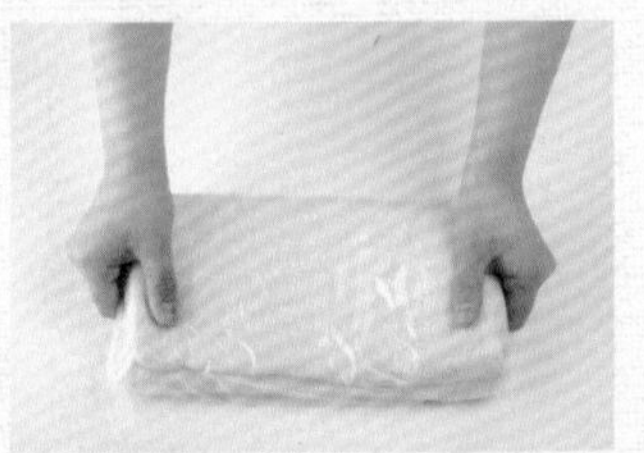

11 將摺成1/3大小的麵團，用塑膠紙包好，放入冰箱，冷藏30分鐘。

重複擀壓麵團

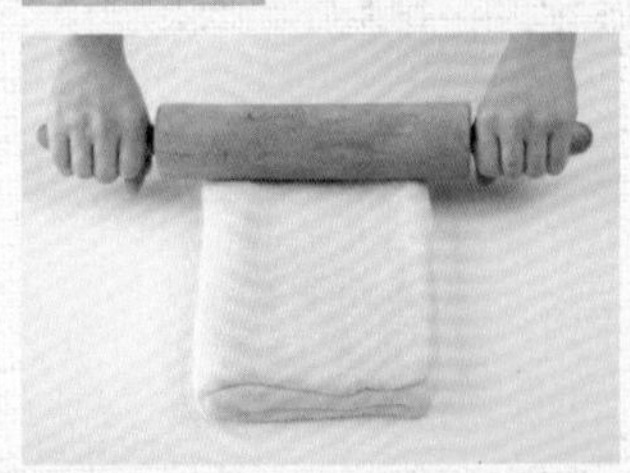

12 從冰箱中取出麵團，旋轉90°平放在桌面。

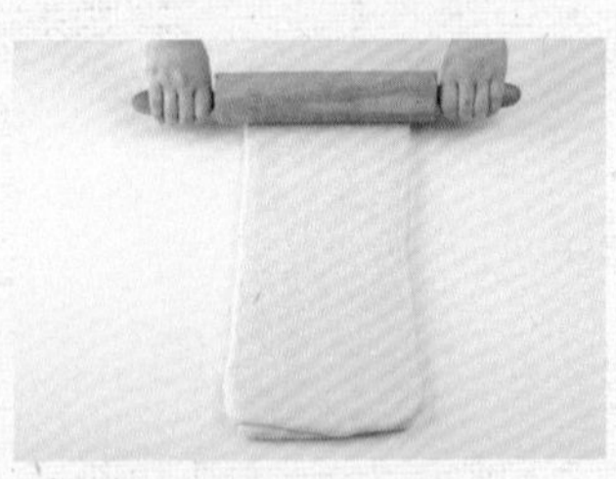

13 將長邊推擀成寬邊的三倍長，再摺疊成三等份。

冷藏靜置

14 用塑膠紙包好，冷藏30分鐘以上。旋轉擀壓、摺疊、冷藏的步驟再重複操作兩次。

切割麵團

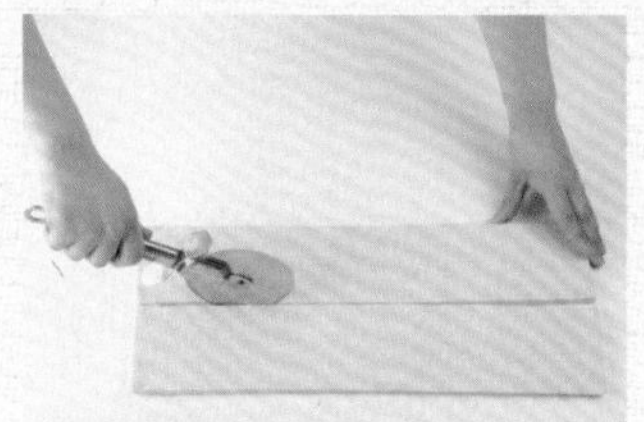

15 冷藏好的麵團擀成20×36cm的長方形，用輪刀切割成兩個等寬的長條。

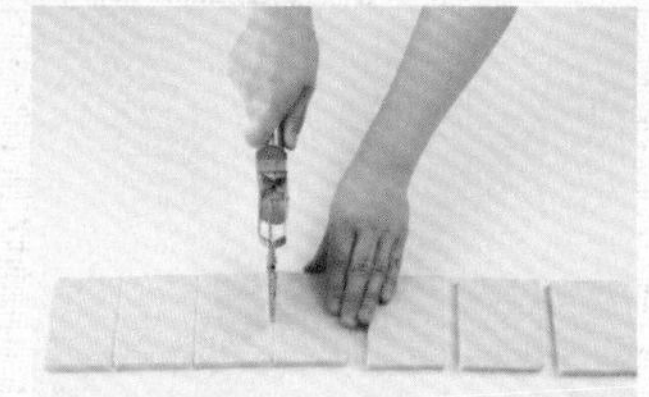

16 麵團切成6×10cm的四方形。

17 杏仁白巧克力醬塗抹在切割好的麵團上，並將巧克力豆鋪成兩排，中間留空。

整型

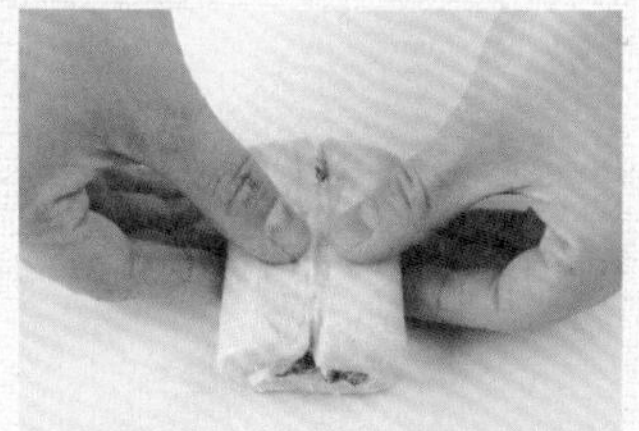

18 麵團兩端向內摺，夾住巧克力豆，向中間靠攏。

二次發酵

19 麵團接縫處朝下，整齊排列在烤盤上，保留間隔。蓋上發酵布，移至溫暖處靜置30～40分鐘，進行二次發酵。

裝飾

20 麵團膨脹至兩倍大時，將裝飾用的蛋黃和牛奶拌勻，塗抹在麵團表面。

烘烤

21 放入預熱好的烤箱以200℃烤15分鐘，表面呈金黃色即可。

••• 關於巧克力可頌

可頌麵包除了一般常見的牛角造型外，也可以變換成許多不同的形狀。將麵團切成正方形，用輪刀從四個直角往中心切出缺口，不要切斷。8個頂角中，以一個折一個不折的間隔順序，把其中4個頂角往中心點摺，交疊處壓緊實，就成為風車狀。中心點放上巧克力豆，經過二次發酵和烘烤後，風車可頌即大功告成。

全麥德國小圓麵包

>>> BREAD 2-26

Whole Meal Bröetchen

材料 〔份量：直徑6cm，26個｜溫度：200℃｜時間：12～13分鐘｜難度：★★☆〕

麵團
- 高筋麵粉300g
- 全麥麵粉100g
- 鹽1小匙
- 細砂糖2小匙
- 即溶酵母粉1.5小匙
- 水260ml
- 橄欖油1大匙

工具
- 網篩
- 攪拌盆
- 矽膠刮刀
- 電動攪拌機
- 保鮮膜
- 發酵布
- 筷子
- 烘焙紙
- 烤盤

準備

Ⓐ 高筋麵粉、全麥麵粉過篩一次。
Ⓑ 水調溫成35℃。
Ⓒ 烤盤上鋪好烘焙紙。
Ⓓ 烤箱以200℃預熱15分鐘。

作法

製作麵團

1 攪拌盆中依序放入高筋麵粉、全麥麵粉、細砂糖、鹽、酵母粉、35℃溫水，用刮刀從中心開始畫圓圈攪拌。

2 充分拌勻後，再用電動攪拌機的攪揉棒以最低速攪揉5分鐘。倒入橄欖油，繼續攪揉5分鐘。

1

2

一次發酵

3 麵團表面變光滑後，將麵團搓圓放入攪拌盆，用保鮮膜密封碗口，以45℃溫水隔水保溫，靜置1小時，進行一次發酵。

4 當麵團膨脹至兩倍大時，用拳頭按壓排氣。秤重分成26個重25g的小麵團。

3

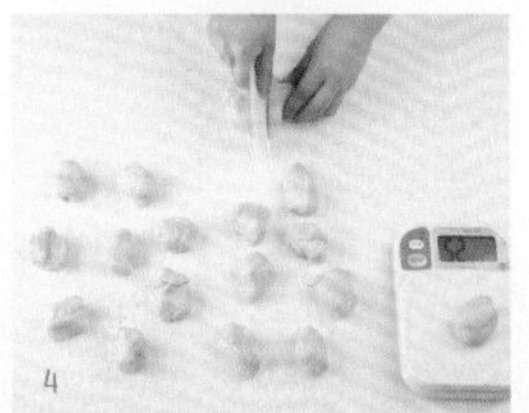
4

中間發酵

5 麵團分別搓圓。

6 蓋上發酵布，靜置15分鐘，進行中間發酵。

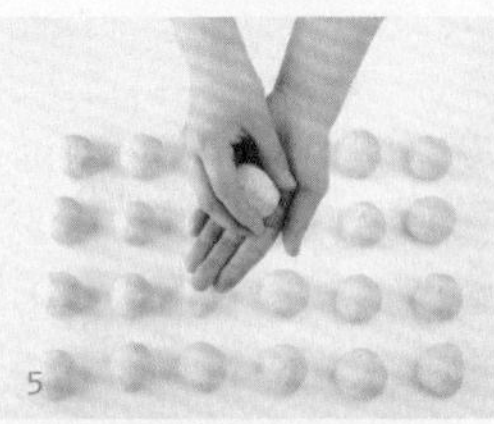
5

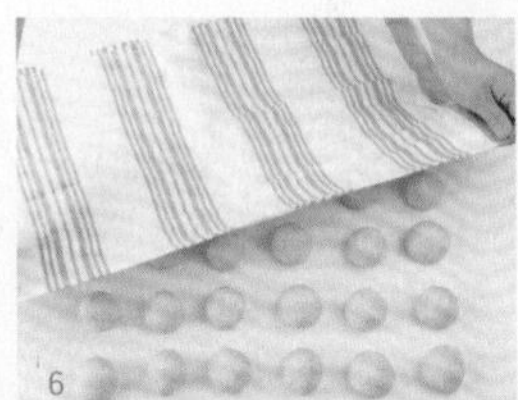
6

整型

7 麵團整齊排列在烤盤上，保留適當間距，用筷子在麵團中央用力壓出凹痕。

二次發酵&烘烤

8 蓋上發酵布，移至溫暖處靜置40～45分鐘，進行二次發酵。麵團膨脹至兩倍大時，放入預熱好的烤箱中，以200℃烤12～13分鐘。

7

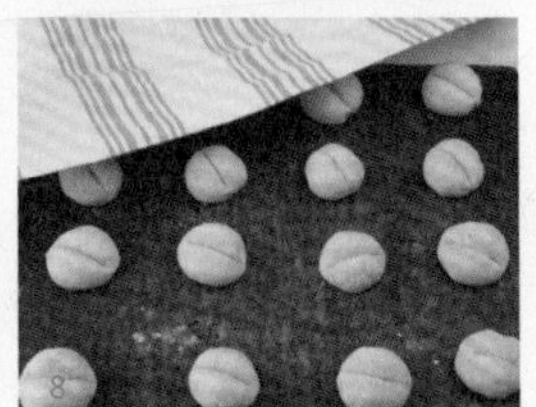
8

Baking Tip

Brötchen是德國人經常用來當早餐吃的圓形小麵包。製作時以橄欖油取代奶油，並添加全麥麵粉，具有濃郁的麥香味。用筷子在麵團中央壓痕時，要用力壓至底部，烘烤時才能維持造型。

>>> BREAD 2-27

鄉村麵包 Campagne

材料 〔份量：直徑20cm，1個｜溫度：200℃｜時間：25～30分鐘｜難度：★★★〕

麵團
- 高筋麵粉250g
- 鹽2小匙
- 蜂蜜1小匙
- 葡萄乾酵母種320g
- 水190ml
- 核桃仁50g

裝飾
- 全麥麵粉適量

工具
- 網篩
- 攪拌盆
- 矽膠刮刀
- 電動攪拌機
- 保鮮膜
- 發酵布
- 鄉村麵包發酵籐籃
- 烘焙紙
- 烤盤
- 烘焙用整型刀

準備

Ⓐ 高筋麵粉過篩一次。
Ⓑ 水調溫成35℃。
Ⓒ 核桃切成小塊。
Ⓓ 全麥麵粉篩入發酵籐籃中鋪滿。
Ⓔ 烤盤上鋪好烘焙紙。
Ⓕ 烤箱以200℃預熱15分鐘。

作法

製作麵團

1 攪拌盆中依序放入高筋麵粉、鹽、蜂蜜、葡萄乾酵母種、35℃溫水，用刮刀從中心開始畫圓圈攪拌。

2 充分拌勻後，再用電動攪拌機的攪揉棒以最低速攪揉10分鐘。倒入核桃仁，繼續攪揉1分鐘。

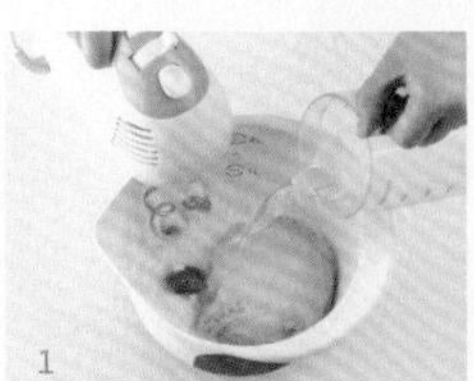
1

2

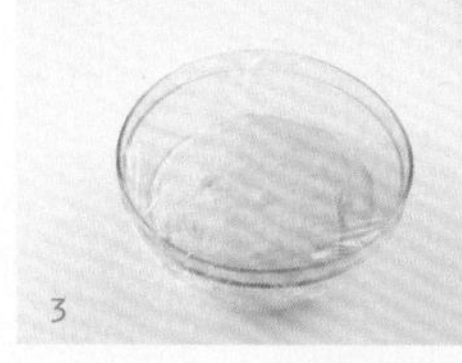
3

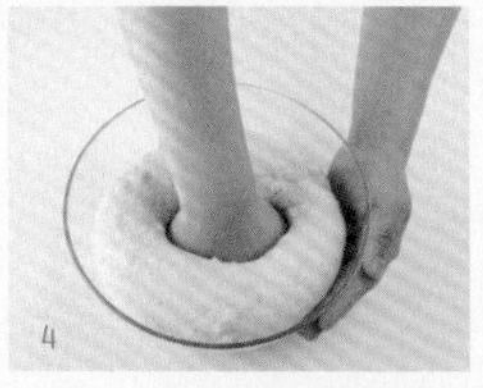
4

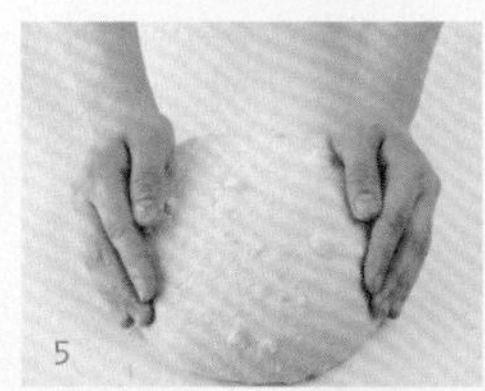
5

6

一次發酵

3 麵團表面變光滑後，將麵團搓圓放入攪拌盆，用保鮮膜密封碗口，以45℃溫水隔水保溫，靜置1小時，進行一次發酵。

中間發酵

4 麵團膨脹至兩倍大時，用拳頭按壓排氣，再重新搓圓。蓋上發酵布，靜置15分鐘，進行中間發酵。

5 發酵好的麵團再次搓圓，使麵團表面光滑、平整。

7 8

二次發酵

6 麵團放入發酵籐籃中，以手掌輕壓，使其密合。蓋上發酵布，移至溫暖處靜置40～45分鐘，進行二次發酵，等待麵團發酵至兩倍大。

7 先將烤盤顛倒蓋住籐籃碗口，連同籐籃一起翻轉回正面。輕輕拿起籐籃。

8 用整型刀在麵團頂部劃出「十」字形的深缺口。

9

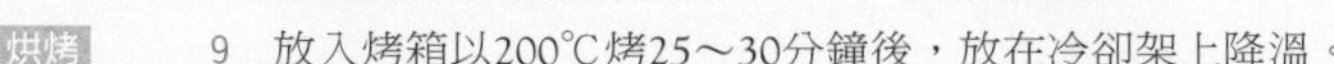

烘烤

9 放入烤箱以200℃烤25～30分鐘後，放在冷卻架上降溫。

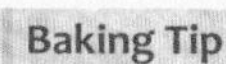

Baking Tip

這款麵包是以自製的酵母種替代酵母粉製作而成的天然酵母麵包。和一般用酵母粉製成的麵包相比，天然酵母麵包的麵包體不易老化，賞味期限較長。若家裡沒有鄉村麵包專用的發酵籐籃，可以不用壓紋，直接割出十字烘烤即可。

煉乳法國長棍麵包

>>> BREAD 2-28 Condensed Milk Baquette

材料〔份量：長15cm，3個｜溫度：220℃｜時間：12～13分鐘｜難度：★★☆〕

麵團	• 法國麵包粉250g • 鹽1小匙 • 即溶酵母粉1小匙 • 水150ml • 橄欖油1小匙 • 核桃仁70g • 蔓越莓乾25g • 蘭姆酒1大匙
煉乳餡	• 無鹽奶油200g • 煉乳100g • 動物性鮮奶油25g • 蘭姆酒1小匙
工具	• 網篩 • 攪拌盆 • 矽膠刮刀 • 電動攪拌機 • 保鮮膜 • 發酵布 • 擀麵棍 • 擠花袋 • 法國長棍麵包烤盤 • 烘焙用整型刀

準備

Ⓐ 奶油、鮮奶油放常溫退冰，至少30分鐘。

Ⓑ 法國麵包粉過篩一次。

Ⓒ 水調溫成35℃。

Ⓓ 核桃仁切碎；蔓越莓乾預先用蘭姆酒泡軟。

Ⓔ 烤箱以220℃預熱15分鐘。

作法

製作麵團

1 攪拌盆中依序放入法國麵包粉、鹽、酵母粉、35℃溫水，用刮刀從中心開始畫圓圈攪拌。

2 充分拌勻後，再用電動攪拌機的攪揉棒以最低速攪揉5分鐘。倒入橄欖油、核桃仁、蔓越莓乾，繼續攪揉5分鐘。

一次發酵

3 麵團表面變光滑後，麵團搓圓放入攪拌盆，用保鮮膜密封碗口，以45℃溫水隔水保溫，靜置1小時，進行一次發酵。

中間發酵

4 麵團膨脹至兩倍大時，用拳頭按壓排氣，秤重分成3等份後搓圓，蓋上發酵布，靜置15分鐘，進行中間發酵。

整型

5 麵團擀成橢圓形，較長的兩個邊各向內摺1/3，交疊處用手壓平。

6 麵團再對摺一次，接縫處用手指緊密捏合，搓揉成長15cm的紡錘狀。

二次發酵&烘烤

7 麵團放在法國麵包烤盤上，蓋上發酵布，移至溫暖處靜置40～45分鐘，進行二次發酵。

8 麵團膨脹至兩倍大時，用整型刀在麵團頂端劃3～4條斜線。

9 取1杯水倒入烤箱的烤盤中，放在烤箱下層。法國麵包烤盤放入烤箱，以220℃烤12～13分鐘。

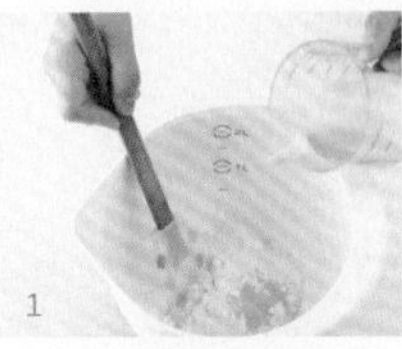
1

2

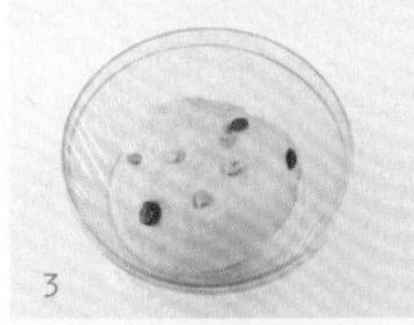
3

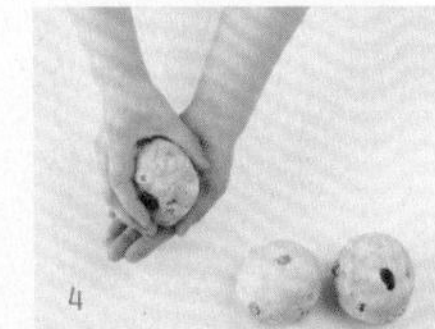
4

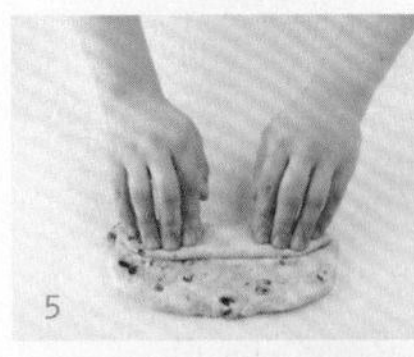
5

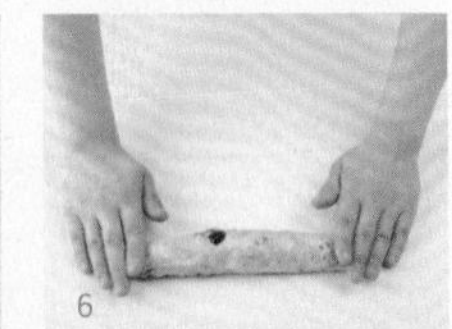
6

7

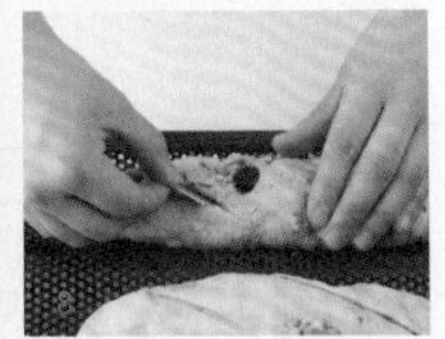

9

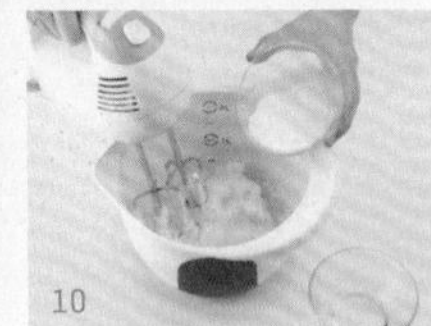
10

製作煉乳餡

10 取一個攪拌盆，放入奶油。用電動攪拌機的攪拌棒以最低速打散奶油，倒入煉乳、鮮奶油、蘭姆酒，繼續攪拌至均勻後，裝入擠花袋中。將烤好的麵包用刀橫切剖開缺口，填入煉乳餡。

三色法國長棍麵包

>>> BREAD 2-29
# Three Color Baquette

材料 〔份量：長20cm，3個｜溫度：220℃｜時間：12～15分鐘｜難度：★★☆〕

麵團
- 高筋麵粉400g
- 低筋麵粉100g
- 鹽2小匙
- 即溶酵母粉2小匙
- 檸檬汁2小匙
- 水300ml
- 橄欖油2小匙

內餡
- 明太子魚卵50g
- 菠菜60g
- 罐裝鯷魚25g

工具
- 網篩
- 攪拌盆
- 矽膠刮刀
- 電動攪拌機
- 保鮮膜
- 發酵布
- 擀麵棍
- 法國長棍麵包烤盤
- 烘焙用整型刀

準備

Ⓐ 高筋麵粉、低筋麵粉過篩一次。

Ⓑ 剝除明太子魚卵的外膜；菠菜切碎。

Ⓒ 烤箱以220℃預熱15分鐘。

作法

製作麵團

1 攪拌盆中依序放入高筋麵粉、低筋麵粉、鹽、酵母粉、檸檬汁、35℃溫水，用刮刀從中心開始畫圓圈攪拌均勻。使用電動攪拌機的攪揉棒，以最低速攪揉5分鐘。倒入橄欖油，繼續攪揉5分鐘。

1

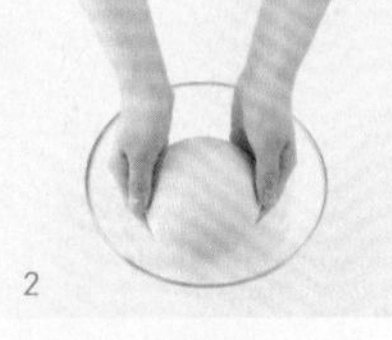

2

一次發酵

2 麵團表面變光滑後，將麵團搓圓放入攪拌盆中，用保鮮膜密封碗口，以45℃溫水隔水保溫，靜置1小時，進行一次發酵。

3 用拳頭按壓麵團排氣，秤重分成3等份。

4 3個麵團分別包入明太子魚卵、菠菜、鯷魚肉，反覆摺疊使餡料均勻分布。

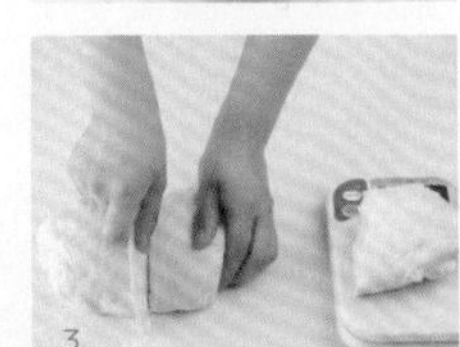

3

4

中間發酵

5 麵團分別蓋上發酵布，靜置15分鐘，進行中間發酵。

整型

6 麵團擀開，兩個長邊各向內摺1/3後，重疊處用手稍微壓平。

7 麵團再對摺一次，接縫處用手指緊密捏合，搓揉成長20cm的棒槌狀。

5

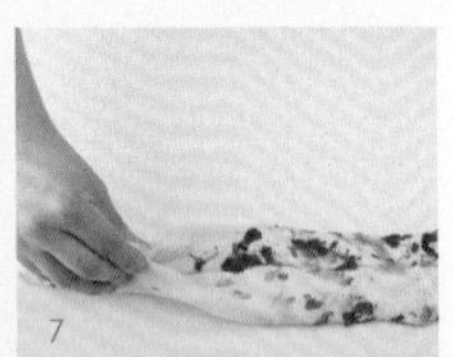

6

7

8

9

10

二次發酵&烘烤

8 麵團放置在長棍麵包烤盤的凹槽中，蓋上發酵布，靜置40～45分鐘，進行二次發酵。

9 用整型刀在麵團頂端劃3～4條斜線。

10 烤箱的烤盤中裝水，放置在烤箱下層。長棍麵包烤盤放入烤箱，以220℃烤12～15分鐘。

Baking Tip

想要法國長棍麵包烤好後有自然的裂痕，以整型刀劃斜線時，切痕要長且深。此外，家裡沒有長棍麵包烤盤時，可以在烤盤上用厚的發酵布摺成立體凹槽，分隔開麵團。

核桃裸麥麵包

>>> BREAD 2-30

Walnut Rye Bread

材料 〔份量：長20cm，6個｜溫度：200℃｜時間：25～30分鐘｜難度：★★☆〕

麵團
- 高筋麵粉270g
- 低筋麵粉30g
- 全麥麵粉100g
- 裸麥麵粉100g
- 蜂蜜20g
- 鹽1.5小匙
- 即溶酵母粉2小匙
- 水340ml
- 橄欖油1大匙
- 核桃仁80g

裝飾
- 裸麥麵粉 20g

工具
- 網篩
- 攪拌盆
- 矽膠刮刀
- 電動攪拌機
- 保鮮膜
- 發酵布
- 擀麵棍
- 烘焙紙
- 烤盤
- 麵包刀
- 烘焙用整型刀

準備

A 高筋麵粉、低筋麵粉、全麥麵粉、裸麥麵粉過篩一次。

B 水調溫成35℃。

C 烤盤上鋪好烘焙紙。

D 核桃仁切成小塊。

E 烤箱以200℃預熱15分鐘

作法

製作麵團

1 攪拌盆中依序放入高筋麵粉、低筋麵粉、全麥麵粉、裸麥麵粉、蜂蜜、鹽、酵母粉、35℃溫水，用刮刀從中心開始畫圓圈攪拌。

2 充分拌勻後，再用電動攪拌機的攪揉棒以最低速攪揉5分鐘。倒入橄欖油攪揉5分鐘，最後倒入核桃仁攪揉1分鐘拌勻。

一次發酵

3 麵團表面變光滑後，將麵團搓圓放入攪拌盆，用保鮮膜密封碗口，以45℃溫水隔水保溫，靜置1小時，進行一次發酵。

4 當麵團膨脹至兩倍大時，用拳頭按壓排氣。

5 秤重分成6等份，分別搓圓。

中間發酵

6 蓋上發酵布，靜置15分鐘，進行中間發酵。

整型

7 麵團擀成橢圓形，將較長的兩個邊各向內摺1/3後，重疊處壓平，再對摺一次，接縫處用手指緊密捏合，搓揉成表面平滑的紡錘狀，整齊排列在烤盤上。

二次發酵

8 蓋上發酵布，移至溫暖處靜置40～45分鐘，進行二次發酵。當麵團膨脹至兩倍大時，撒上裝飾用裸麥麵粉。

烘烤

9 用整型刀在麵團頂部劃幾條斜線，放入烤箱，以200℃烤25～30分鐘。

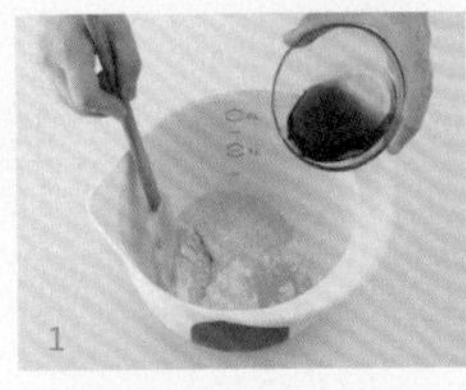
1

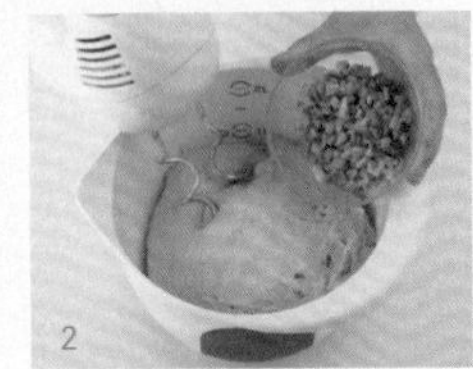
2

3

4

5

6

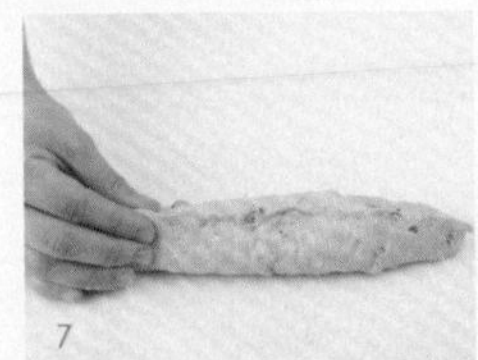
7

8

9

佛卡夏麵包

>>> BREAD 2-31

Focaccia

材料 〔份量：長25cm，2個｜溫度：190℃｜時間：20～25分鐘｜難度：★☆☆〕

麵團
- 高筋麵粉300g
- 細砂糖1小匙
- 鹽1小匙
- 奶粉1大匙
- 即溶酵母粉1小匙
- 牛奶170ml
- 橄欖油3大匙

鋪料
- 罐頭黑橄欖20顆
- 橄欖油2大匙
- 乾燥迷迭香1/2小匙
- 乾巴西里末1/4小匙

工具
- 網篩
- 攪拌盆
- 矽膠刮刀
- 電動攪拌機
- 保鮮膜
- 發酵布
- 擀麵棍
- 烘焙紙
- 烤盤
- 烘焙刷

準備

Ⓐ 高筋麵粉過篩一次。

Ⓑ 牛奶加熱至35℃。

Ⓒ 黑橄欖去籽，每顆切成3等份。

Ⓓ 烤盤上鋪好烘焙紙。

Ⓔ 烤箱以190℃預熱10分鐘。

作法

製作麵團

1 攪拌盆中依序放入高筋麵粉、細砂糖、鹽、奶粉、酵母粉、35℃的牛奶，用刮刀從中心開始畫圓圈攪拌均勻。用電動攪拌機的攪揉棒以最低速攪揉5分鐘。倒入橄欖油，繼續攪揉5分鐘。

一次發酵

2 麵團表面變光滑後，麵團搓圓放入攪拌盆，用保鮮膜密封碗口，以45℃溫水隔水保溫，靜置1小時，進行一次發酵。

中間發酵

3 麵團膨脹至兩倍大時，用拳頭按壓排氣。秤重分成2等份。麵團分別搓圓，蓋上發酵布，靜置15分鐘，進行中間發酵。

塑型

4 麵團擀成每個長25cm的橢圓狀，排在鋪好烘焙紙的烤盤上。

二次發酵

5 蓋上發酵布，移至溫暖處靜置30～40分鐘，進行二次發酵。

6 麵團膨脹至兩倍大時，用手指在麵團上戳出放置黑橄欖用的小洞。

裝飾

7 切成圈狀的黑橄欖放入戳好的小洞中。

烘烤

8 乾燥迷迭香、乾巴西里末倒入鋪料用橄欖油中攪拌均勻。

9 步驟8均勻塗抹在麵團上，放入烤箱，以190℃烤20～25分鐘。

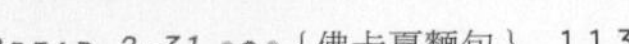

義大利麵包棒

>>> BREAD 2-32
# Grissini

材料 〔份量：長50cm，15條｜溫度：220℃｜時間：10～12分鐘｜難度：★☆☆〕

麵團
- 高筋麵粉90g
- 全麥麵粉90g
- 即溶酵母粉1/2小匙
- 鹽1/2小匙
- 水100ml
- 無鹽奶油40g

裝飾
- 全麥麵粉30g

工具
- 網篩
- 攪拌盆
- 矽膠刮刀
- 電動攪拌機
- 保鮮膜
- 刮板
- 發酵布
- 烘焙紙
- 烤盤
- 冷卻架

準備

Ⓐ 高筋麵粉、全麥麵粉過篩一次。

Ⓑ 水調溫成35℃。

Ⓒ 烤盤上鋪好烘焙紙。

Ⓓ 烤箱以220℃預熱15分鐘。

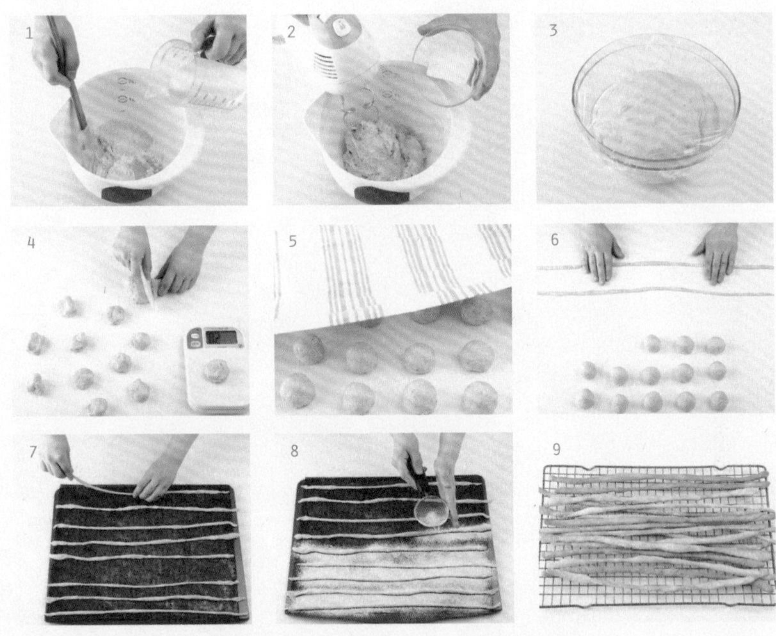

作法

製作麵團

1 攪拌盆中依序放入高筋麵粉、全麥麵粉、酵母粉、鹽、35℃溫水，用刮刀從中心開始畫圓圈攪拌。

2 充分拌勻後，再用電動攪拌機的攪揉棒以最低速攪揉5分鐘。倒入奶油，繼續攪揉5分鐘。

一次發酵

3 麵團表面變光滑後，將麵團搓圓放入攪拌盆，用保鮮膜密封碗口，以45℃溫水隔水保溫，靜置1小時，進行一次發酵。

中間發酵

4 麵團膨脹至兩倍大時，用拳頭按壓排氣，秤重分成每個重20g的小麵團。

5 小麵團分別搓圓，蓋上發酵布，靜置15分鐘，進行中間發酵。

塑型

6 發酵好的麵團搓成50cm長的細條狀。

二次發酵

7 麵團整齊排列在烤盤上，蓋上發酵布，移至溫暖處靜置20分鐘，進行二次發酵。

烘烤

8 裝飾用全麥麵粉均勻撒在麵團上。

9 放入預熱好的烤箱以220℃烤10～12分鐘後，放在冷卻架上降溫。

德國結麵包

>>> BREAD 2-33 **Bretzel**

材料　〔份量：直徑10cm，8個｜溫度：220℃｜時間：20～25分鐘｜難度：★★☆〕

麵團	• 高筋麵粉200g　• 鹽1/2小匙 • 即溶酵母粉1小匙　• 蜂蜜1小匙　• 水140ml
燙麵團	• 小蘇打粉20g　• 水1L
裝飾	• 蛋黃1顆　• 粗鹽1大匙
工具	• 網篩　• 攪拌盆　• 矽膠刮刀　• 電動攪拌機 • 保鮮膜　• 發酵布　• 烘焙紙　• 烤盤 • 鍋子　• 湯勺　• 烘焙刷

準備

- Ⓐ 高蛋黃放常溫退冰，至少30分鐘。
- Ⓑ 高筋麵粉過篩一次。
- Ⓒ 麵團用水調溫成35℃。
- Ⓓ 烤盤上鋪好烘焙紙。
- Ⓔ 烤箱以220℃預熱15分鐘。

作法

製作麵團

1 攪拌盆中依序放入高筋麵粉、鹽、酵母粉、蜂蜜、35℃溫水，用刮刀從中心開始畫圓圈充分拌勻。再用電動攪拌機的攪揉棒以最低速攪揉10分鐘。

1

2

一次發酵

2 麵團搓圓放入攪拌盆，用保鮮膜密封碗口，以45℃溫水隔水保溫，靜置1小時，進行一次發酵。

3 麵團膨脹至兩倍大時，用拳頭按壓排氣，秤重分成8等份，分別搓圓。

3

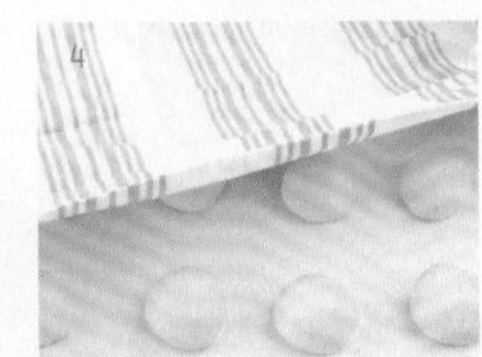
4

中間發酵

4 蓋上發酵布，靜置15分鐘，進行中間發酵。

塑型

5 麵團搓成中間粗、兩頭細的長條狀。

6 麵團移至烤盤上，提起麵團的兩端，向內彎曲、交叉，末端處貼在麵團中間較粗的部分，用手指將麵團交疊處按壓貼合。

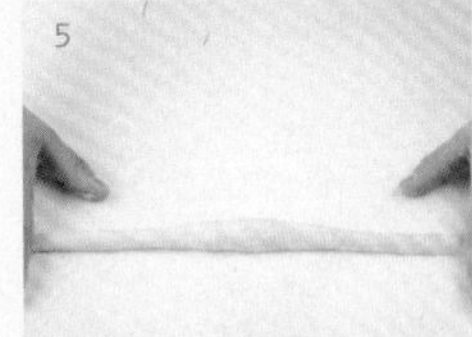
5

6

二次發酵&烘烤

7 蓋上發酵布，移至溫暖處靜置40～45分鐘，進行二次發酵。

8 鍋子中放入燙麵團用的水和小蘇打粉煮滾後，用湯勺澆淋在麵團上。

9 倒掉烤盤中多餘的蘇打水，麵團表面刷上蛋黃液。

10 撒上少許粗鹽，放入預熱好的烤箱以220℃烤20～25分鐘。

7

8

9

10

Baking Tip

製作德國結麵包時，用滾燙的蘇打水澆淋在麵團上，再倒掉烤盤中多餘的蘇打水，既能達到燙麵團的效果，也可以防止麵團變形。麵團用蘇打水燙過，烤好的麵包會呈現焦糖般的色澤，也更有嚼勁。

# 比利時鬆餅
>>> BREAD 2-34
# Liege Waffle

材料 〔份量：直徑10cm，6個｜難度：★☆☆〕

麵團
- 高筋麵粉150g
- 低筋麵粉100g
- 細砂糖30g
- 楓糖漿2大匙
- 鹽1小匙
- 即溶酵母粉1小匙
- 泡打粉1小匙
- 雞蛋1顆
- 牛奶90ml
- 無鹽奶油50g

內餡
- 珍珠糖50g

裝飾
- 楓糖漿50g

工具
- 網篩
- 攪拌盆
- 矽膠刮刀
- 電動攪拌機
- 保鮮膜
- 發酵布
- 鬆餅機

準備

Ⓐ 雞蛋、奶油放常溫退冰，至少30分鐘。

Ⓑ 高筋麵粉、低筋麵粉過篩一次。

Ⓒ 牛奶加熱至35℃。

Ⓓ 鬆餅機塗抹上烤盤油後預熱。

作法

製作麵團

1 攪拌盆中依序放入高筋麵粉、低筋麵粉、細砂糖、楓糖漿、鹽、酵母粉、泡打粉、雞蛋、35℃的牛奶，用刮刀從中心開始畫圓圈攪拌。

2 充分拌勻後，再用電動攪拌機的攪揉棒以最低速攪揉5分鐘。倒入奶油，繼續攪揉5分鐘。

3 麵團攪揉出筋性時，倒入珍珠糖，再攪揉1分鐘拌勻。

一次發酵

4 麵團表面變光滑後，將麵團搓圓放入攪拌盆，用保鮮膜密封碗口，以45℃溫水隔水保溫，靜置1小時，進行一次發酵。

5 麵團膨脹至兩倍大時，用拳頭按壓排氣，秤重分成每個重85g的小麵團，分別搓圓。

中間發酵

6 蓋上發酵布，靜置15分鐘，進行中間發酵。

烘烤

7 麵團放入預熱好的鬆餅機中，蓋上蓋子，烘烤1分30秒。

8 鬆餅翻面，再烤1分鐘，烘烤至表面呈焦糖色即可。

9 淋上楓糖漿點綴裝飾。

1

2

3

4

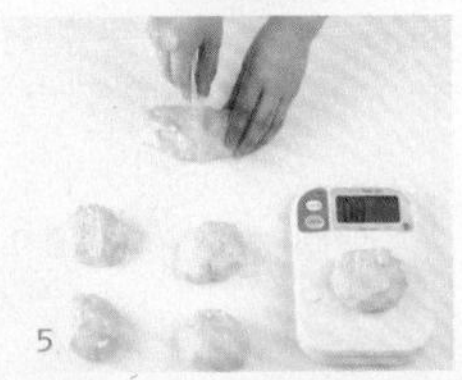
5

6

7

8

9

Baking Tip

比利時鬆餅使用的是麵團，與一般美式鬆餅用麵糊製作的方式不同，需要花時間揉製麵團並發酵。珍珠糖熔點高，加熱不會融化，揉入麵團中一起烘烤，除了有甜味外，還可以吃到脆脆的口感。

非洲麵包

>>> BREAD 2-35

Africa Bread

材料 〔份量：長12cm，8個｜溫度：200℃｜時間：12分鐘｜難度：★★☆〕

麵團
- 高筋麵粉300g
- 即溶酵母粉1.5小匙
- 鹽1小匙
- 雞蛋1顆
- 蜂蜜2大匙
- 牛奶115ml
- 墨魚汁5g
- 橄欖油2大匙

裝飾
- 無鹽奶油20g

工具
- 網篩
- 攪拌盆
- 矽膠刮刀
- 電動攪拌機
- 保鮮膜
- 發酵布
- 擀麵棍
- 烘焙紙
- 烤盤
- 烘焙刷
- 冷卻架

準備

Ⓐ 雞蛋放常溫退冰，至少30分鐘。

Ⓑ 墨魚汁和牛奶拌勻，加熱至35℃。

Ⓒ 高筋麵粉過篩一次。

Ⓓ 烤盤上鋪好烘焙紙。

Ⓔ 烤箱以200℃預熱15分鐘。

作法

製作麵團

1 攪拌盆中依序放入高筋麵粉、酵母粉、鹽、雞蛋、蜂蜜、35℃的牛奶及墨魚汁，用刮刀從中心開始畫圓圈攪拌。

2 充分拌勻後，再用電動攪拌機的攪揉棒以最低速攪揉5分鐘。倒入橄欖油，繼續攪揉5分鐘。

一次發酵

3 麵團表面變光滑後，將麵團搓圓放入攪拌盆，用保鮮膜密封碗口，以45℃溫水隔水保溫，靜置1小時，進行一次發酵。

4 當麵團膨脹至兩倍大時，用拳頭按壓排氣，秤重分成8等份，分別搓圓。

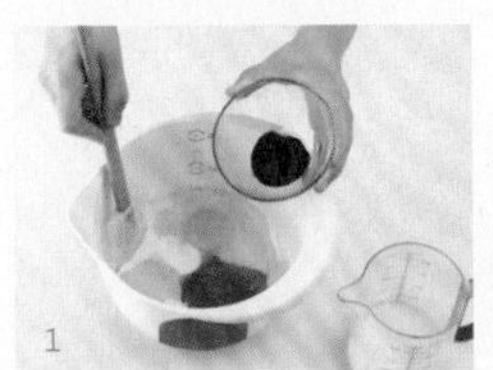

1

2

3

4

中間發酵

5 蓋上發酵布，靜置15分鐘，進行中間發酵。

塑型

6 麵團擀成橢圓形，較長的兩個邊各向內摺1/3，重疊處稍微壓平。

7 麵團再對摺一次，接縫處用手指緊密捏合，搓揉成長12cm的紡錘形狀。

二次發酵&烘烤

8 麵團整齊排列在烤盤上，蓋上發酵布，移至溫暖處靜置50～60分鐘，進行二次發酵。

9 放入預熱好的烤箱以200℃烤12分鐘。

10 裝飾用奶油加熱融化，塗抹在剛出爐的麵包表面。

6

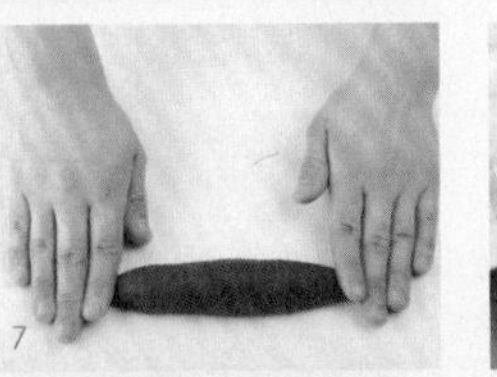

7

8

9

10

玉米麵包

>>> BREAD 2-36

Corn Bread

材料 〔份量：長15cm，8～10個｜溫度：180℃｜時間：12～15分鐘｜難度：★☆☆〕

麵團	• 高筋麵粉150g • 低筋麵粉50g • 黃玉米粉（有顆粒）150g • 細砂糖 60g • 鹽1/2小匙 • 雞蛋2顆 • 泡打粉2小匙 • 牛奶125ml • 無鹽奶油65g
內餡	• 罐頭玉米粒100g
裝飾	• 蛋黃1顆 • 牛奶1大匙
工具	• 網篩 • 攪拌盆 • 矽膠刮刀 • 電動攪拌機 • 烘焙紙 • 烤盤 • 烘焙刷 • 烘焙用整型刀

準備

Ⓐ 雞蛋、奶油放常溫退冰，至少30分鐘。

Ⓑ 麵團用牛奶加熱至35℃。

Ⓒ 高筋麵粉、低筋麵粉、黃玉米粉各過篩一次。

Ⓓ 罐頭玉米瀝乾水分。

Ⓔ 烤盤上鋪好烘焙紙。

Ⓕ 烤箱以180℃預熱15分鐘。

作法

製作麵團

1 攪拌盆中依序放入高筋麵粉、低筋麵粉、黃玉米粉、細砂糖、鹽、雞蛋、泡打粉、35℃的牛奶，用刮刀從中心開始畫圓圈攪拌。

2 充分拌勻後，再用電動攪拌機的攪揉棒以最低速攪揉5分鐘。倒入奶油，繼續攪揉5分鐘。

加入內餡

3 當食材攪揉成團狀後，倒入瀝乾的玉米粒，再攪揉1分鐘拌勻。

4 麵團表面變光滑時，秤重分成每個重90g的小麵團，分別搓圓。

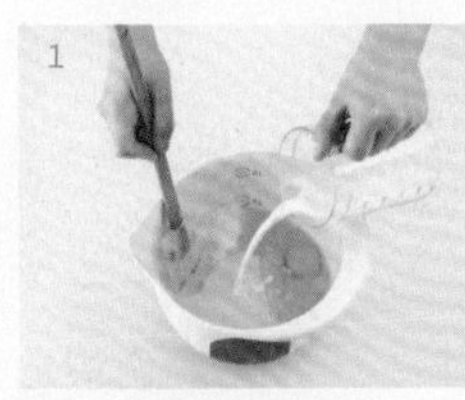

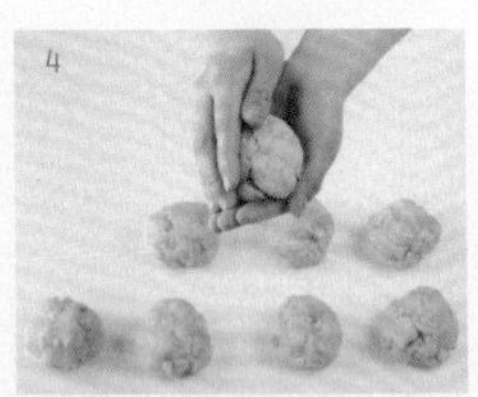

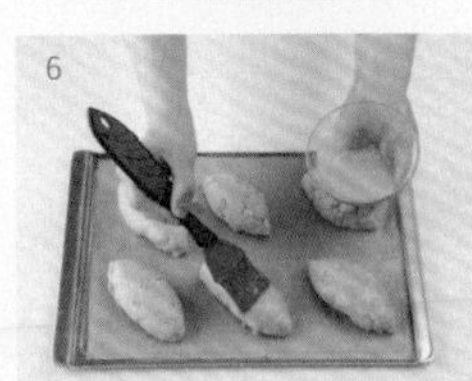

塑型

5 麵團捏塑成橄欖球狀。

6 將蛋黃和裝飾用牛奶拌勻，塗抹在麵團表面。

7 用整型刀在麵團中央劃上一道又長又深的割痕。

烘烤

8 放入預熱好的烤箱以180℃烤12～15分鐘。

Baking Tip

這款玉米麵包完全不需要發酵，大大縮短了製作時間，作法也很簡單。麵包呈現玉米的金黃色澤，大口咬下還可以吃到完整的玉米粒，最適合搭配牛奶一起享用，是大人小孩都喜愛的點心。

原味貝果

>>> BREAD 2-37

Plain Bagle

材料 〔份量：直徑10cm，6個｜溫度：190℃｜時間：15～20分鐘｜難度：★★☆〕

麵團	•高筋麵粉300g •即溶酵母粉1/2小匙 •細砂糖1小匙 •鹽1小匙 •水80ml •牛奶110ml •橄欖油1大匙
燙麵團	•小蘇打粉20g •水1L
裝飾	•蛋黃1顆
工具	•網篩 •攪拌盆 •矽膠刮刀 •電動攪拌機 •保鮮膜 •發酵布 •擀麵棍 •烘焙紙 •烤盤 •鍋子 •剪刀 •鍋鏟 •烘焙刷

準備

A 高筋麵粉過篩一次。

B 做麵團用的水和牛奶加熱至35℃。

C 烤盤上鋪好烘焙紙。

D 烤箱以190℃預熱15分鐘。

作法

製作麵團&一次發酵

1 攪拌盆中依序放入高筋麵粉、酵母粉、細砂糖、鹽、35℃溫水和牛奶，用刮刀從中心開始畫圓圈攪拌。

2 充分拌勻後，再用電動攪拌機的攪揉棒以最低速攪揉5分鐘。倒入橄欖油，繼續攪揉5分鐘。

3 麵團表面變光滑時，將麵團搓圓放入攪拌盆，用保鮮膜密封碗口，以45℃溫水隔水保溫，靜置1小時，進行一次發酵。

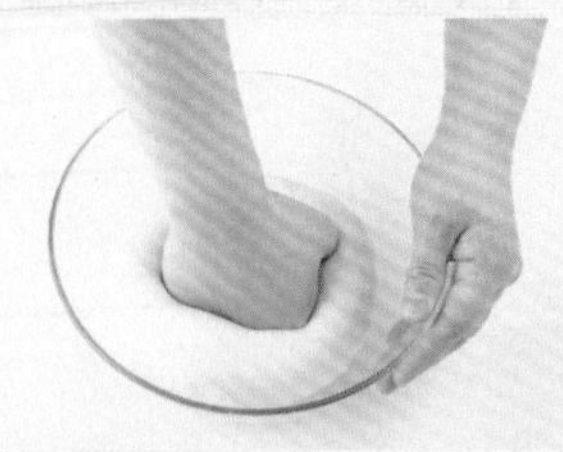

4 麵團膨脹至兩倍大時，用拳頭按壓排氣。

5 麵團分成6等份，分別搓圓。

原味貝果

中間發酵

6 蓋上發酵布，靜置15分鐘，進行中間發酵。

塑型

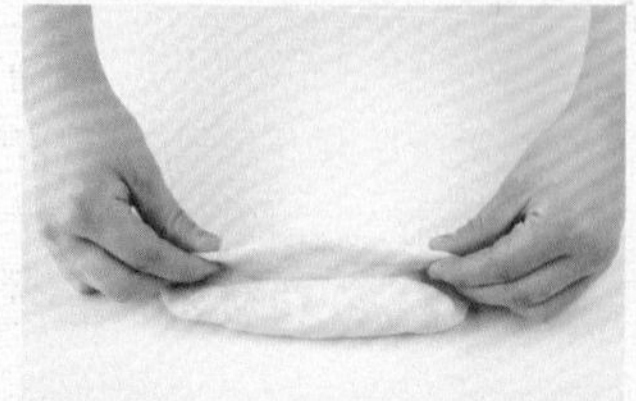

7 麵團擀開，較長的兩個邊各向內摺1/3後，重疊處稍微壓平。

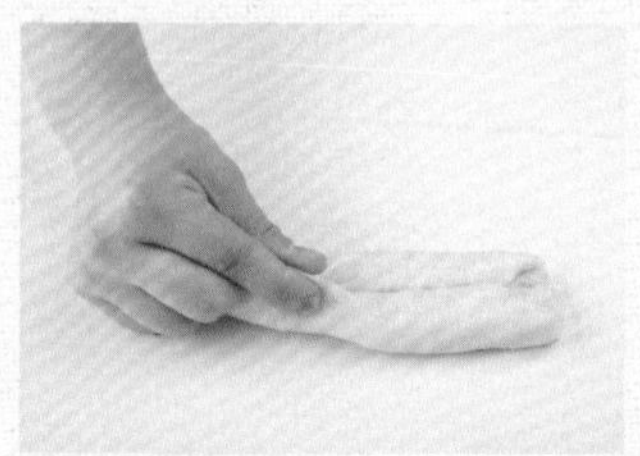

8 麵團再對摺一次，用手指將接縫處緊密捏合。

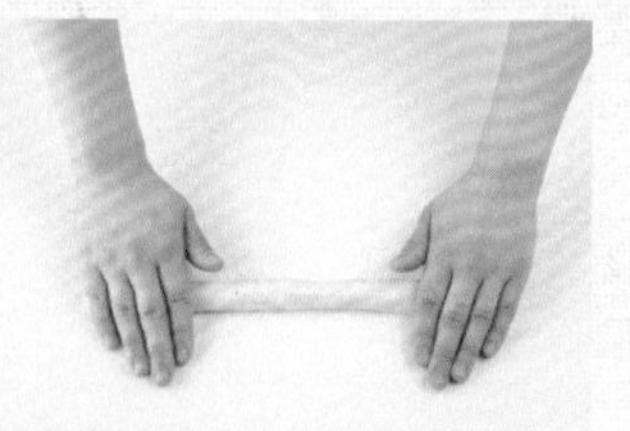

9 麵團搓成長25cm的條狀。

10 用擀麵棍或滾輪將麵團的一端壓扁。

11 用水沾濕壓扁的部分。

12 麵團銜接成圓圈狀，用壓扁的一端包覆住另一端。

13 用手指將銜接處的接縫捏合，撫平痕跡。

二次發酵

14 麵團整齊排列在烤盤上，覆蓋發酵布，移至溫暖處靜置40～45分鐘，進行二次發酵。

15 鍋中放入燙麵團用的水和小蘇打粉煮滾。烘焙紙剪成6等份。

TIP 直接將麵團夾入水裡川燙，環狀的麵團可能會變形。用鍋鏟將麵團連同烘焙紙放入水中川燙，既不沾黏，又能保持造型完整。

燙麵團

16 用鍋鏟將麵團連同烘焙紙一起放入蘇打水中川燙1分鐘。

烘烤

17 麵團燙好後，表面塗上蛋黃液。放入烤箱，以190℃烤15～20分鐘。

關於貝果

貝果算是早餐菜單中的人氣王，
無論你是要單吃、抹奶油、抹果醬、
配咖啡、配牛奶都很適合。
貝果不添加奶油，可以吃到麵粉的香甜原味，
好消化又低卡路里，深受減重者喜愛。
貝果的口感軟綿中帶有Q勁，
麵團中還可以拌入藍莓、蔓越莓等果乾，
或是炒軟洋蔥丁，
製作成各種甜鹹口味的貝果！
加入裸麥或全麥麵粉，
使貝果散發天然的麥香味也是不錯的選擇。
除此之外，也可以剖半夾上火腿、乳酪、
生菜、煙燻鮭魚等食材，
製作成貝果堡，
就是一份營養均衡又有飽足感的早午餐囉！

雙莓貝果

>>> BREAD 2-38

Berry Bagle

材料 〔份量：直徑10cm，6個｜溫度：190℃｜時間：15～20分鐘｜難度：★★☆〕

麵團	• 高筋麵粉300g • 即溶酵母粉1小匙 • 細砂糖20g • 鹽1小匙 • 水180ml • 橄欖油1大匙 • 藍莓乾25g • 蔓越莓乾30g • 蘭姆酒1大匙
燙麵團	• 小蘇打粉20g • 水1L
裝飾	• 蛋黃1顆
工具	• 攪拌盆 • 矽膠刮刀 • 電動攪拌機 • 保鮮膜 • 發酵布 • 擀麵棍 • 烘焙紙 • 烤盤 • 鍋子 • 烘焙刷

準備

Ⓐ 高筋麵粉過篩一次。

Ⓑ 做麵團用的水調溫至35℃。

Ⓒ 藍莓乾、蔓越莓乾放入蘭姆酒中泡軟。

Ⓓ 烤盤上鋪好烘焙紙。

Ⓔ 烤箱以190℃預熱15分鐘。

作法

製作麵團

1 參照p.125步驟1將食材拌勻後，用電動攪拌機的攪揉棒以最低速攪揉5分鐘，倒入橄欖油和泡軟的藍莓乾、蔓越莓乾，繼續攪揉5分鐘。

一次發酵

2 麵團表面變光滑後，將麵團搓圓放入攪拌盆，用保鮮膜密封碗口，以45℃溫水隔水保溫，靜置1小時，進行一次發酵。麵團膨脹至兩倍大時，用拳頭按壓排氣，分成6等份，分別搓圓。

中間發酵&塑型

3 蓋上發酵布，靜置15分鐘，進行中間發酵。

4 用擀麵棍或滾輪將發酵好的麵團擀開。

5 較長的兩個邊各向內摺1/3，重疊處稍微壓平。

6 麵團再對摺一次，用手指將接縫處緊密捏合，搓揉成長25cm的條狀。

7 抓住麵團的其中一端用手指戳一個洞。

8 麵團的另一端塞入洞中，用手指將接縫部分捏合，撫平接痕。

二次發酵&烘烤

9 麵團排列在烤盤上，覆蓋發酵布，移至溫暖處靜置40～45分鐘，進行二次發酵。

10 鍋中放入小蘇打粉和燙麵團的水煮滾，將麵團各燙1分鐘後撈起，塗抹蛋黃液，放入烤箱，以190℃烤15～20分鐘。

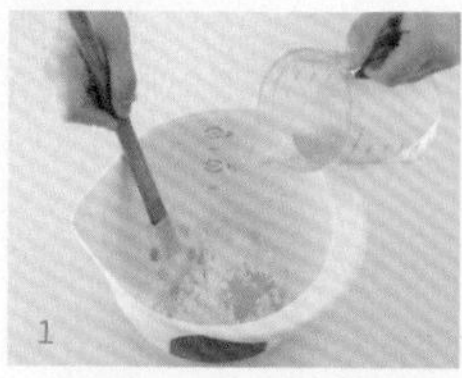

1

2

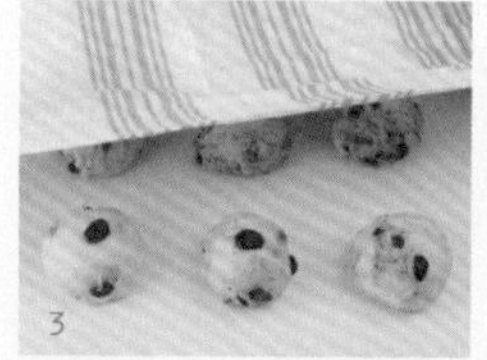
3

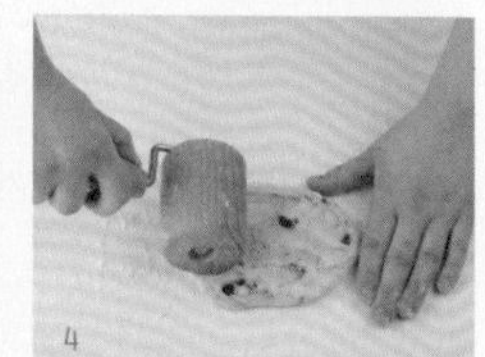
4

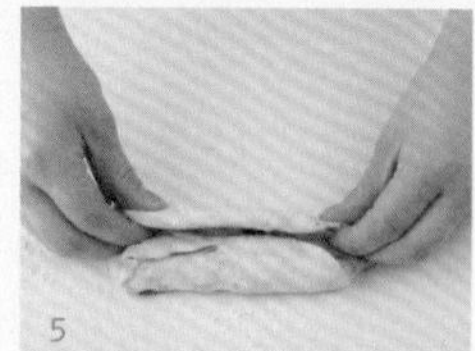
5

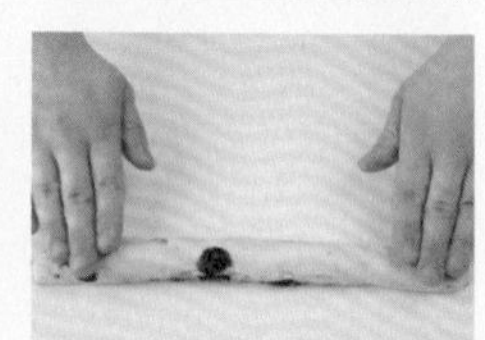
6

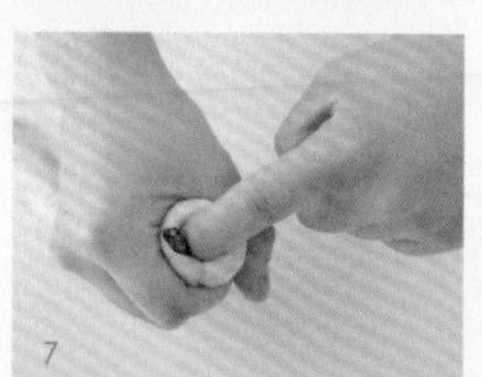
7

8

9

10

黑豆麵包

>>> BREAD 2-39

Blackbean Bread

材料 〔份量：直徑30cm，1個｜溫度：190℃｜時間：30～35分鐘｜難度：★☆☆〕

麵團
- 高筋麵粉300g
- 即溶酵母粉1小匙
- 鹽1.5小匙
- 豆奶100ml
- 水150ml
- 橄欖油20g
- 黑豆60g

工具
- 網篩
- 攪拌盆
- 矽膠刮刀
- 保鮮膜
- 發酵布
- 烘焙紙
- 烤盤

準備

A 高筋麵粉過篩一次。
B 水調溫成35℃。
C 烤盤上鋪好烘焙紙。
D 烤箱以190℃預熱15分鐘。

作法

製作麵團 1 攪拌盆中依序放入高筋麵粉、酵母粉、鹽、豆奶、35℃溫水、橄欖油、黑豆，用刮刀從中心開始畫圓圈攪拌均勻。

一次發酵 2 攪拌至麵團沒有殘留麵粉顆粒，表面光滑後，將麵團搓圓放入攪拌盆，用保鮮膜密封碗口，以45℃溫水隔水保溫，靜置1小時，進行一次發酵。

中間發酵 3 麵團膨脹至兩倍大時，用拳頭按壓排氣，重新搓圓。蓋上發酵布，靜置15分鐘，進行中間發酵。

二次發酵 4 麵團重新搓揉成直徑30cm的圓狀，放置在烤盤上，覆蓋發酵布，移至溫暖處靜置40分鐘，進行二次發酵。

烘烤 5 放入預熱好的烤箱，以190℃烤30～35分鐘。

1

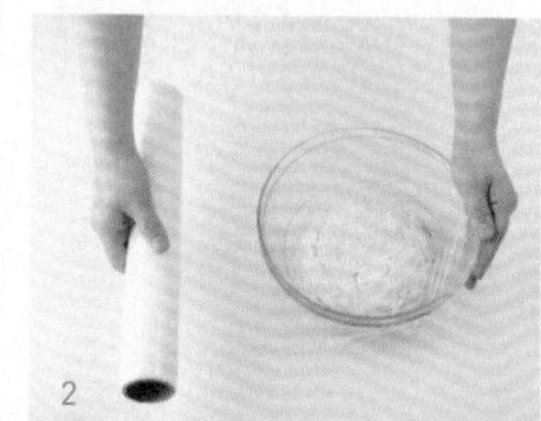
2

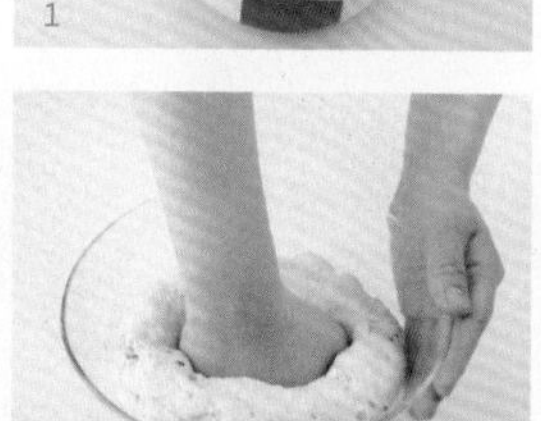
3

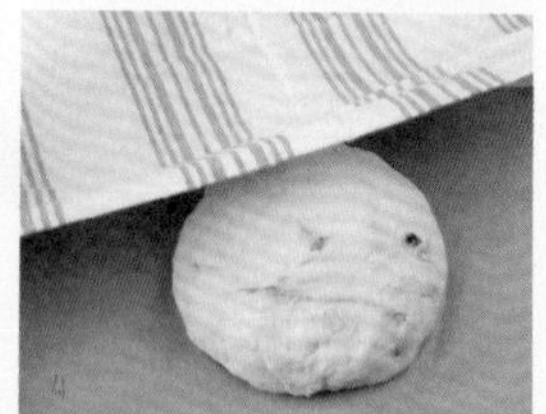
4

Baking Tip

軟式麵包不需要用到電動攪拌機，也不用費力搓揉，只要將食材攪拌均勻就可以了。麵團沒有經過揉麵過程，不會產生筋性，麵團較軟塌，烤出來的麵包質地較鬆軟。

德國耶誕麵包

>>> BREAD 2-40 *Christollen*

材料 〔份量：長30cm，1個｜溫度：180℃｜時間：25～30分鐘｜難度：★★☆〕

麵團	• 高筋麵粉250g • 細砂糖50g • 鹽1/2小匙 • 蜂蜜2大匙 • 蛋黃1顆 • 即溶酵母粉1＋1/2小匙 • 水40ml • 牛奶50ml • 無鹽奶油100g
內餡1	• 蘭姆酒2大匙 • 葡萄乾70g • 無花果乾30g • 杏桃乾50g • 蔓越莓乾30g • 糖漬橙皮50g • 胡桃仁60g
內餡2	• 杏仁膏125g • 抹茶粉2小匙 • 蘭姆酒1小匙 • 糖粉25g
裝飾	• 無鹽奶油50g • 防潮糖粉50g
工具	• 網篩 • 攪拌盆 • 矽膠刮刀 • 電動攪拌機 • 保鮮膜 • 發酵布 • 擀麵棍 • 烘焙紙 • 烤盤 • 烘焙刷 • 冷卻架

準備

Ⓐ 各式果乾和糖漬橘皮用內餡1的蘭姆酒浸泡2小時以上。

Ⓑ 麵團用的奶油、雞蛋放常溫退冰，至少30分鐘。

Ⓒ 胡桃仁切碎備用；水和牛奶加熱至35℃。

Ⓓ 烤盤上鋪好烘焙紙。

Ⓔ 烤箱以180℃預熱15分鐘。

作法

製作麵團

1 攪拌盆中依序放入高筋麵粉、細砂糖、鹽、蜂蜜，蛋黃、酵母粉、35℃的水和牛奶，用刮刀從中心開始畫圓圈攪拌。

2 充分拌勻後，再用電動攪拌機的攪揉棒以最低速攪揉5分鐘。倒入內餡1的奶油，繼續攪揉5分鐘。

3 麵團表面變光滑時，加入預先浸泡在蘭姆酒中的食材，以最低速攪揉1分鐘拌勻。

一次發酵

4 麵團搓圓放入攪拌盆，用保鮮膜密封碗口，以45℃溫水隔水保溫，靜置1小時，進行一次發酵。

中間發酵

5 麵團膨脹至兩倍大時，用拳頭按壓排氣。重新搓圓，蓋上發酵布，靜置15分鐘，進行中間發酵。

製作內餡

6 內餡2的杏仁膏、抹茶粉、蘭姆酒、糖粉混合均勻後，搓揉成長20cm的條狀。

7 發酵好的麵團擀成橢圓形，放上步驟6做好的內餡，將麵團摺成2/3部分重疊的上短下長半圓形。

二次發酵&烘烤

8 麵團放置在烤盤上，用擀麵棍在麵團中央處壓出凹痕。蓋上發酵布，移至溫暖處靜置50～60分鐘，進行二次發酵。

9 放入預熱好的烤箱以180℃烤25～30分鐘。將裝飾用奶油加熱融化，刷在烤好的麵包表面。

10 撒上防潮糖霜作裝飾。

1

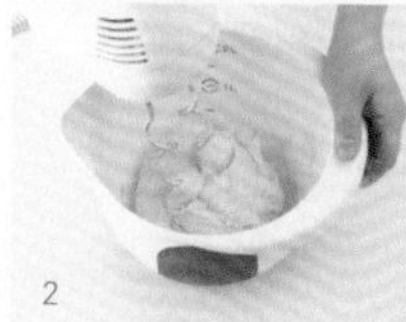
2

3

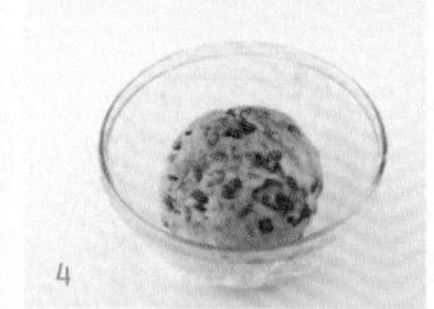
4

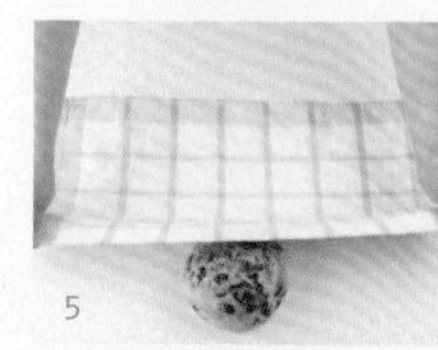
5

6

7

8

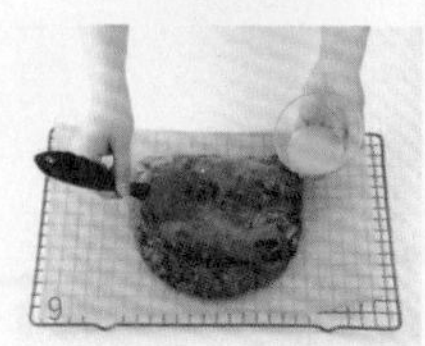
9

10

咕咕洛芙麵包

>>> BREAD 2-41 **Gugelhupf Bread**

材料 〔份量：直徑18cm咕咕洛芙模，1個｜溫度：180℃｜時間：40～45分鐘｜難度：★☆☆〕

麵團
- 高筋麵粉250g
- 細砂糖40g
- 鹽1/2小匙
- 即溶酵母粉1小匙
- 雞蛋1顆
- 牛奶80ml
- 無鹽奶油60g
- 杏桃乾50g
- 開心果仁20g
- 糖漬檸檬皮20g
- 無花果乾50g

工具
- 網篩
- 攪拌盆
- 矽膠刮刀
- 電動攪拌機
- 保鮮膜
- 發酵布
- 直徑18cm咕咕洛芙烤模

準備

Ⓐ 雞蛋、奶油放常溫退冰，至少30分鐘。
Ⓑ 高筋麵粉過篩一次。
Ⓒ 牛奶加熱至35℃。
Ⓓ 無花果乾、杏桃乾、開心果仁切成小塊。
Ⓔ 咕咕洛芙模內塗抹烤盤油。
Ⓕ 烤箱以180℃預熱10分鐘。

作法

製作麵團

1 攪拌盆中依序放入高筋麵粉、細砂糖、鹽、酵母粉、雞蛋、35℃的牛奶，用刮刀從中心開始畫圓圈攪拌。

2 充分拌勻後，再用電動攪拌機的攪揉棒以最低速攪揉5分鐘。倒入奶油、無花果乾、杏桃乾、開心果仁、糖漬檸檬皮，繼續攪揉5分鐘。

一次發酵

3 麵團表面變光滑後，將麵團搓圓放入攪拌盆，用保鮮膜密封碗口，以45℃溫水隔水保溫，靜置1小時，進行一次發酵。

4 麵團膨脹至兩倍大時，用拳頭按壓排氣，重新搓圓。

1

2

3

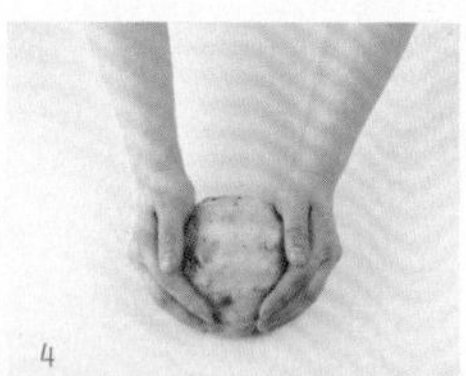
4

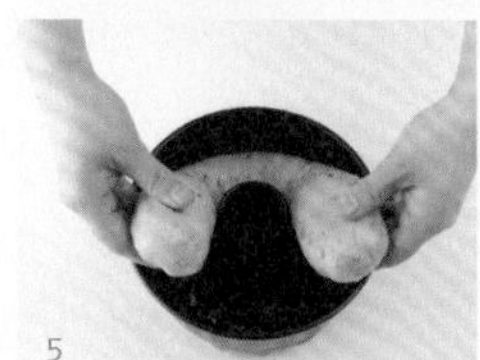
5

6

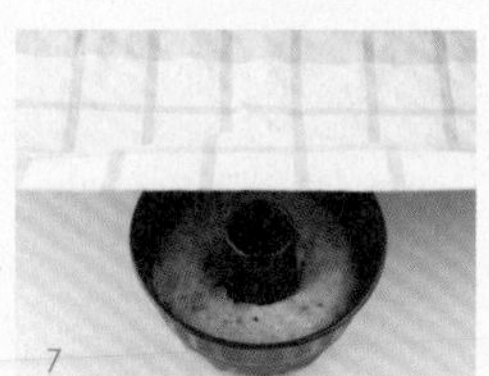
7

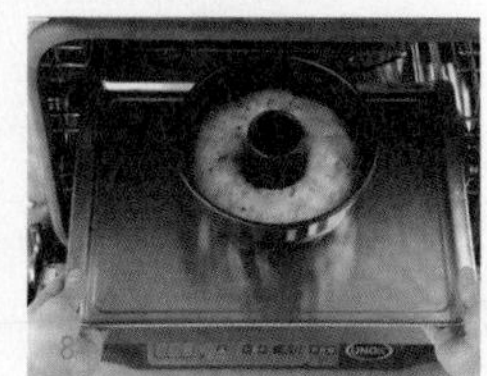
8

塑型

5 麵團搓成長30cm的條狀，放入咕咕洛芙模中。

6 用手將麵團壓緊實，使麵團和烤模緊密貼合，沒有空隙。

二次發酵

7 蓋上發酵布，移至溫暖處靜置1小時30分鐘，進行二次發酵。

烘烤

8 放入預熱好的烤箱以180℃烤40～45分鐘。

Baking Tip

咕咕洛芙模除了用來烘烤蛋糕，也能烤麵包。這款麵包可以省略中間發酵步驟，但是二次發酵的時間稍微拉長，請留意時間上的變化。放入麵團時請務必填壓緊實，倒扣出來的麵包才會呈現漂亮完整的皇冠形狀。烤好後請立即脫模，放在冷卻架上降溫。

義大利耶誕麵包

>>> BREAD 2-42 Panettone

材料 〔份量：直徑8.5cm×高9cm，3個｜溫度：170→220℃｜時間：15分鐘＋15分鐘｜難度：★★☆〕

麵團	• 高筋麵粉250g • 細砂糖45g • 鹽1/2小匙 • 香草砂糖1包（8g）• 檸檬汁2小匙 • 蜂蜜1大匙 • 即溶酵母粉1小匙 • 蛋黃1顆 • 水90ml • 無鹽奶油45g
內餡	• 蘭姆酒1大匙 • 糖漬橙皮30g • 糖漬檸檬皮30g • 葡萄乾30g • 蔓越莓乾 20g • 藍莓乾 20g
工具	• 網篩 • 攪拌盆 • 矽膠刮刀 • 電動攪拌機 • 保鮮膜 • 發酵布 • 直徑8.5 cm烘烤紙杯

準備

Ⓐ 奶油、雞蛋放常溫退冰，至少30分鐘。

Ⓑ 高筋麵粉過篩一次。

Ⓒ 調溫成35℃。

Ⓓ 糖漬橙皮、糖漬檸檬皮、葡萄乾、蔓越莓乾、藍莓乾預先用蘭姆酒泡軟。

Ⓔ 烤箱以170℃預熱15分鐘。

作法

製作麵團

1 攪拌盆中依序放入高筋麵粉、細砂糖、香草砂糖、鹽、檸檬汁、蜂蜜、酵母粉、蛋黃、35℃溫水，用刮刀從中心開始畫圓圈攪拌。

2 充分拌勻後，再用電動攪拌機的攪揉棒以最低速攪揉5分鐘。倒入奶油及泡軟的糖漬橙皮、糖漬檸檬皮、葡萄乾、蔓越莓乾、藍莓乾，繼續攪揉5分鐘。

一次發酵

3 麵團表面變光滑後，將麵團搓圓放入攪拌盆，用保鮮膜密封碗口，以45℃溫水隔水保溫，靜置1小時，進行一次發酵。

4 麵團膨脹至兩倍大時，用拳頭按壓排氣，秤重分成3等份，分別搓圓。

中間發酵

5 蓋上發酵布，靜置15分鐘，進行中間發酵。

整型

6 中間發酵好的麵團放入烘烤紙杯中，按壓麵團表面，使麵團和紙杯緊密貼合。

二次發酵

7 紙杯排列在烤盤上，覆蓋發酵布，移至溫暖處靜置50～60分鐘，進行二次發酵。

烘烤

8 放入烤箱以170℃烤15分鐘後，將溫度調高成220℃再烤15分鐘。

1

2

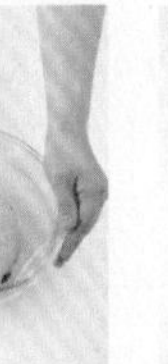
3

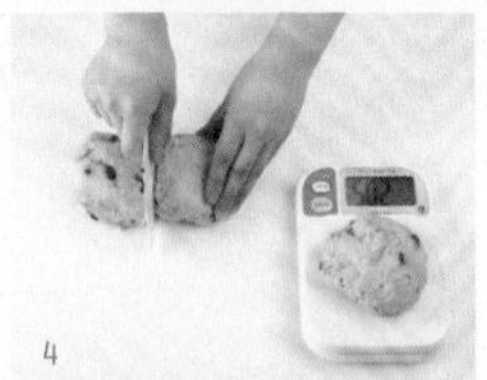
4

5

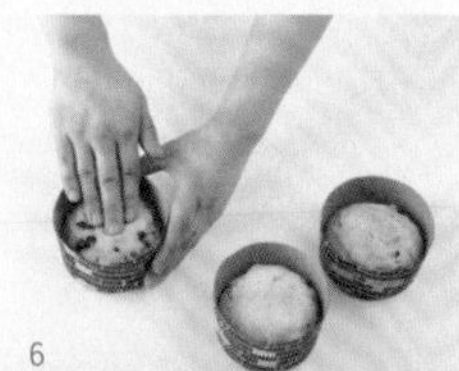
6

7

8

PART 3

蛋糕

從最基礎的海綿蛋糕麵包到華麗的裝飾蛋糕，
一起進入家庭烘焙中最有趣的蛋糕製作單元吧！
在耶誕節或家人朋友生日等特別的日子裡，
親手做蛋糕與摯愛的親友分享，你一定也能感受到無比的幸福。
初學者請從難度較低的蛋糕食譜開始練習。
累積豐富經驗、熟知各種蛋糕的製作技巧後，不僅能製作高難度蛋糕，
甚至可以挑戰自創新型蛋糕，做出專屬於你的獨門蛋糕食譜。
烤好的蛋糕最佳賞味期限約為3～4天，
請趁蛋糕新鮮，口感還濕潤軟綿時盡早享用。

海綿蛋糕,蛋糕的基礎

>>> CAKE 3-1

Sponge cake

想要親手做個漂亮的蛋糕，慶祝生命中特別的日子，
首先要學會的就是製作蛋糕胚，也就是所謂的海綿蛋糕。
掌握製作海綿蛋糕的技巧後，在內餡和裝飾上加以變化，
就能做出各式各樣好吃又漂亮的蛋糕了！
海綿蛋糕有兩種作法，分別是將蛋黃和蛋白分開打發的分蛋法，
以及將蛋黃和蛋白一起打發的全蛋法。
兩種作法做出來的蛋糕各有特色，建議初學者兩種都學會並牢記，未來製作蛋糕時，
加以靈活運用。做好的海綿蛋糕得在常溫下放一天才能做裝飾造型。

●●●海綿蛋糕麵糊：分蛋法

材料　〔份量：直徑18cm圓形烤模，1個〕

麵糊｜・雞蛋3顆　・細砂糖90g　・低筋麵粉90g　・香草砂糖1小包（8g）　・泡打粉1/4小匙

酒糖液｜・水60ml　・細砂糖30g　・蘭姆酒1大匙

工具｜・攪拌盆　・電動攪拌機　・矽膠刮刀　・網篩　・烘焙紙　・直徑18cm圓形烤模　・刮板　・冷卻架　・塑膠袋　・鍋子　・旋轉台　・抹刀　・牙籤　・麵包刀　・烘焙刷

準備

Ⓐ 攪拌盆以熱水沖洗過，用乾抹布完全擦乾。

Ⓑ 低筋麵粉、泡打粉混和均勻，過篩兩次。

Ⓒ 麵糊用細砂糖分成1/3和2/3兩份，分開盛裝。

Ⓓ 圓形烤模內鋪好烘焙紙。

Ⓔ 烤箱以180℃預熱15分鐘。

作法

打發蛋黃

1 蛋黃和蛋白分開打入不同的攪拌盆。蛋黃放常溫，蛋白則放冰箱冷藏。

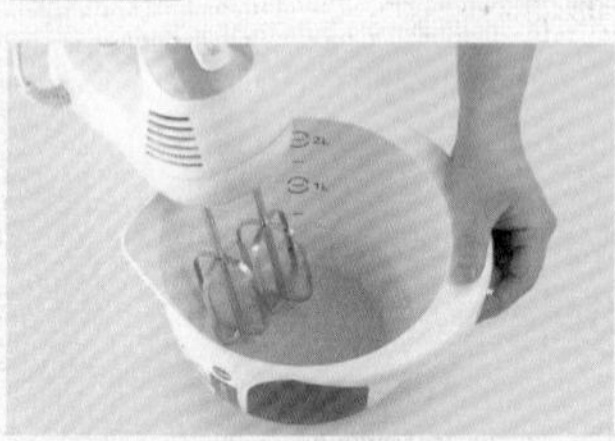

2 用電動攪拌機的攪拌棒以最高速攪打。

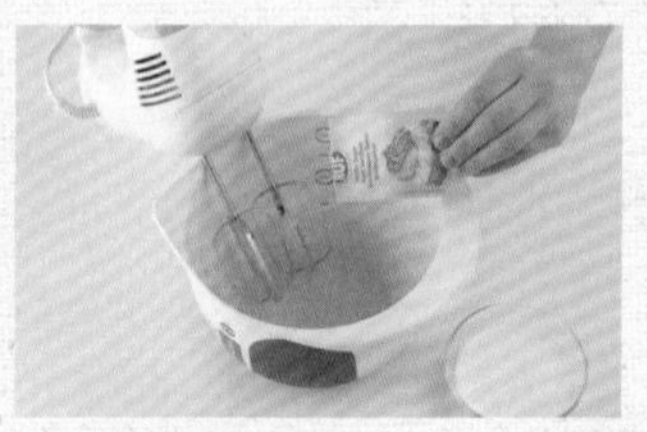

3 蛋黃打出大氣泡時，倒入香草砂糖，再將2/3份量的麵糊用細砂糖先倒入一半。

TIP

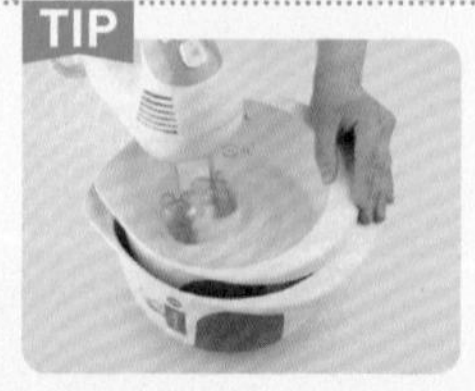

蛋黃需要有熱度才容易打發。冬季或是來不及從冰箱取出退冰至常溫狀態時，可以在攪拌盆下方隔溫熱水增溫。

4 持續用最高速攪打，當蛋黃的氣泡變小，甚至不見時，倒入剛才剩下的一半細砂糖，繼續攪拌。

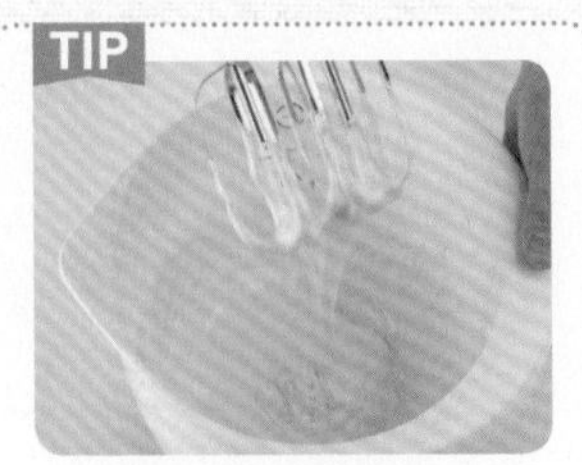

TIP

用攪拌棒撈起蛋黃糊，落下時會在表面形成緞帶般交疊痕跡，即表示完成。

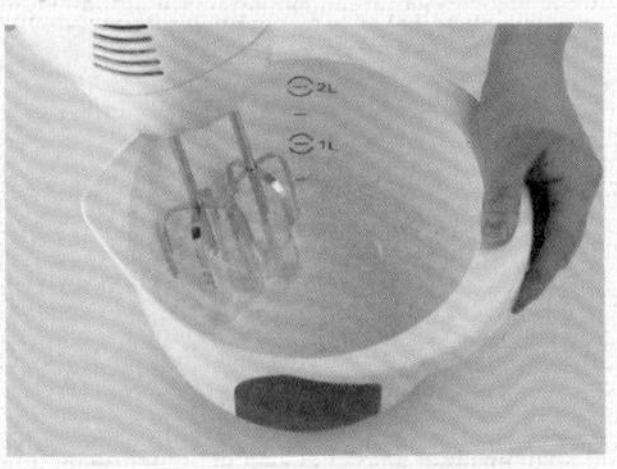

5 改用最低速，沿著攪拌盆底繞圈，將泡沫質地整合均勻。

打發蛋白霜

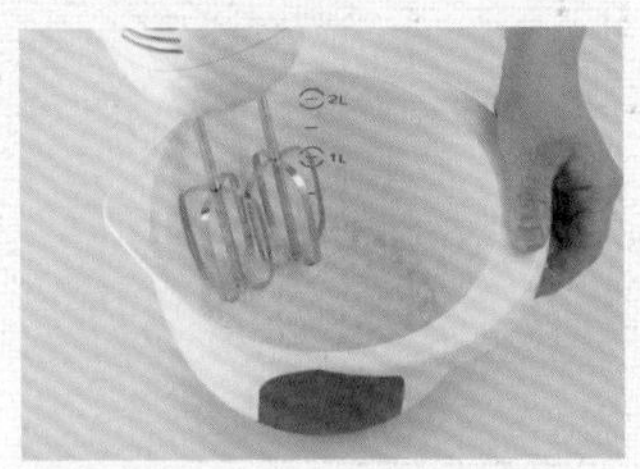

6 從冰箱取出冷藏的蛋白，用電動攪拌機以最高速攪打。

7 蛋白打出大氣泡時，1/3份量細砂糖分三次加入打發。

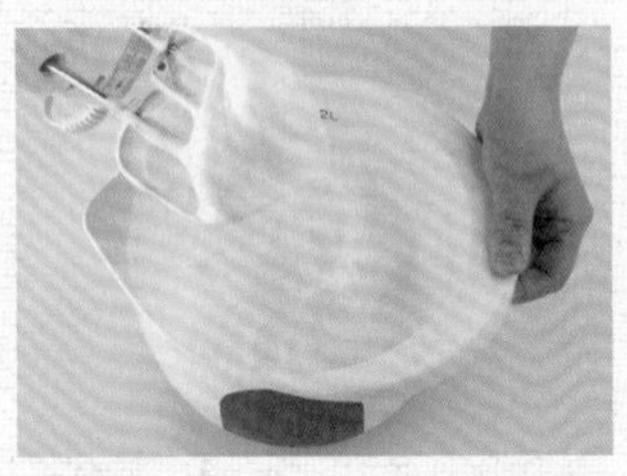

8 蛋白霜呈三角形沾附攪拌棒上，表示已打至乾性發泡。

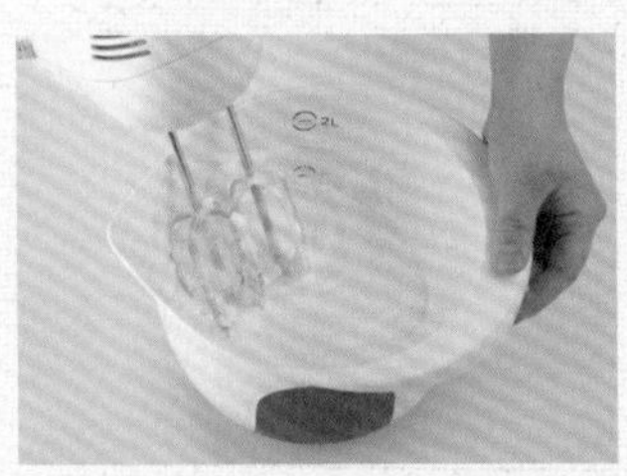

9 改用最低速將泡沫整合均勻，使蛋白霜的泡沫變穩定並散發光澤。

10 一半的低筋麵粉和泡打粉篩入步驟5的蛋黃中。

11 再倒入一半蛋白霜，用刮刀輕挑起泡沫，再下切攪拌。動作輕柔，勿壓塌發泡。

12 加入剩餘的低筋麵粉、泡打粉及蛋白霜，繼續輕柔拌勻。

TIP

完成的麵糊具有光澤，用刮刀撈起，落下時會形成緞帶般交疊的痕跡。

13 抬起攪拌盆，讓麵糊自然滑入鋪好烘焙紙的圓形烤模中。

烘烤

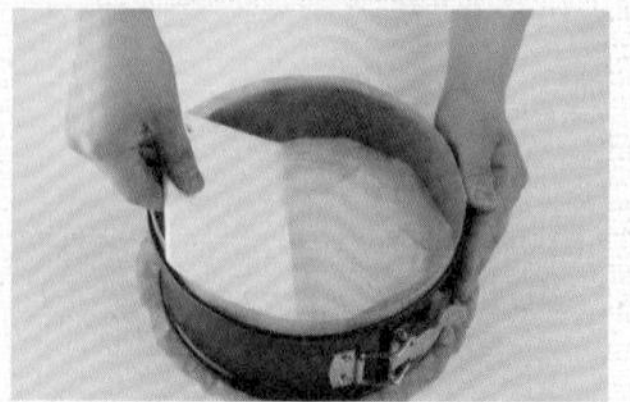

14 用刮板整平麵糊表面。

15 抬高蛋糕模，在桌面上輕摔幾下，震破大氣泡。放入烤箱，以180℃烤25分鐘。

16 烤好用手按壓表面，不會留下手印即表示烘烤完成。或拿根長竹籤戳入蛋糕中心，竹籤上無殘留麵糊即可。

17 烤好後將蛋糕脫模，連同烘焙紙一起放在冷卻架上降溫。

18 蛋糕冷卻後，放入塑膠袋密封好，在常溫下靜置一天。

TIP 海綿蛋糕密封好放常溫下靜置，可使蛋糕體變濕潤，比剛烤好時更加鬆軟。

煮酒糖液

19 鍋中放入水和細砂糖，不要攪拌，以中火煮滾。砂糖完全融化時即可關火。

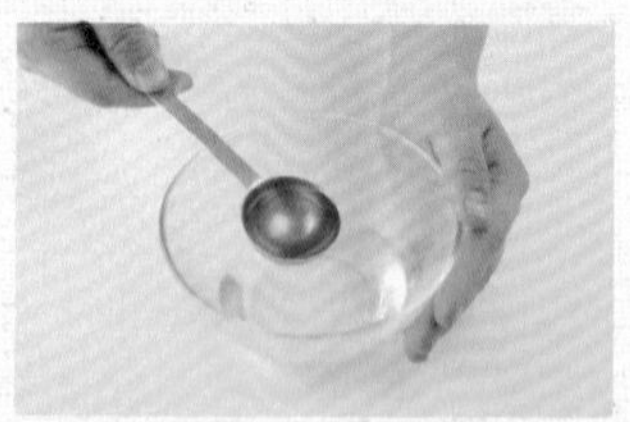

20 砂糖液倒入小碗中放涼後，加入蘭姆酒或香橙酒拌勻。

21 取出靜置一天的海綿蛋糕，撕掉烘焙紙，放在旋轉台中央。

22 用手慢慢搓掉海綿蛋糕的表皮。撕掉表皮的蛋糕胚更能充分吸收酒糖液，口感更軟綿。

23 測量海綿蛋糕的高度，分成水平的3等份。用抹刀在蛋糕側面壓出痕跡，插上牙籤分隔。

24 一手蓋在海綿蛋糕頂部，固定住蛋糕，用麵包刀沿著牙籤的位置橫切成3等份。

25 在切好的3片蛋糕表面均勻塗上酒糖液。

••• 海綿蛋糕麵糊：全蛋法

材料 〔份量：25×35cm蛋糕捲烤盤，1個〕

麵團 • 雞蛋3顆 • 細砂糖90g • 香草砂糖1小包（8g） • 低筋麵粉90g • 泡打粉1/4小匙

工具 • 攪拌盆 • 電動攪拌機 • 矽膠刮刀 • 網篩 • 烘焙紙 • 25×35cm蛋糕捲烤盤 • 塑膠袋 • 冷卻架

作法

準備

Ⓐ 攪拌盆以熱水沖洗過，用乾抹布完全擦乾。

Ⓑ 低筋麵粉、泡打粉混合均勻，過篩兩次。

Ⓒ 烤盤內鋪好烘焙紙。

Ⓓ 烤箱以180℃預熱15分鐘。

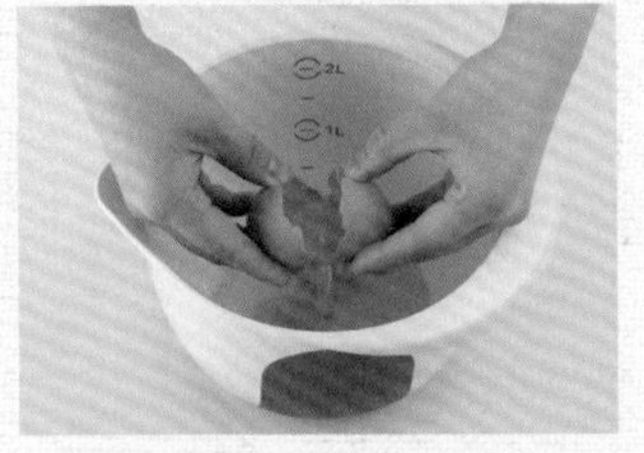

1 蛋黃和蛋白一起打入攪拌盆中。

打發全蛋

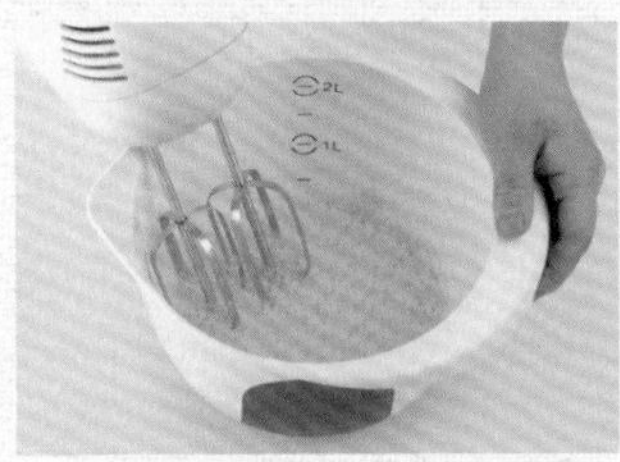

2 使用電動攪拌機的攪拌棒，以最高速攪打至起泡沫。

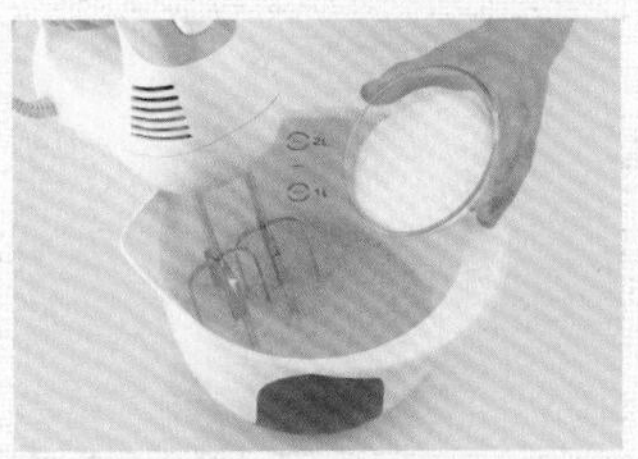

3 蛋液打出大泡沫時，分2～3次加入砂糖、香草砂糖，持續攪打。

TIP

觀察蛋液顏色、氣泡的變化，分2～3次慢慢將砂糖倒完。

4 用攪拌棒撈起泡沫，落下時會在表面形成緞帶般交疊的痕跡，即表示完成。

5 轉最低速，將泡沫整合均勻。泡沫呈均勻的乳白色且散發光澤，即表示完成。

完成麵糊

6 篩入一半的低筋麵粉和泡打粉。

海綿蛋糕

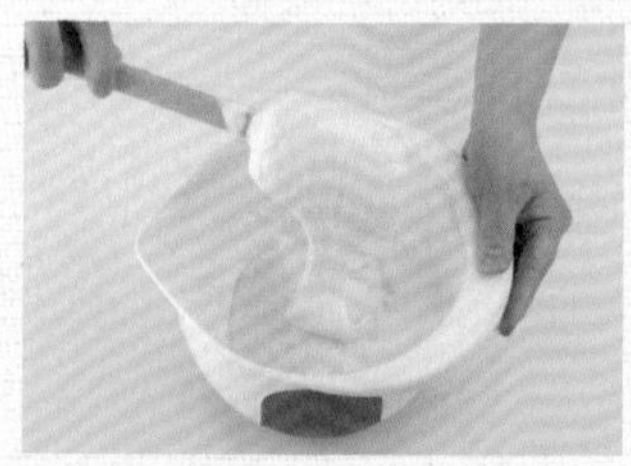

7 使用刮刀輕柔快速地拌勻，再篩入剩餘的低筋麵粉和泡打粉繼續拌勻。

TIP 拌麵糊時用刮刀輕挑起泡沫，再下切攪拌，不要壓塌發泡，快速拌勻。

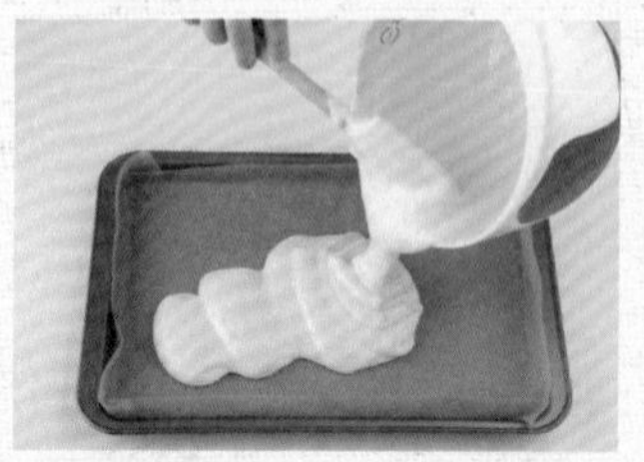

8 拌好的麵糊倒入鋪好烘焙紙的烤盤中。

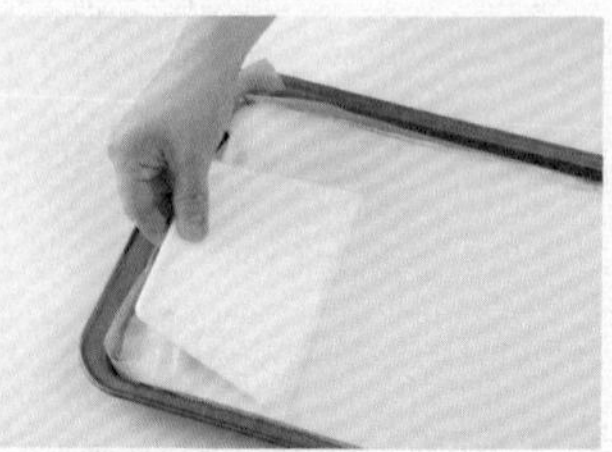

9 用刮板輕輕刮平麵糊表面。

烘烤

10 烤盤稍微抬高，在桌面輕摔幾下，震破大氣泡。放入烤箱以180℃烤25分鐘。

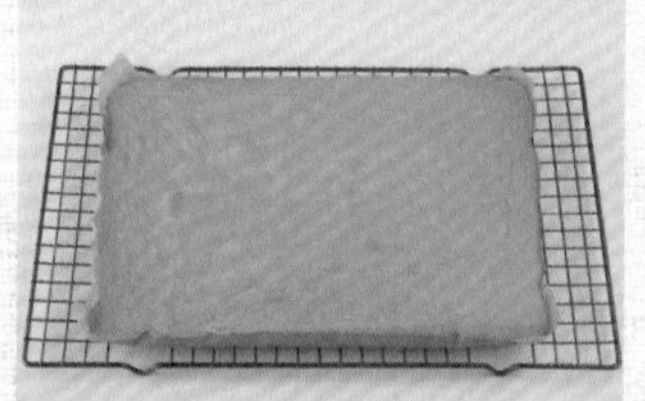

11 烤好的蛋糕脫模，連同烘焙紙一起放置在冷卻架上降溫。

12 蛋糕充分冷卻後裝入塑膠袋密封，在常溫下靜置一天。

Baking Tip

用全蛋法製作麵糊時，蛋黃和蛋白是一起打發，
作法較簡單，製作的時間也較短。
但是這種麵糊的蛋液一定要打得夠發、夠細緻，蛋糕才會蓬鬆。
放入麵粉前一定要用最低速將泡沫整合均勻，
使泡沫穩定，才不易消泡。
用分蛋法製作麵糊，雖然步驟較繁複，但是蛋白打發後，
泡沫的穩定度高，烤出來的海綿蛋糕會更柔軟蓬鬆，
因此一般做海綿蛋糕會使用分蛋法製作。

變化版

原味的海綿蛋糕也可以加一點巧思，變化成不同口味和顏色喔！
抹茶粉、可可粉等粉類材料，可以和低筋麵粉及泡打粉一起過篩。
咖啡、紅茶等需要沖泡的材料先加水溶解或泡軟，
麵糊製作完成時再倒入拌勻即可。

紅茶海綿蛋糕

紅茶末2小匙加入熱水2大匙，
泡成茶湯後，
倒入完成的麵糊中拌勻。

摩卡海綿蛋糕

即溶咖啡粉1大匙加入
咖啡酒1大匙溶解後，
倒入完成的麵糊中拌勻。

巧克力海綿蛋糕

無糖可可粉2大匙和低筋麵粉、
泡打粉一起混合、過篩。

抹茶海綿蛋糕

抹茶粉1大匙和低筋麵粉、
泡打粉一起混合、過篩。

戚風蛋糕

>>> CAKE 3-2 **Chiffon Cake**

材料 〔份量：直徑15cm戚風蛋糕模，1個｜溫度：170℃｜時間：40～45分鐘｜難度：★★☆〕

麵糊	・蛋黃2顆 ・細砂糖30g ・香草砂糖1包（8g）・熱水50ml ・橄欖油50ml ・低筋麵粉80g ・泡打粉1/2小匙
酒糖液	・水60ml ・細砂糖30g ・蘭姆酒1大匙
蛋白霜	・蛋白3顆 ・鹽1/8小匙 ・細砂糖40g
裝飾	・動物性鮮奶油300g ・細砂糖25g ・香草砂糖1包（8g）・香橙酒2小匙 ・草莓1顆
工具	・攪拌盆 ・電動攪拌機 ・網篩 ・矽膠刮刀 ・噴霧器 ・叉子 ・直徑15cm戚風蛋糕模 ・玻璃杯 ・旋轉台 ・烘焙刷 ・抹刀

準備

Ⓐ 雞蛋的蛋黃和蛋白分離並分開盛裝。
Ⓑ 蛋黃放常溫退冰；蛋白放冰箱冷藏。
Ⓒ 低筋麵粉、泡打粉混合後，過篩兩次。
Ⓓ 參照p.142步驟19、20製作酒糖液。
Ⓔ 草莓保留蒂頭，清洗乾淨。
Ⓕ 烤箱以170℃預熱10分鐘。

作法

製作麵糊

1 攪拌盆中放入蛋黃，使用電動攪拌機以最高速攪打，分次加入細砂糖及香草砂糖，攪打2分鐘，再慢慢加入熱水，繼續以最高速攪打1～2分鐘。

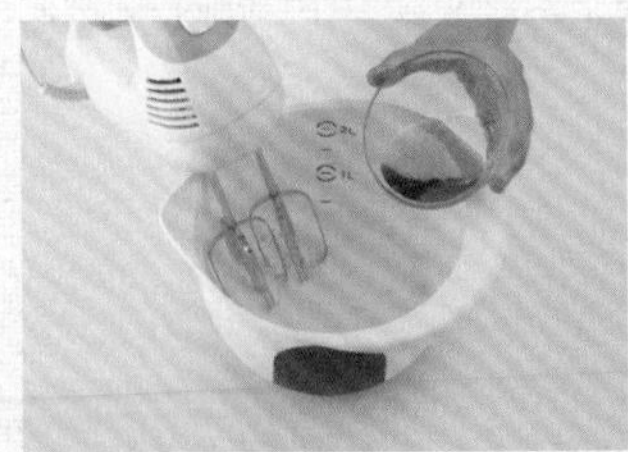

2 分次倒入橄欖油，以最高速攪打1分鐘，打發成淺奶油色的蓬鬆泡沫。

打發蛋白霜

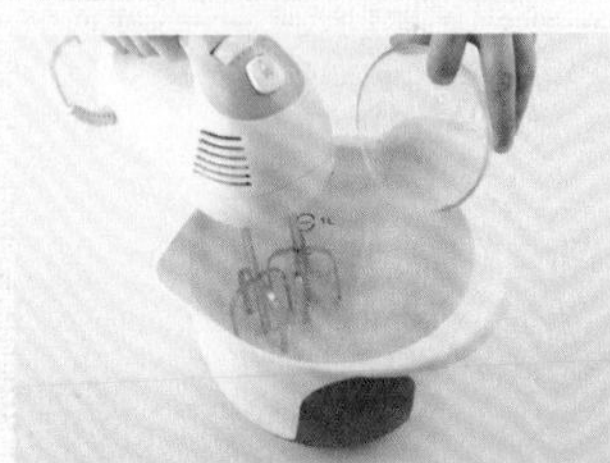

3 取另一個攪拌盆，放入冰涼的蛋白，用電動攪拌機以最高速攪打30秒，蛋白開始膨脹發泡時，倒入鹽，並分次放入細砂糖。

戚風蛋糕

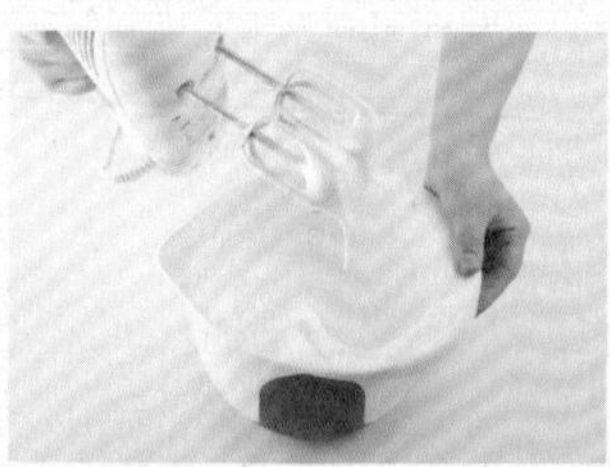

4 慢慢加入細砂糖以最高速攪打2分鐘。打發至濕性發泡，蛋白霜表面出現光澤，泡沫呈彎鉤狀附著在攪拌棒上。

5 已過篩兩次的低筋麵粉和泡打粉分次篩入步驟2中，用刮刀輕柔拌勻。

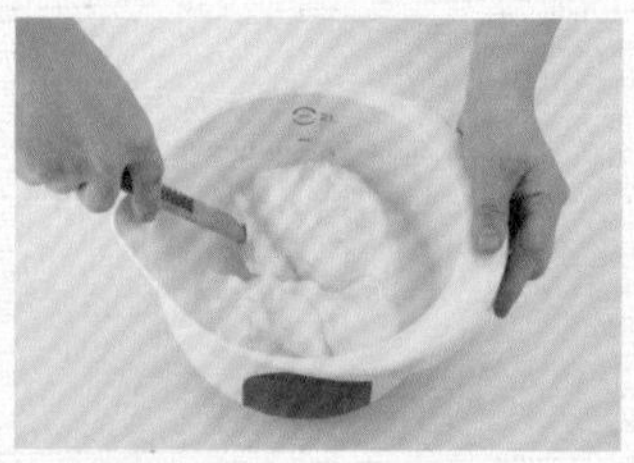

6 蛋白霜分三次拌入步驟5中，動作要快速但輕柔，不要壓塌發泡。

烘烤

7 用噴霧器在戚風蛋糕模內層噴水。倒入麵糊至8分滿。

8 用叉子攪拌去除大顆的氣泡。放入烤箱以170℃烤40～45分鐘。

9 蛋糕出爐後，倒扣在玻璃杯上1小時，降溫。倒扣冷卻是利用地心引力的原理，保留住雞蛋氣泡的形狀，使蛋糕不會塌陷。

蛋糕脫模

10 用力按壓蛋糕的表面。

11 抹刀插入蛋糕邊緣，轉動烤模，使蛋糕和烤模外框分離。

12 蛋糕翻面，用抹刀將蛋糕與烤模底盤切割分離。

塗抹酒糖液

13 戚風蛋糕放置在旋轉台上，塗抹放涼的酒糖液。

打發鮮奶油霜

14 取另一個攪拌盆，倒入冰涼的鮮奶油，使用電動攪拌機以最高速攪拌30秒後，分次加入細砂糖和香草砂糖，持續攪打3分鐘。

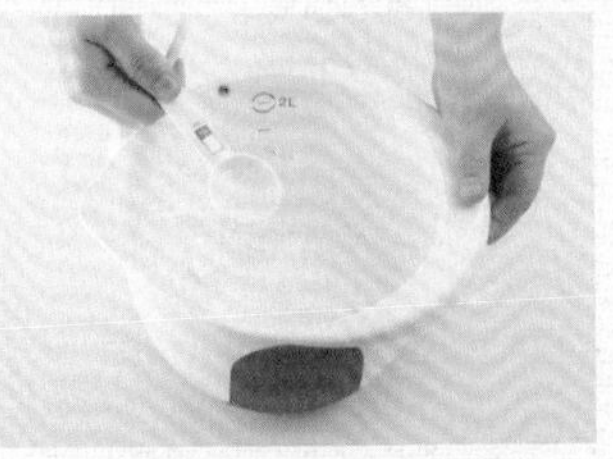

15 打發成具有光澤的固體狀全打發鮮奶油霜。加入香橙酒，以最低速攪打10秒拌勻。

裝飾

16 在戚風蛋糕頂面，抹上大量鮮奶油霜，輕輕滑動抹刀，抹出工整的平面。

17 蛋糕側邊也抹上大量鮮奶油霜，將抹刀垂直固定住，轉動旋轉台，使側邊的鮮奶油霜厚度一致，表面平整。再用抹刀刮除頂面多餘的鮮奶油霜。

18 鮮奶油霜抹進中央的凹洞中，抹刀垂直固定住，轉動旋轉台，抹出平整的圓洞，並將整體表面修飾平整。

19 草莓切片，靠近蒂頭處不切斷，斜壓展開，裝飾在蛋糕上。

巧克力戚風蛋糕

>>> CAKE 3-3

Chocolate Chiffon Cake

材料 〔份量：直徑15cm戚風蛋糕模，1個｜溫度：170℃｜時間：40～45分鐘｜難度：★★☆〕

麵糊
- 水3大匙 • 無糖可可粉10g • 蛋黃2顆
- 細砂糖40g • 香草砂糖1包（8g）
- 橄欖油50ml • 低筋麵粉70g
- 泡打粉1/2小匙

蛋白霜
- 蛋白4顆 • 鹽1/4小匙 • 細砂糖50g

裝飾
- 動物性鮮奶油300g • 細砂糖25g
- 香草砂糖1包（8g）• 香橙酒1大匙
- 巧克力醬1大匙 • 調溫黑巧克力50g
- 巧克力裝飾物適量

工具
- 鍋子 • 攪拌盆 • 電動攪拌機 • 網篩
- 矽膠刮刀 • 直徑15cm戚風蛋糕模
- 噴霧器 • 叉子 • 玻璃杯 • 冷卻架
- 烘焙刷 • 抹刀 • 旋轉台
- 聖多諾黑花嘴（大圓口上有個V字缺口）
- 擠花袋 • 巧克力刮刀

準備

Ⓐ 參照p.142製作酒糖液。
Ⓑ 參照p.35製作裝飾用的巧克力片。
Ⓒ 蛋黃放常溫退冰，蛋白放入冰箱冷藏。
Ⓓ 低筋麵粉、泡打粉混合後，過篩兩次。
Ⓔ 烤箱以170℃預熱10分鐘。

1

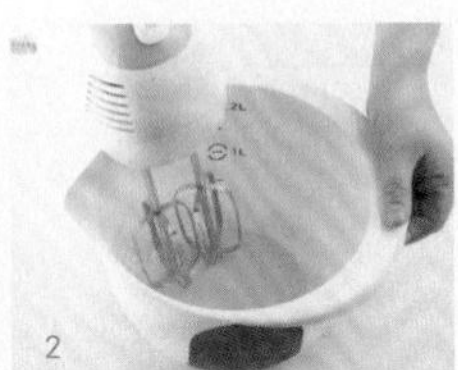
2

3

4

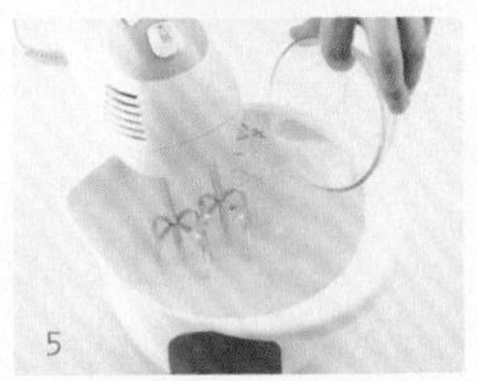
5

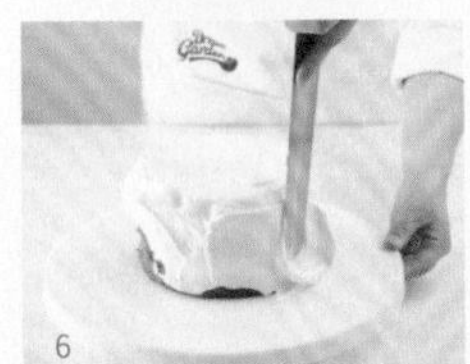
6

7

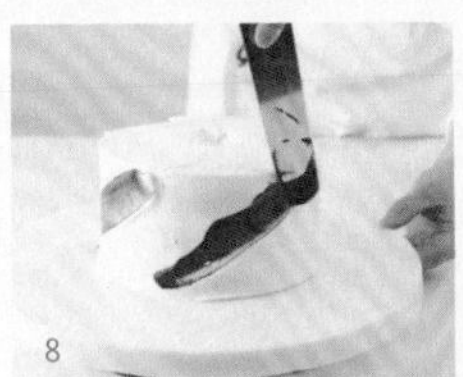
8

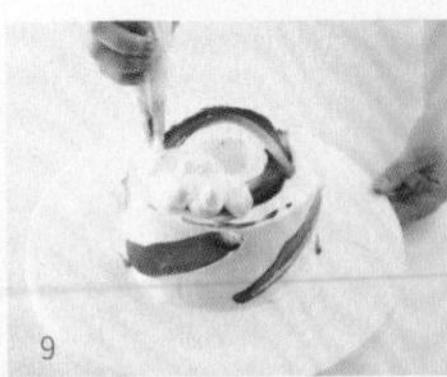
9

作法

製作蛋糕

1 鍋中加水煮滾，倒入可可粉攪拌均勻。

2 攪拌盆中放入蛋黃後，分次倒入細砂糖及香草砂糖，用電動攪拌機以最高速攪打2分鐘。

3 參照p.147將步驟1分次倒入步驟2，繼續以最高速攪打2～3分鐘，打發成蓬鬆細緻的泡沫。

4 參照p.148～149步驟3～12烤好戚風蛋糕，冷卻脫模後，刷上酒糖液。

裝飾

5 取另一個攪拌盆，倒入冰涼的鮮奶油。用電動攪拌機以最高速攪拌30秒後，分次加入細砂糖和香草砂糖攪打3分鐘，打至全打發。加入香橙酒拌勻。

6 使用抹刀和旋轉台，將鮮奶油霜平整地塗抹在蛋糕表面。

7 鮮奶油霜填入蛋糕中央的凹洞，抹刀垂直固定，轉動旋轉台，抹出平整的圓洞。

8 抹刀上擠一些巧克力醬，在蛋糕側邊畫斜線。蛋糕頂面也淋上一些巧克力醬，用抹刀輕輕劃開。

9 打發好的鮮奶油霜倒入裝有聖多諾黑花嘴的擠花袋中，在蛋糕上擠花。放上裝飾巧克力片，再用巧克力刮刀將調溫黑巧克力刮成碎屑撒在表面。

瑪德蓮

>>> CAKE 3-4

Madeleines

材料 〔份量：7×7cm，20個｜溫度：180℃｜時間：10～12分鐘｜難度：★☆☆〕

麵糊
- 檸檬（取皮末）1顆
- 雞蛋2顆
- 蜂蜜25g
- 細砂糖100g
- 香草砂糖1包（8g）
- 低筋麵粉125g
- 泡打粉1小匙
- 無鹽奶油125g

裝飾
- 防潮糖粉10g

工具
- 果皮刨刀
- 攪拌盆
- 電動攪拌機
- 網篩
- 矽膠刮刀
- 瑪德蓮烤盤
- 湯匙
- 冷卻架

準備

Ⓐ 雞蛋放常溫退冰，至少30分鐘。

Ⓑ 奶油用微波爐加熱30秒，使其融化。

Ⓒ 低筋麵粉、泡打粉混合後，過篩兩次。

Ⓓ 瑪德蓮烤盤內塗抹烤盤油。

Ⓔ 烤箱以180℃預熱10分鐘。

作法

製作麵糊

1 檸檬洗淨擦乾後，以果皮刨刀刨下黃色表皮。

2 攪拌盆中倒入常溫的雞蛋，下方用溫熱水隔水保溫，用電動攪拌機以最高速攪打30秒。

3 泡沫體積膨大後，加入蜂蜜，並分2～3次慢慢放入細砂糖、香草砂糖，以最高速攪拌3分鐘。打發成乳白色的蓬鬆泡沫。

4 加入刨好的檸檬皮末拌勻。

5 已過篩兩次的低筋麵粉、泡打粉再次過篩加入。

6 分次加入融化的奶油，輕柔攪拌均勻。

烘烤&裝飾

7 用湯匙將麵糊裝入抹好烤盤油的瑪德蓮烤盤，約8分滿即可。以180℃烤10～12分鐘。烤好後脫模，放置在冷卻架上降溫，撒上防潮糖粉。

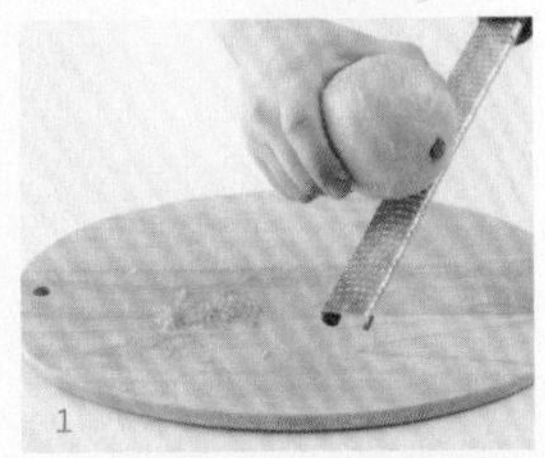
1

2

3

4

5

6

Baking Tip

刨檸檬皮末時，不要刨到苦澀的白色內層。麵糊中加入檸檬汁，雖然可以增添檸檬香氣，但蛋液很容易發泡，若喜歡瑪德蓮表皮有一點脆度，可以不加檸檬汁。細砂糖和蜂蜜可使蛋糕更濕潤，家裡沒有蜂蜜的話，也可以用麥芽糖替代。若想要瑪德蓮蛋糕膨一點，麵糊調好後可以靜置或冷藏一段時間，泡沫結構改變，烤出來的蛋糕會比較蓬鬆。

7

費南雪

>>> CAKE 3-5

Financier

材料 〔份量：4×8cm，12個｜溫度：170℃｜時間：15分鐘｜難度：★★☆〕

麵糊｜・無鹽奶油150g ・蛋白3顆 ・細砂糖100g ・香草砂糖1包（8g）・鹽1/8小匙 ・蜂蜜25g ・蘭姆油2～3滴 ・低筋麵粉50g ・杏仁粉50g

工具｜・鍋子 ・矽膠刮刀 ・網篩 ・攪拌盆 ・湯匙 ・打蛋器 ・保鮮膜 ・12連費南雪模

準備

A 雞蛋的蛋黃和蛋白分離並分開盛裝。

B 費南雪烤模內塗抹烤盤油。

C 烤箱以170℃預熱10分鐘。

作法

製作焦化奶油

1 鍋中放入奶油，以中火加熱，用刮刀滑動奶油，加速融化。

2 奶油煮沸後，繼續加熱使水分蒸發，漸漸會轉變成深褐色，大約需要3分鐘。

3 焦化奶油完成後，關火，靜置放涼，用濾網濾掉雜質。

製作麵糊

4 攪拌盆中放入蛋白，用打蛋器攪拌10秒，不要打出泡沫，稍微打散即可。

5 倒入細砂糖、香草砂糖、鹽，用打蛋器攪拌融化。

6 倒入蜂蜜、蘭姆油，攪拌均勻。

7 篩入低筋麵粉和杏仁粉，用刮刀攪拌均勻。

8 步驟3的奶油倒入麵糊中，用刮刀攪拌均勻

1

2

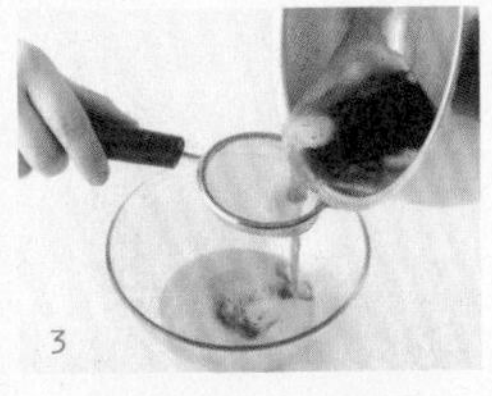
3

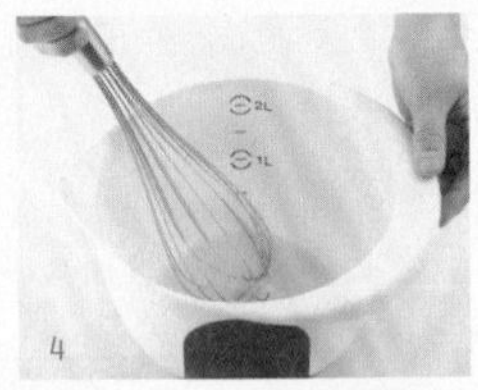
4

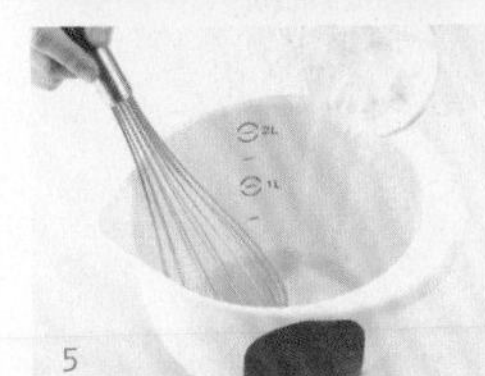
5

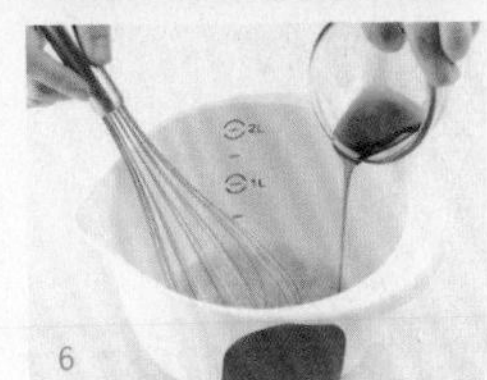
6

7

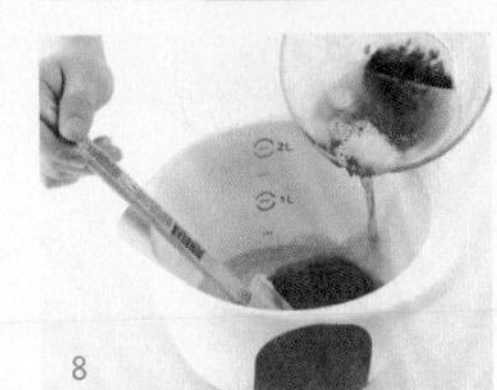
8

冷藏靜置

9 用保鮮膜密封攪拌盆，放入冰箱冷藏一天。

烘烤

10 麵糊倒入費南雪模中，約8分滿即可。放入烤箱，以170℃烤15分鐘。

9

10

Baking Tip

費南雪的特色就是具有濃郁的焦香奶油味，必須將奶油煮沸，蒸發掉水分，繼續熬煮至深褐色。用打蛋器攪拌蛋白時，盡量不要打出氣泡，烤出來的蛋糕表面才會平整。

水果磅蛋糕

>>> CAKE 3-6

Fruit Pound Cake

材料 〔份量：長25cm磅蛋糕模，1個｜溫度：170℃｜時間：50分鐘｜難度：★★☆〕

麵糊
- 無鹽奶油200g
- 細砂糖160g
- 香草砂糖1包（8g）
- 低筋麵粉250g
- 雞蛋4顆
- 泡打粉1小匙
- 牛奶 1大匙

餡料
- 蘭姆酒2大匙
- 杏桃乾60g
- 藍莓乾50g
- 蔓越莓乾30g
- 核桃仁50g

裝飾
- 杏桃果醬2大匙
- 水1大匙

工具
- 攪拌盆
- 電動攪拌機
- 網篩
- 矽膠刮刀
- 烘焙紙
- 長25cm磅蛋糕模
- 刀子
- 冷卻架
- 鍋子
- 烘焙刷

準備

A 杏桃乾切成4等份；核桃仁保留幾顆作裝飾，剩下的切成小塊。

B 所有果乾用蘭姆酒浸泡2～3小時。

C 雞蛋、奶油放常溫退冰，至少30分鐘。

D 低筋麵粉、泡打粉混合後，過篩兩次。

E 磅蛋糕模內鋪好烘焙紙。

F 烤箱以170℃預熱10分鐘。

作法

製作麵糊

1 攪拌盆中放入常溫軟化的奶油，使用電動攪拌機，以最低速攪拌10秒，稍微打鬆。

2 分次倒入細砂糖、香草砂糖，以最低速攪拌2分鐘，奶油打至泛白呈絲絨狀。

3 分次加入雞蛋，每放入一顆，以最低速攪打1分鐘，使蛋液完全被吸收。

4 篩入低筋麵粉和泡打粉後，加入牛奶，用刮刀輕柔拌勻。

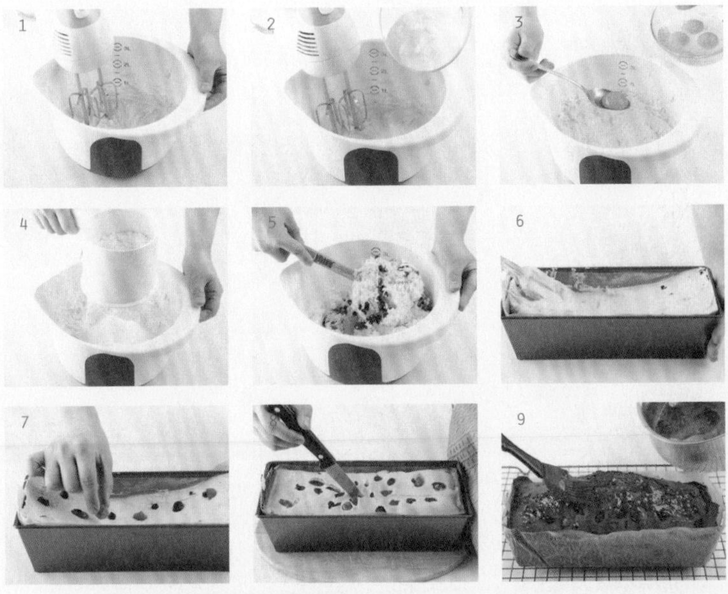

加入餡料

5 留一些浸泡過蘭姆酒的果乾稍後作裝飾，其餘都加入麵糊中一起攪拌均勻。

烘烤

6 麵糊倒入鋪好烘焙紙的磅蛋糕模中，用刮刀將表面整型成中間低、兩端高的圓弧狀。

7 將預留的果乾和核桃仁裝飾在麵糊表面。放入烤箱，以170℃先烤15分鐘。

8 取出烤模，用刀子在中央劃一道深度1cm的長割痕，使蛋糕能膨脹得更完全。重新放入烤箱，烤35分鐘。出爐後，脫模放冷卻架降溫。

裝飾

9 鍋中放入杏桃果醬和水拌勻，用大火煮2分鐘，煮成糖液後，塗抹在蛋糕表面。

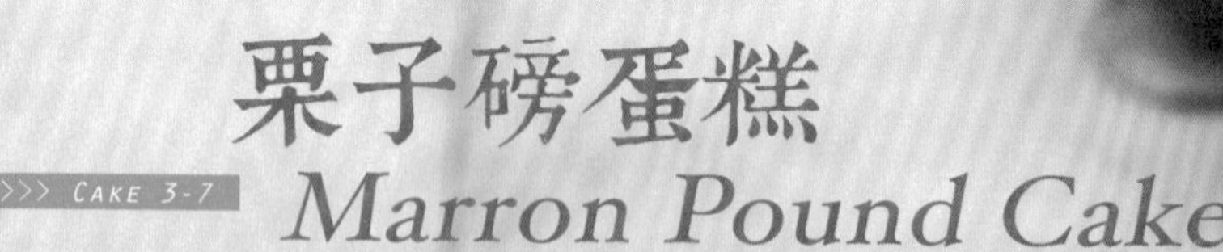

栗子磅蛋糕

>>> CAKE 3-7

Marron Pound Cake

材料 〔份量：8×15cm磅蛋糕模，2個｜溫度：170℃｜時間：35～40分鐘｜難度：★★☆〕

麵糊
- 無鹽奶油100g
- 細砂糖80g
- 香草砂糖1包（8g）
- 雞蛋2顆
- 低筋麵粉80g
- 杏仁粉40g
- 泡打粉1/2小匙
- 剝殼栗子100g
- 核桃仁30g

裝飾
- 剝殼栗子6粒
- 杏桃果醬3大匙
- 水1大匙

工具
- 攪拌盆
- 電動攪拌機
- 網篩
- 矽膠刮刀
- 烘焙紙
- 8×15cm磅蛋糕模
- 刀子
- 冷卻架
- 鍋子
- 烘焙刷

準備

Ⓐ 雞蛋、奶油放常溫退冰，至少30分鐘。
Ⓑ 低筋麵粉、泡打粉混合後，過篩兩次。
Ⓒ 麵糊用栗子和核桃仁切成小塊。
Ⓓ 磅蛋糕模內鋪好烘焙紙。
Ⓔ 烤箱以170℃預熱10分鐘。

作法

製作麵糊

1 攪拌盆中放入常溫軟化的奶油，用電動攪拌機以最低速攪拌10秒，稍微打鬆。

2 分次加入細砂糖、香草砂糖，以最低速攪拌2分鐘，將奶油打至泛白呈絲絨狀。

3 分次加入雞蛋，每放入1顆，以最低速攪拌1分鐘，使蛋液完全被吸收。

4 篩入低筋麵粉、泡打粉及杏仁粉，用刮刀輕柔拌勻。

填入內餡

5 倒入切小塊的栗子和核桃仁，用刮刀攪拌均勻。

烘烤&裝飾

6 麵糊倒入鋪好烘焙紙的磅蛋糕模中。

7 用刮刀將表面整型成中間低、兩端高的圓弧狀後，放上裝飾用栗子。放入烤箱，以170℃烤35～40分鐘。

8 烤好後取出脫模，放冷卻架上降溫。杏桃果醬和水放入鍋中混合，用大火煮2分鐘，煮成糖液後，刷在蛋糕表面。

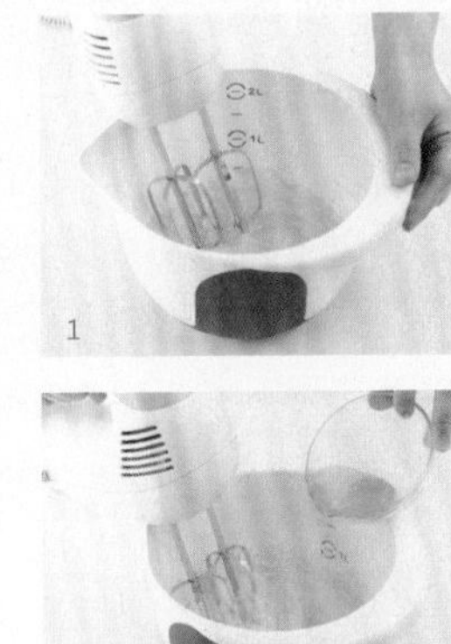

1

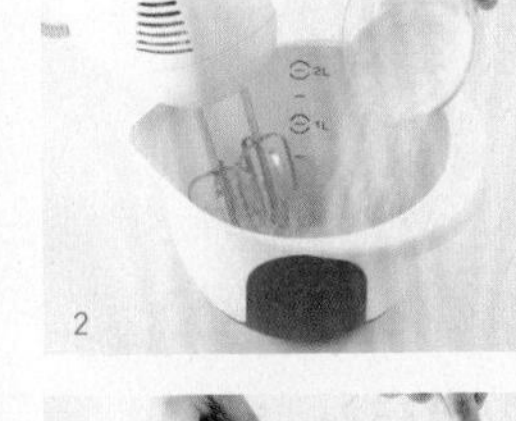

2

3

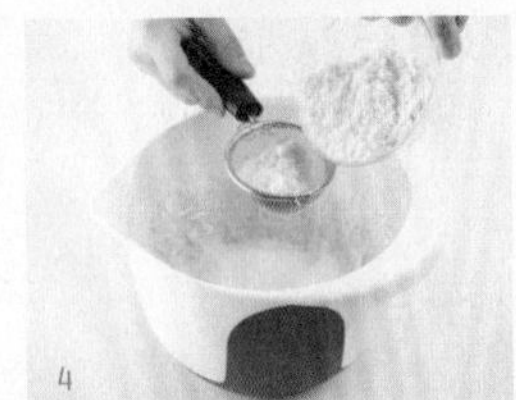

4

5

6

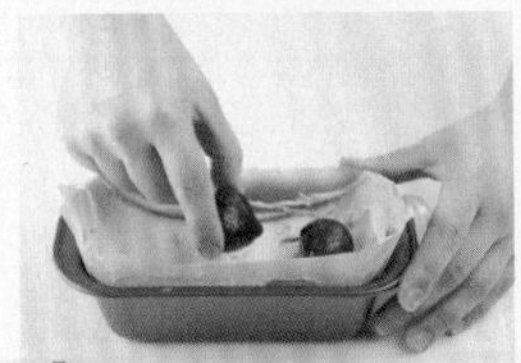

7

8

Baking Tip

磅蛋糕除了使用一般長方形烤模，也可以使用圓形、正方形等各種形狀，或是各式烘焙紙杯製作。內餡也可以替換成南瓜、地瓜、葡萄乾、胡桃等食材，製作成不同口味的磅蛋糕。

大理石蛋糕

>>> CAKE 3-8 *Marble Cake*

材料 〔份量：直徑11cm咕咕洛芙模，4個｜溫度：170℃｜時間：40分鐘｜難度：★★☆〕

基礎麵團
- 無鹽奶油120g
- 細砂糖100g
- 鹽1/8小匙
- 香草砂糖1包（8g）
- 低筋麵粉150g
- 雞蛋3顆
- 泡打粉1小匙
- 蘭姆酒1大匙

巧克力麵糊
- 無糖可可粉1大匙
- 巧克力豆50g
- 牛奶2大匙

裝飾
- 防潮糖粉20g

工具
- 攪拌盆
- 電動攪拌機
- 網篩
- 矽膠刮刀
- 烘焙紙
- 直徑11cm咕咕洛芙烤模
- 烤盤
- 叉子
- 冷卻架

準備

A 雞蛋、奶油、牛奶放常溫退冰，至少30分鐘。

B 低筋麵粉、泡打粉混合後，過篩兩次。

C 咕咕洛芙模內塗抹烤盤油。

D 烤箱以170℃預熱10分鐘。

作法

製作基礎麵團

1 攪拌盆中放入常溫軟化的奶油，用電動攪拌機以最低速攪拌10秒，稍微打鬆。

2 分次加入細砂糖、香草砂糖、鹽，以最低速攪拌2分鐘，奶油打至泛白呈絲絨狀。

3 分次加入雞蛋，每放入1顆，以最低速攪拌1分鐘，使蛋液完全被吸收。

4 篩入低筋麵粉和泡打粉後，加入藍姆酒，用刮刀輕柔拌勻。

1

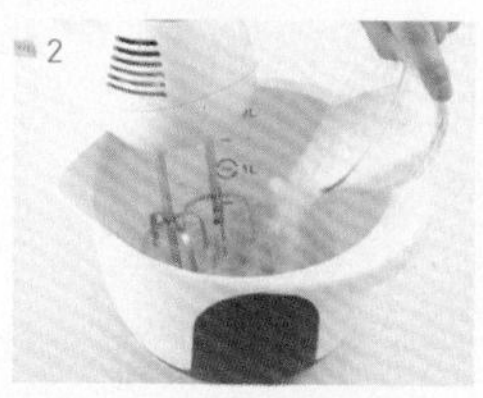
2

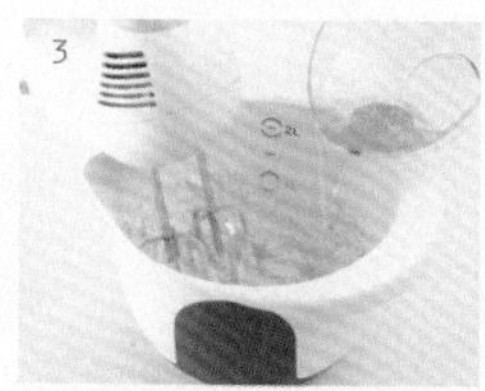
3

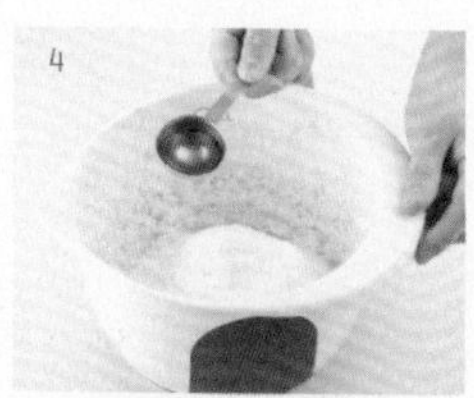
4

5

6

7

8

製作巧克力麵糊

5 1/3的基礎麵團倒入另一個攪拌盆中，篩入可可粉。

6 加入巧克力豆和牛奶，用刮刀輕柔拌勻，完成巧克力麵糊。

7 基礎麵糊和巧克力麵糊交錯放入咕咕洛芙模中。

9

烘烤&裝飾

8 用叉子在麵糊中繞轉2～3圈，做出大理石紋路。放入烤箱，以170℃烤40分鐘。

9 蛋糕烤好後脫模，放冷卻架上充分降溫。撒上防潮糖粉裝飾。

Baking Tip

越大的烤模，熱傳導速度越慢，經常發生蛋糕沒烤熟的情形。此時可以用一支長籤插入麵糊中央作測試，竹籤上若沒有沾黏麵糊就表示蛋糕烤熟了。測試用的長籤材質以竹製或木製為佳。

香蕉咕咕洛芙蛋糕

>>> CAKE 3-9
# *Banana Kugelhop*

材料 〔份量：直徑16cm咕咕洛芙模，1個｜溫度：180℃｜時間：40～45分鐘｜難度：★☆☆〕

麵糊
- 香蕉100g
- 檸檬汁1小匙
- 蛋黃2顆
- 細砂糖30g
- 檸檬皮末1/2顆
- 低筋麵粉50g
- 杏仁粉50g
- 泡打粉1/4小匙

蛋白霜
- 蛋白2顆
- 細砂糖30g

工具
- 果皮刨刀
- 攪拌盆
- 矽膠刮刀
- 打蛋器
- 電動攪拌機
- 網篩
- 直徑16cm咕咕洛芙模
- 冷卻架

準備

Ⓐ 雞蛋的蛋黃和蛋白分離，蛋白放冰箱冷藏。

Ⓑ 檸檬清洗乾淨，用果皮刨刀將黃色表皮刨下來。

Ⓒ 低筋麵粉、泡打粉過篩兩次。

Ⓓ 咕咕洛芙模內塗抹烤盤油。

Ⓔ 烤箱以180℃預熱10分鐘。

作法

製作麵糊

1 先將香蕉壓成泥狀，倒入檸檬汁一起攪拌均勻。

2 攪拌盆中放入常溫的蛋黃，用電動攪拌機以最高速稍微打散後，加入細砂糖和刨好的檸檬皮末拌勻，以最高速打發成緞帶狀。

打發蛋白霜

3 取另一個攪拌盆，放入冰涼的蛋白，用電動攪拌機以最高速攪打30秒。蛋白開始膨脹發泡時，分2～3次放入細砂糖，攪打2～3分鐘，完成乾性發泡的蛋白霜，呈三角形附著在攪拌棒上。

4 1/2的低筋麵粉、泡打粉及杏仁粉篩入步驟2中，用刮刀輕柔拌勻。再加入1/2的蛋白霜，用刮刀輕柔拌勻。

5 加入剩餘的低筋麵粉、泡打粉、杏仁粉、蛋白霜，用刮刀輕柔地拌勻。

6 最後倒入拌好的香蕉泥和檸檬汁，一起攪拌均勻。

7 麵糊倒入抹好烤盤油的咕咕洛芙模。拿起烤模，在桌面輕敲幾下。

烘烤

8 放入預熱好的烤箱，以180℃烤45～50分鐘。烤好後，連同烤模一起放冷卻架上10分鐘，稍微降溫，再脫模繼續放涼。

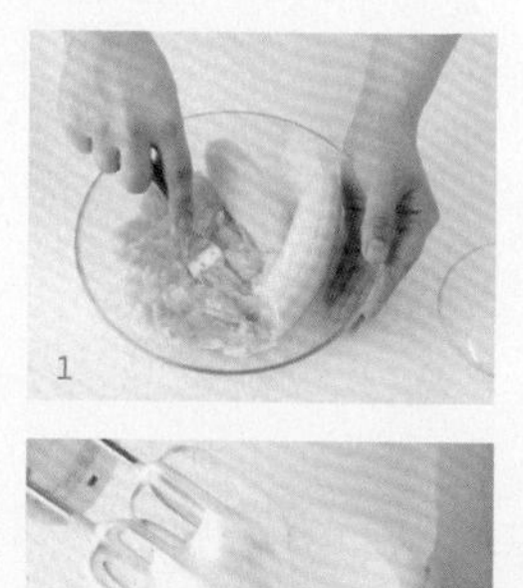

1

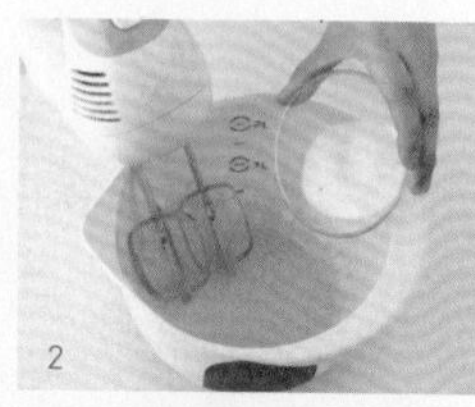

2

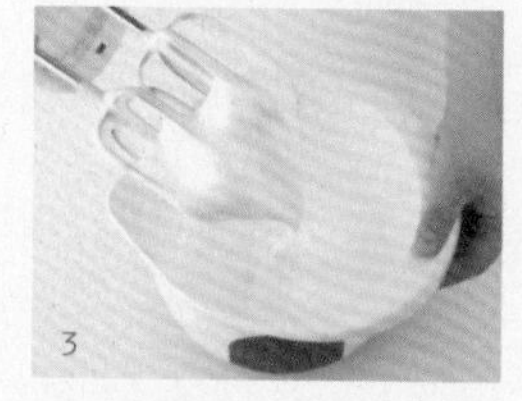

3

4

5

6

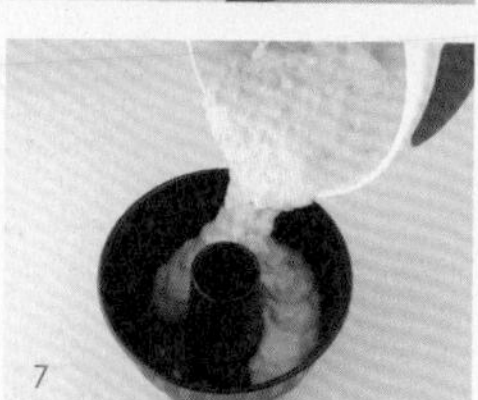

7

8

Baking Tip

使用咕咕洛芙這種紋路較多的烤模時，倒入麵糊後請將烤模稍微抬高，在桌面上輕摔幾下，使麵糊緊密貼合在烤模的每個紋理，才能烤出一頂漂亮的皇冠。香蕉咕咕洛芙蛋糕烤好後，撒上一些防潮糖粉或是淋上香蕉的絕佳搭檔——巧克力醬，就是一道令人眼睛一亮的氣派點心了！

軟心巧克力布朗尼

>>> CAKE 3-10

Fudge Brownie

材料 〔份量：20×20cm方形烤模，1個｜溫度：170℃｜時間：30分鐘｜難度：★★☆〕

麵糊
- 調溫黑巧克力120g
- 無鹽奶油135g
- 細砂糖150g
- 香草砂糖1包（8g）
- 蛋黃4顆
- 蛋白3顆
- 低筋麵粉100g
- 無糖可可粉25g
- 泡打粉1/2小匙
- 胡桃仁50g

裝飾
- 胡桃仁20g

工具
- 鍋子
- 矽膠刮刀
- 攪拌盆
- 打蛋器
- 網篩
- 烘焙紙
- 20×20cm方形烤模

準備

Ⓐ 調溫黑巧克力切成小塊狀。
Ⓑ 低筋麵粉、可可粉、泡打粉混合後，過篩兩次。
Ⓒ 麵糊用胡桃仁切成小塊。
Ⓓ 方形烤模內鋪好烘焙紙。
Ⓔ 烤箱以170℃預熱10分鐘。

作法

製作麵糊

1 鍋子中放入奶油，開中火加熱融化後，倒入切碎的黑巧克力一起融解。
2 融化的奶油和黑巧克力倒入攪拌盆，加入細砂糖和香草砂糖，用打蛋器攪拌至砂糖顆粒完全溶解。
3 加入雞蛋，用打蛋器攪拌均勻。
4 篩入低筋麵粉、可可粉、泡打粉，用刮刀攪拌均勻。
5 最後加入切小塊的胡桃仁，輕柔地攪拌均勻。
6 布朗尼麵糊倒入鋪好烘焙紙的烤模中，用刮刀將麵糊表面整平。

裝飾&烘烤

7 麵糊表面放上胡桃仁裝飾。放入預熱好的烤箱以170℃烤30分鐘。

1

2

3

4

5

6

7

Baking Tip

和一般布朗尼相比，軟心巧克力布朗尼的口感更近似於生巧克力，是較濕潤的蛋糕種類。如果覺得用黑巧克力做的布朗尼太苦澀，可以改用牛奶巧克力或含糖的可可粉融入奶油中。若你是巧克力重度愛好者，可以在添加胡桃仁時，另外再加一些切碎的巧克力塊，即可一次品嘗到多種層次的巧克力！

>>> CAKE 3-11

藍莓迷你瑪芬
Blueberry Mini Muffin

材料 〔份量：迷你瑪芬紙杯，8個｜溫度：170℃｜時間：25～30分鐘｜難度：★☆☆〕

麵糊
- 無鹽奶油100g
- 細砂糖80g
- 香草砂糖1包（8g）
- 蛋黃3顆
- 蛋白1顆
- 低筋麵粉125g
- 泡打粉1小匙
- 牛奶 2大匙
- 蘭姆酒1大匙
- 藍莓乾80g

工具
- 攪拌盆
- 電動攪拌機
- 網篩
- 矽膠刮刀
- 迷你瑪芬紙杯

準備

Ⓐ 奶油、蛋黃放常溫退冰，至少30分鐘。
Ⓑ 低筋麵粉、泡打粉混合後，過篩兩次。
Ⓒ 牛奶和蘭姆酒隔水加熱
Ⓓ 烤箱以170℃預熱10分鐘。

作法

製作麵糊

1 攪拌盆中放入常溫軟化的奶油，用電動攪拌機以最低速攪拌30秒，將奶油打鬆。

2 分2～3次倒入細砂糖和香草砂糖，以最低速攪打2分鐘，將奶油打至泛白呈絲絨狀。

3 分次倒入3顆蛋黃和1顆蛋白，每倒入1顆，以最低速攪打1分鐘，使蛋液完全被吸收。

4 篩入低筋麵粉和泡打粉，用刮刀輕柔攪拌至看不見麵粉顆粒為止。

5 保留一些藍莓乾稍後作裝飾，剩餘的藍莓乾和溫熱的牛奶及蘭姆酒一起加入麵糊中攪拌均勻。

6 拌好的麵糊分裝入瑪芬紙杯中，約8分滿即可。

烘烤

7 預留的藍莓乾裝飾在麵糊表面。放入烤箱以170℃烤25～30分鐘。

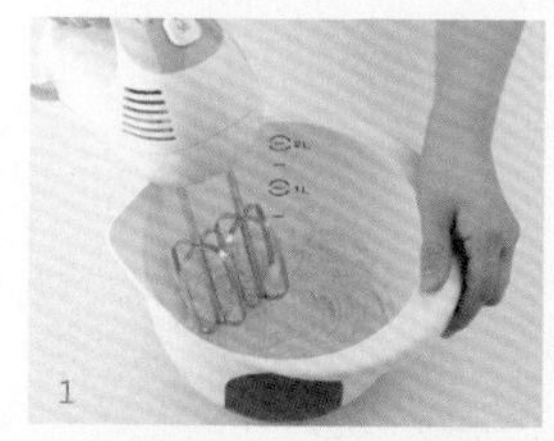
1

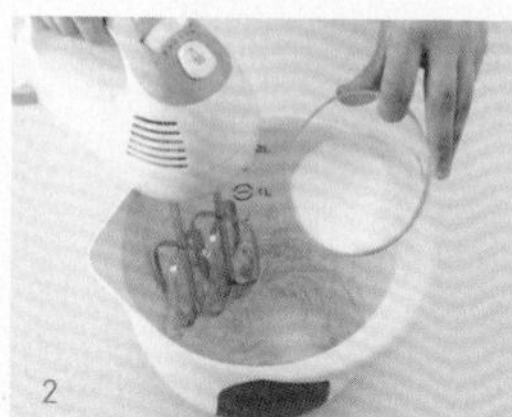
2

3

4

5

6

7

Baking Tip

迷你瑪芬的大小約是1～2口的份量，造型小巧可愛。可以依據個人喜好將材料變換成核桃、葡萄乾等堅果、果乾，或是巧克力豆，做出各種口味的迷你瑪芬。此外也可以在瑪芬蛋糕表面做一些奶酥或鮮奶油霜加以變化。

柳橙杯子蛋糕

>>> CAKE 3-12

Orange Cup Cake

材料 〔份量：烘烤襯紙杯，5～6個｜溫度：170℃｜時間：25～30分鐘｜難度：★☆☆〕

麵糊
- 柳橙（取皮末）1/2顆
- 奶油65g
- 細砂糖50g
- 香草砂糖1包（8g）
- 鹽1/8小匙
- 雞蛋1顆
- 低筋麵粉45g
- 玉米粉20g
- 泡打粉1/4小匙
- 杏仁粉20g
- 糖漬橙皮30g
- 柳橙汁25ml

裝飾
- 柳橙（切片用）1/2顆
- 柳橙汁1大匙
- 杏桃果醬2大匙

工具
- 果皮刨刀
- 攪拌盆
- 電動攪拌機
- 網篩
- 矽膠刮刀
- 烘烤襯紙杯
- 杯形烤盤
- 湯匙
- 冷卻架
- 鍋子
- 烘焙刷

準備

Ⓐ 奶油、雞蛋放常溫退冰，至少30分鐘。

Ⓑ 低筋麵粉、玉米粉、泡打粉、杏仁粉各過篩兩次。

Ⓒ 烤箱以170℃預熱10分鐘。

作法

製作麵糊

1 1/2顆柳橙的橘色皮末用果皮刨刀刨下。柳橙果肉部分切成厚度各0.5cm的薄片，切除邊緣白色部分。

2 攪拌盆中放入常溫軟化的奶油，用電動攪拌機以最低速攪拌30秒，打鬆奶油。

3 分2～3次加入細砂糖、香草砂糖、鹽，以最低速攪打2分鐘，將奶油打至泛白呈絲絨狀。

4 加入常溫雞蛋，以最低速攪拌1分鐘，使蛋液完全被吸收。倒入刨好的柳橙皮末，用刮刀攪拌均勻。

5 篩入低筋麵粉、玉米粉、泡打粉、杏仁粉，用刮刀輕柔攪拌均勻，直到看不見麵粉顆粒為止。最後倒入糖漬橙皮、柳橙汁拌勻。

6 襯紙杯放入杯形烤盤中，紙杯底鋪上一片切好的柳橙片。

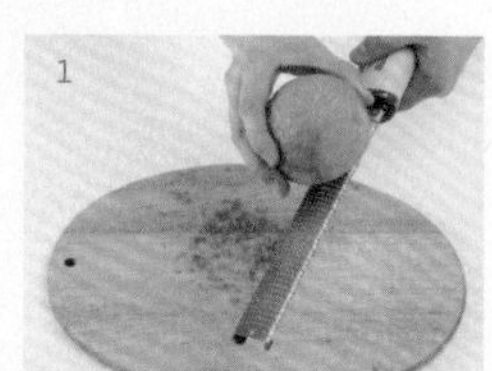
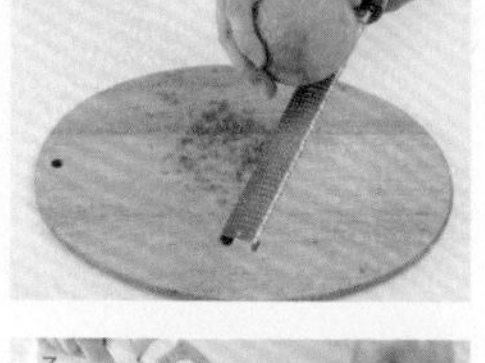
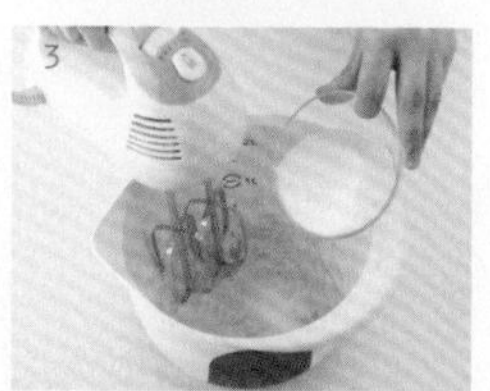
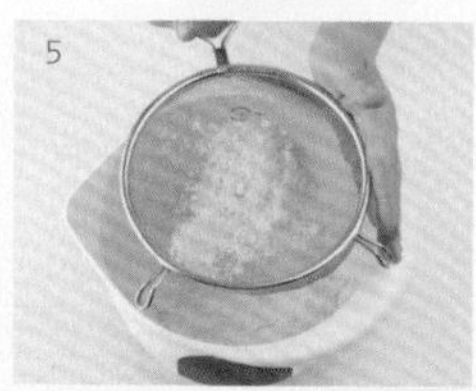
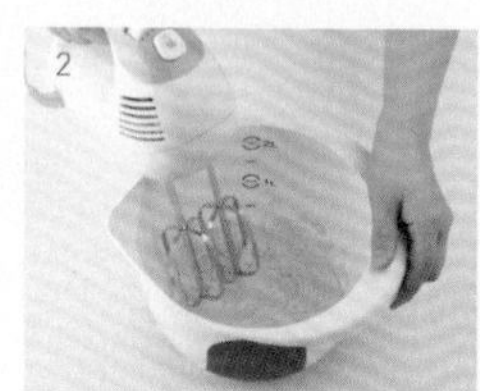
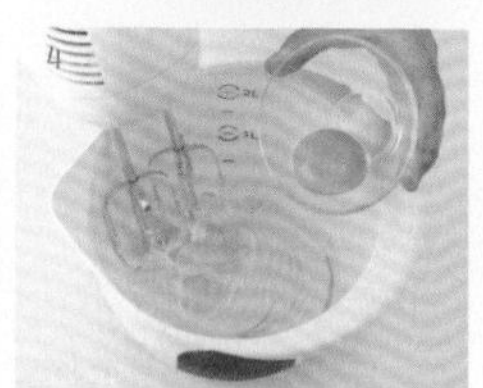

烘烤

7 倒入麵糊，約8分滿即可。放入烤箱以170℃烤25～30分鐘。

裝飾

8 鍋中放入柳橙汁、杏桃果醬，用大火煮1分鐘，煮成濃稠糖液。

9 蛋糕出爐後，撕掉襯紙杯，底部朝上放置，刷上柳橙糖液。

Baking Tip

用柳橙汁取代水製作糖液，可以使糖液的味道與蛋糕一致，散發柳橙的酸甜與香氣。使用烘烤襯紙杯製作杯子蛋糕時，搭配杯形烤盤一起使用，更能維持蛋糕的杯子形狀。

串珠杯子蛋糕

>>> CAKE 3-13 **Beads Cup Cake**

材料　〔份量：烘烤襯紙杯，6個｜溫度：170℃｜時間：25～30分鐘｜難度：★★☆〕

麵糊
- 細砂糖60g
- 香草砂糖1包（8g）
- 雞蛋1顆
- 香草油2～3滴
- 橄欖油40ml
- 低筋麵粉125g
- 泡打粉1/2小匙
- 牛奶2大匙
- 蘭姆酒1大匙

裝飾
- 植物性鮮奶油200ml
- 香橙酒1大匙
- 可可粉適量
- 抹茶粉適量
- 草莓粉適量
- 防潮糖粉適量

工具
- 攪拌盆
- 電動攪拌機
- 網篩
- 矽膠刮刀
- 烘烤襯紙杯
- 杯形烤盤
- 冷卻架
- 圓口擠花嘴
- 擠花袋

準備

Ⓐ 雞蛋放常溫退冰，至少30分鐘。

Ⓑ 低筋麵粉、泡打粉混合後，過篩兩次。

Ⓒ 牛奶、蘭姆酒隔水加熱。

Ⓓ 烤箱以170℃預熱10分鐘。

作法

製作麵糊

1 攪拌盆中打入常溫的雞蛋，使用電動攪拌機，以最高速攪打30秒，打至起泡沫。

2 分次加入細砂糖、香草砂糖、香草油，以最高速攪打2分鐘，打發成淺奶油色的蓬鬆泡沫。

3 分次慢慢倒入橄欖油，以最高速攪拌均勻。

4 篩入低筋麵粉、泡打粉，用刮刀輕柔攪拌至看不見麵粉顆粒。倒入加熱好的牛奶、蘭姆酒攪拌均勻。

烘烤

5 襯紙杯放入杯形烤盤中，倒入麵糊，約8分滿即可。以170℃烤25～30分鐘，烤好後，放置在冷卻架上充分降溫。

裝飾

6 取另一個攪拌盆，倒入植物性鮮奶油。用電動攪拌機以最高速打2～3分鐘，打發成不會流動的全打發鮮奶油霜。最後拌入香橙酒，增加香氣。

7 鮮奶油霜倒入裝有圓口擠花嘴的擠花袋中，在杯子蛋糕表面擠滿水滴狀鮮奶油霜。

8 可可粉、抹茶粉、草莓粉、防潮糖粉撒在鮮奶油霜上裝飾。

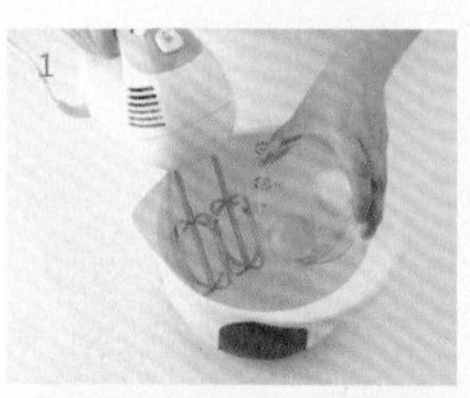

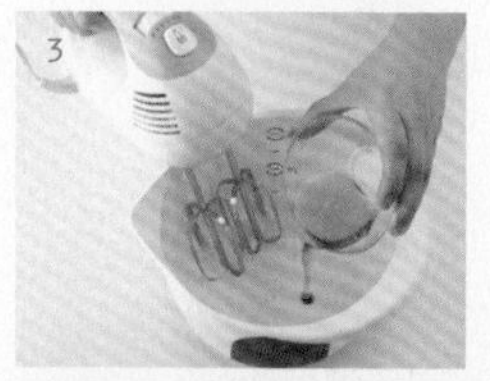

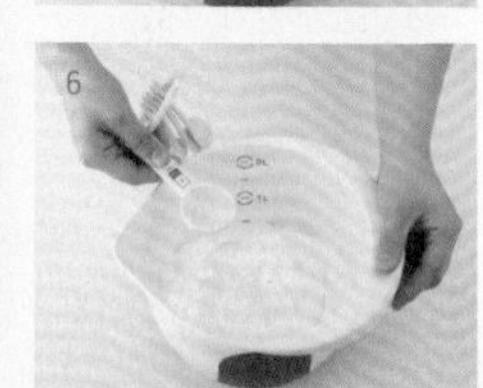

Baking Tip

將色彩鮮豔的粉類食材撒在水珠狀鮮奶油霜上，就像是用一顆顆五彩繽紛的串珠裝飾著杯子蛋糕。也可以試試運用不同形狀的擠花嘴和各種裝飾食材設計具有個人風格的杯子蛋糕喔！

TIP

製作需要長時間烘烤的蛋糕時，建議使用香草油代替香草精，更能維持香草的濃郁香氣。

蜂蜜檸檬杯子蛋糕

>>> CAKE 3-14 Honey Lemon Cup Cake

材料 〔份量：迷你瑪芬紙杯，6個｜溫度：170℃｜時間：25～30分鐘｜難度：★☆☆〕

麵糊
- 無鹽奶油50g
- 細砂糖30g
- 蜂蜜1大匙
- 雞蛋1顆
- 低筋麵粉120g
- 泡打粉1小匙
- 牛奶60ml
- 檸檬汁1小匙

裝飾
- 動物性鮮奶油50ml
- 細砂糖 5g
- 檸檬1片（切成6等份）
- 薄荷葉適量

工具
- 網篩
- 攪拌盆
- 電動攪拌機
- 矽膠刮刀
- 迷你瑪芬紙杯
- 冷卻架
- 圓口擠花嘴
- 擠花袋

準備

Ⓐ 奶油、雞蛋放常溫退冰，至少30分鐘。
Ⓑ 牛奶隔水加熱。
Ⓒ 低筋麵粉、泡打粉混合後，過篩兩次備用。
Ⓓ 烤箱以170℃預熱10分鐘。

作法

製作麵糊

1 攪拌盆中放入常溫軟化的奶油，用電動攪拌機以最低速攪拌30秒，將奶油打鬆。

2 分2～3次加入細砂糖、蜂蜜，以最低速攪打2分鐘，將奶油打至泛白呈絲絨狀。

3 加入常溫的雞蛋，以最低速攪打1分鐘，使蛋液完全被吸收。

4 篩入低筋麵粉、泡打粉，用刮刀攪拌至看不見麵粉顆粒。

5 倒入隔水加熱的牛奶及檸檬汁，用刮刀攪拌均勻後，將拌好的麵糊倒入瑪芬紙杯中，約8分滿即可。

烘烤

6 放入預熱好的烤箱以170℃烤25～30分鐘。烤好後放冷卻架上降溫。

裝飾

7 取另一個攪拌盆，倒入冰涼的鮮奶油，以最高速攪打10秒後，分次倒入細砂糖攪打1分鐘，打發成不會流動的全打發鮮奶油霜。

8 鮮奶油霜倒入裝有圓口擠花嘴的擠花袋中，在蛋糕上擠花。

9 插上切成6等份的扇型檸檬片和薄荷葉作裝飾。

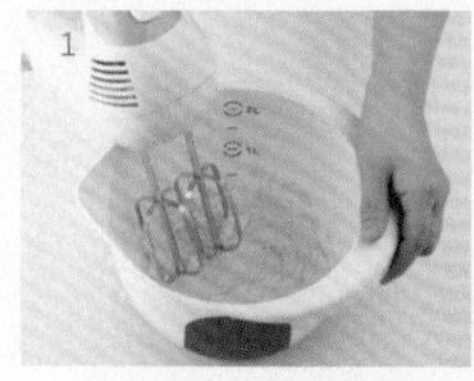
1

2

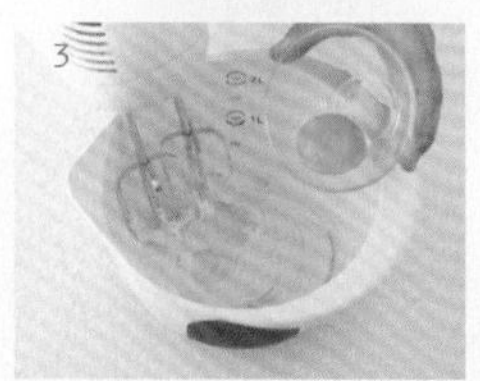
3

4

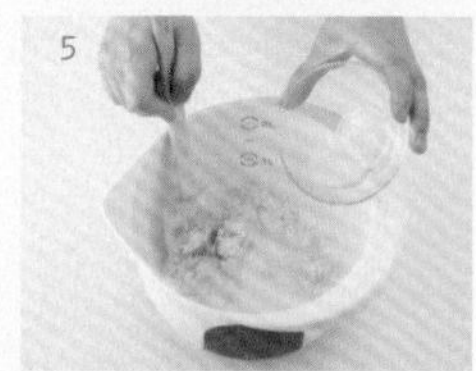
5

6

7

8

TIP

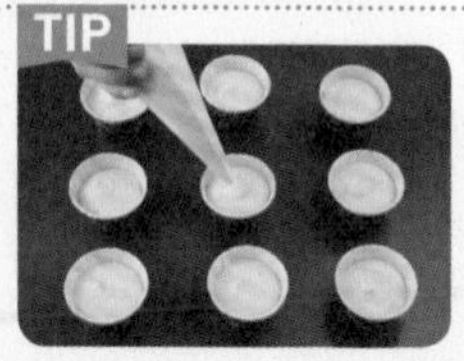

麵糊在烘烤時會膨脹，因此麵糊的最佳盛裝份量為紙杯的7～8分滿。

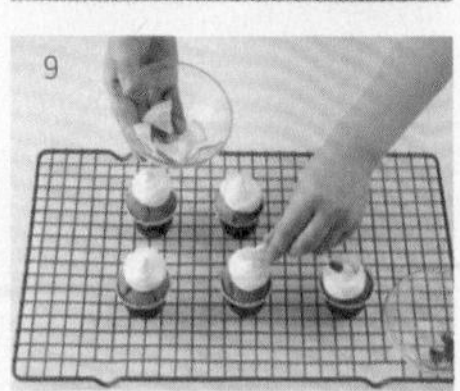
9

熔岩巧克力蛋糕

>>> CAKE 3-15

Fondant Chocolat

材料 〔份量：杯形烤盤，6個｜溫度：180℃｜時間：10～12分鐘｜難度：★★☆〕

麵糊
- 無鹽奶油60g
- 調溫黑巧克力A140g
- 細砂糖40g
- 香草砂糖1包（8g）
- 雞蛋2顆
- 低筋麵粉 20g
- 無糖可可粉5g

甘納許
- 動物性鮮奶油50ml
- 水麥芽1大匙
- 調溫黑巧克力100g
- 草莓20顆

裝飾
- 防潮糖粉20g

工具
- 鍋子
- 打蛋器
- 攪拌盆
- 網篩
- 矽膠刮刀
- 杯形烤盤
- 湯匙
- 擠花袋

準備

Ⓐ 奶油、雞蛋放常溫退冰，至少30分鐘。

Ⓑ 低筋麵粉、可可粉混合後，過篩兩次。

Ⓒ 草莓洗淨並切成小塊。

Ⓓ 杯形烤盤內塗抹烤盤油。

Ⓔ 烤箱以180℃預熱10分鐘。

作法

製作麵糊

1 鍋中放入奶油及調溫黑巧克力，加熱至完全融化後倒入攪拌盆中。

2 加入細砂糖、香草砂糖，用打蛋器攪拌至砂糖顆粒融化。加入雞蛋，繼續攪拌均勻。

3 篩入低筋麵粉、可可粉，用刮刀輕柔攪拌均勻。

製作甘納許

4 取另一個鍋子，倒入鮮奶油和水麥芽，以中火加熱，煮至鍋子邊緣冒出小氣泡時熄火。

5 倒入調溫黑巧克力，用刮刀攪拌至完全融化。在常溫下靜置，冷卻後裝入擠花袋中。

6 用湯匙將步驟3的蛋糕麵糊裝入杯形烤盤中，約5分滿即可。

7 麵糊中央分別注入甘納許巧克力醬。

8 放入2～3塊草莓塊，再以蛋糕麵糊覆蓋，填至8分滿即可。

> **TIP** 內餡可以購買市售的巧克力甘納許替代，減少製作時間。

烘烤

9 放入烤箱以180℃烤10～12分鐘。烤好後撒上防潮糖粉裝飾。

Baking Tip

熔岩巧克力蛋糕在鬆軟的外皮內包覆著濃醇熱燙的巧克力醬，是一道十分美味的法國甜點。熔岩巧克力蛋糕若烘烤太久，蛋糕體和內餡會熟化，變得乾硬。烤好的熔岩巧克力蛋糕請立即品嘗，才能吃到流洩的巧克力熔漿。烘烤容器可以改用一般可烘烤的家用杯子、布丁杯或是拋棄式烘烤紙杯。

紐約乳酪蛋糕

>>> CAKE 3-16 New York Cheese Cake

材料 〔份量：直徑15cm圓形烤模，1個｜溫度：160℃｜時間：50～60分鐘｜難度：★★☆〕

蛋糕底
- 厚度1cm的海綿蛋糕1片

乳酪餡
- 奶油乳酪250g
- 酸奶油100g
- 動物性鮮奶油80ml
- 細砂糖100g
- 香草砂糖 1包（8g）
- 蛋黃3顆
- 檸檬汁1小匙
- 玉米粉2大匙

工具
- 攪拌盆
- 電動攪拌機
- 網篩
- 矽膠刮刀
- 直徑15cm圓形烤模
- 烘焙紙
- 刮板
- 鋁箔紙

準備

Ⓐ 參照p.140做好厚度1cm的海綿蛋糕基底。

Ⓑ 奶油乳酪、酸奶油、鮮奶油、雞蛋放常溫退冰，至少30分鐘。

Ⓒ 圓形烤模內鋪好烘焙紙。

Ⓓ 烤箱以160℃預熱10分鐘。

作法

製作乳酪餡

1 攪拌盆中放入常溫軟化的奶油乳酪，用電動攪拌機以最低速攪拌20秒，打鬆奶油乳酪。

2 倒入酸奶油、鮮奶油，繼續以最低速攪拌10秒，稍微拌勻。

3 分次加入細砂糖、香草砂糖，以最低速攪拌1分鐘，使砂糖溶解，呈現細緻的乳霜狀。

4 倒入蛋黃，以最低速攪拌1分鐘，使蛋黃完全被吸收。

5 倒入檸檬汁，以最低速攪拌均勻。

6 篩入玉米粉，用刮刀輕柔地翻拌均勻。

7 厚度1cm的海綿蛋糕放入鋪好烘焙紙的圓形烤模內。

1

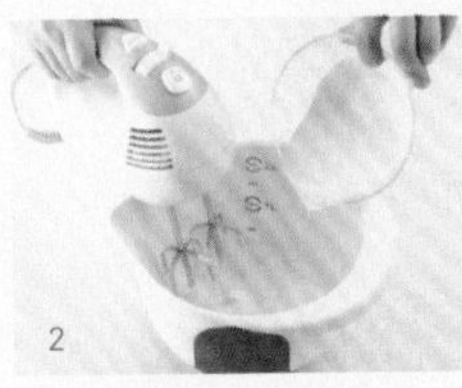
2

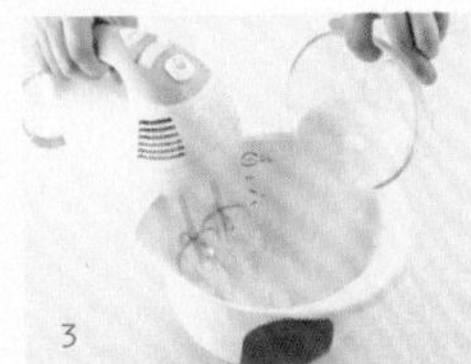
3

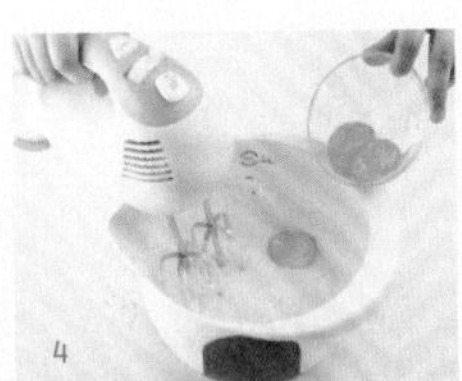
4

5

6

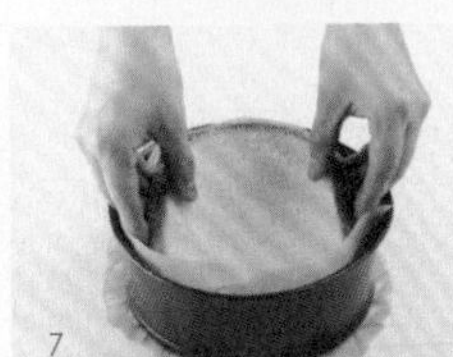
7

8

烘烤

8 倒入乳酪餡，用刮板抹平表面。放入烤箱以160℃烤50～60分鐘。

TIP

烘烤時，若乳酪餡表面很快就變成咖啡色，用鋁箔紙覆蓋烤模頂部，可以防止蛋糕表面繼續焦化。包覆鋁箔紙時不用包得太密實，輕輕覆蓋住即可，以免乳酪餡膨脹黏住鋁箔紙。

Baking Tip

製作乳酪蛋糕的酸奶油若還有剩，可以當佐醬，搭配烤熟的馬鈴薯直接食用，或是添加入馬鈴薯沙拉、馬鈴薯美乃滋麵包中。此外還可以製作成墨西哥薄餅，再變化成墨西哥脆片或塔可等墨西哥料理。若家裡沒有酸奶油，也可使用原味優格替代，但兩者的製作原料不同，烘烤出來的乳酪蛋糕口感還是會有些差異。

雪藏乳酪蛋糕

>>> CAKE 3-17 **Rare Cheese Cake**

材料 〔份量：直徑15cm圓形慕斯圈，1個｜冷藏時間：2～3小時｜難度：★★☆〕

餅乾底
- 消化餅乾60g
- 無鹽奶油1大匙

乳酪餡
- 吉利丁粉2小匙
- 冰水4大匙
- 奶油乳酪125g
- 原味優格50g
- 細砂糖40g
- 香草砂糖1包（8g）
- 蜂蜜1小匙
- 檸檬汁1大匙
- 牛奶45ml
- 動物性鮮奶油150ml

裝飾
- 紅醋栗適量

工具
- 調理機
- 鍋子
- 矽膠刮刀
- 湯匙
- 刮板
- 攪拌盆
- 電動攪拌機
- 慕斯圈墊片
- 慕斯圍邊紙
- 直徑15cm圓形慕斯圈

準備

Ⓐ 消化餅乾放入調理機打碎。

Ⓑ 奶油乳酪、優格、牛奶放常溫退冰，至少30分鐘。

Ⓒ 鮮奶油繼續放冰箱冷藏。

Ⓓ 慕斯圈內側沾水，貼上慕斯圍邊紙。

作法

製作餅乾底

1 鍋中放入奶油，以中火加熱融化。倒入打碎的消化餅乾充分攪拌均勻。

2 慕絲圈模放在圓形墊片上，倒入步驟1，用湯匙鋪平、壓緊實，放入冰箱冷藏30分鐘。

1

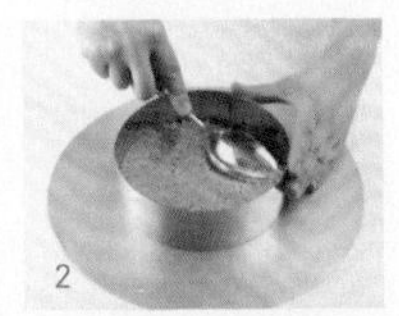

2

製作乳酪餡

3 吉利丁粉和4大匙冰水拌勻，浸泡10分鐘。

4 攪拌盆中放入奶油乳酪，使用電動攪拌機以最低速攪拌20秒打鬆後，倒入優格，攪拌10秒拌勻。

5 分次加入細砂糖、香草砂糖，以最低速攪拌1分鐘，使砂糖溶解，呈現細緻的乳霜狀。

3

4

6 倒入蜂蜜和檸檬汁，以最低速攪拌至完全均勻。

7 牛奶放入微波爐加熱30秒，加入泡水膨脹的吉利丁粉，攪拌至完全溶解。吉利丁牛奶液倒入步驟6中，以最低速攪拌10秒，混合均勻。

8 取另一個攪拌盆，倒入冰涼的鮮奶油，使用電動攪拌機以最高速攪打2～3分鐘，打發成霜淇淋狀的8分發鮮奶油霜。分次倒入步驟7中，用刮刀攪拌均勻。

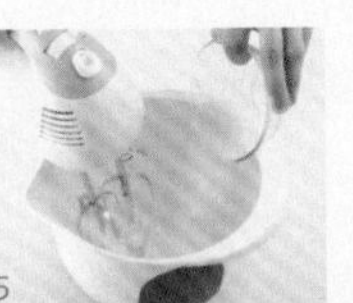

5

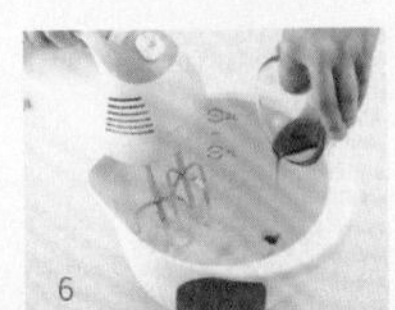

6

7

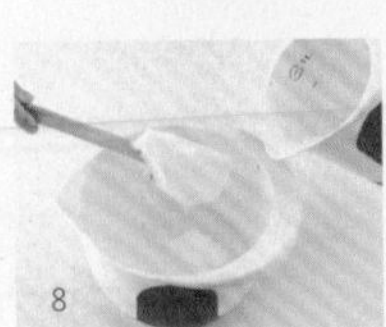

8

9

10

倒入乳酪餡&裝飾

9 從冰箱取出步驟2的餅乾底，倒入拌好的乳酪餡，用刮板抹平表面。放入冰箱冷藏2～3小時，使乳酪餡凝固。

10 紅醋栗表面沾滿細砂糖，放在蛋糕上裝飾。

Baking Tip

乳酪蛋糕大致分為三種：乳酪味道濃厚的紐約式、像泡沫般綿密的舒芙蕾式，以及不需烘烤而靠冷藏凝固的冷藏式。乳酪蛋糕的基底也有海綿蛋糕、消化餅乾、Oreo餅乾、全麥餅乾等多種選擇。各種乳酪蛋糕的風味及特色，正等著你來製作品嘗！

乳酪蛋糕條

>>> CAKE 3-18 Stick Cheese Cake

材料 〔份量：20×20cm方形烤模，1個｜溫度：170℃｜時間：40分鐘｜難度：★★☆〕

麵糊
- 奶油乳酪350g
- 細砂糖60g
- 香草砂糖1包（8g）
- 蛋黃4顆
- 檸檬汁1大匙
- 低筋麵粉2大匙
- 動物性鮮奶油200ml
- 蔓越莓乾1大匙
- 蘭姆酒 1大匙

工具
- 攪拌盆
- 電動攪拌機
- 網篩
- 矽膠刮刀
- 烘焙紙
- 20×20cm方形烤模
- 刮板

準備

A 蔓越莓乾用蘭姆酒浸泡2～3小時。
B 奶油乳酪、雞蛋放常溫退冰，至少30分鐘。
C 鮮奶油繼續放冰箱冷藏。
D 方形烤模內鋪好烘焙紙。
E 烤箱以170℃預熱10分鐘。

作法

製作麵糊

1 攪拌盆中放入常溫軟化的奶油乳酪，用電動攪拌機以最低速攪拌10秒，打鬆奶油乳酪。

2 分次加入細砂糖、香草砂糖，以最低速攪拌1分鐘，使砂糖溶解，呈現細緻的乳霜狀。

3 倒入蛋黃，每倒入1顆，以最低速攪拌1分鐘，使蛋黃完全被吸收。

4 倒入檸檬汁，以最低速攪拌均勻。

5 篩入低筋麵粉，以最低速攪拌均勻。

6 取另一個攪拌盆，倒入冰涼的鮮奶油，調最高速攪拌2～3分鐘，打發成霜淇淋狀的8分發鮮奶油霜，分兩次倒入步驟5中，用刮刀輕柔攪拌均勻。

烘烤

7 用蘭姆酒泡軟的蔓越莓乾均勻鋪在烤模底部。

8 倒入拌好的麵糊，用刮板抹平表面。放入烤箱以170℃烤40分鐘。

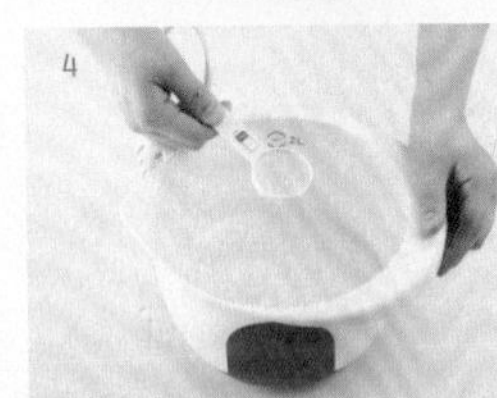

舒芙蕾乳酪蛋糕
>>> CAKE 3-19
Souffle Cheese Cake

材料 〔份量：直徑15cm圓形烤模，1個｜溫度：160℃｜時間：50～60分鐘｜難度：★★☆〕

餅乾底	• 消化餅乾60g • 無鹽奶油1大匙
乳酪餡	• 奶油乳酪 250g • 酸奶油100g • 無鹽奶油25g • 檸檬汁1大匙 • 蛋黃3顆 • 細砂糖60g • 香草砂糖1包（8g） • 低筋麵粉40g • 玉米粉15g • 牛奶80ml
蛋白霜	• 蛋白3顆 • 細砂糖45g
工具	• 攪拌盆 • 電動攪拌機 • 網篩 • 矽膠刮刀 • 直徑15cm圓形烤模 • 烘焙紙 • 刮板 • 鋁箔紙

準備

Ⓐ 參照p.140做好厚度1cm的海綿蛋糕基底。

Ⓑ 奶油乳酪、酸奶油、無鹽奶油、蛋黃、牛奶放常溫退冰，至少30分鐘。

Ⓒ 圓形烤模內鋪好烘焙紙。

Ⓓ 烤箱以160℃預熱10分鐘。

作法

製作麵糊

1 攪拌盆中放入常溫軟化的奶油乳酪，用電動攪拌機以最低速攪拌10秒，打鬆奶油乳酪。

2 倒入酸奶油、無鹽奶油、檸檬汁，以最低速攪拌10秒拌勻。

3 加入細砂糖、香草砂糖，以最低速攪拌均勻。分次加入蛋黃，以最低速攪拌至蛋黃完全被吸收。

4 篩入低筋麵粉和玉米粉。牛奶加熱後分成少量多次加入，用刮刀輕柔攪拌均勻。

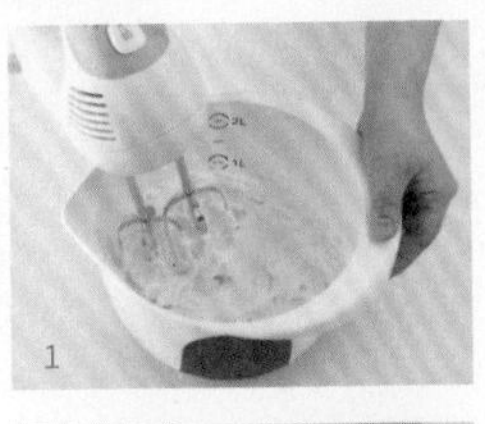
1

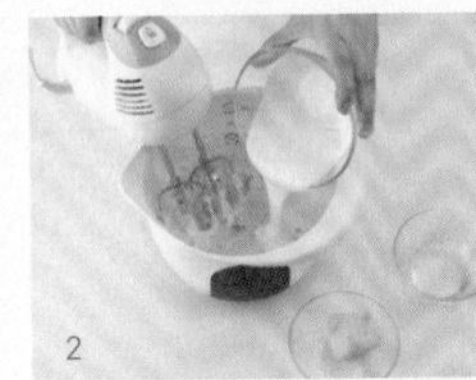
2

3

4

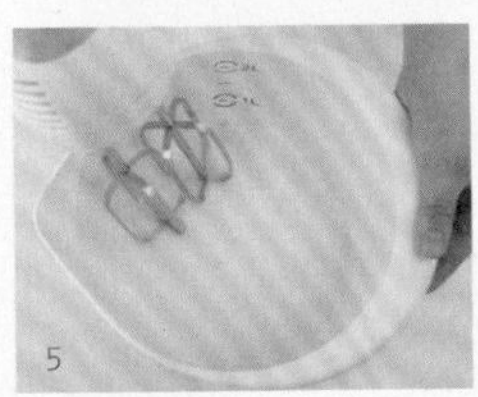
5

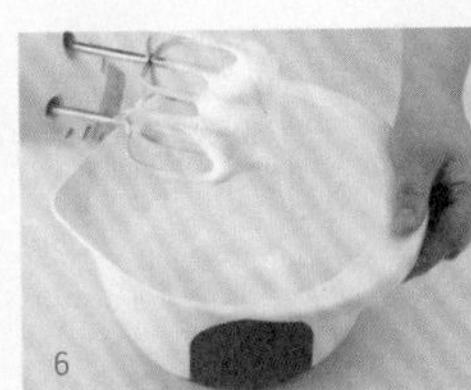
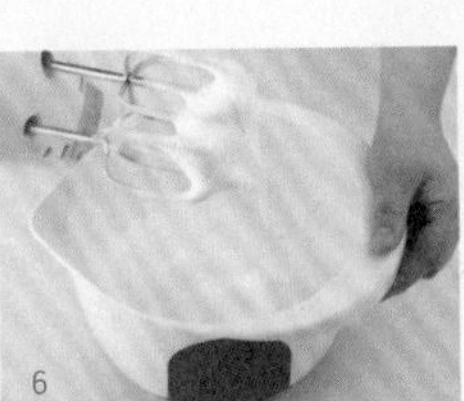
6

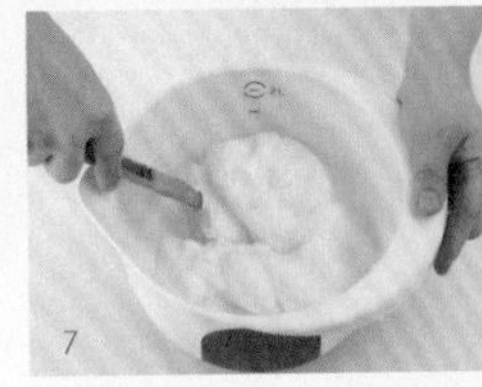
7

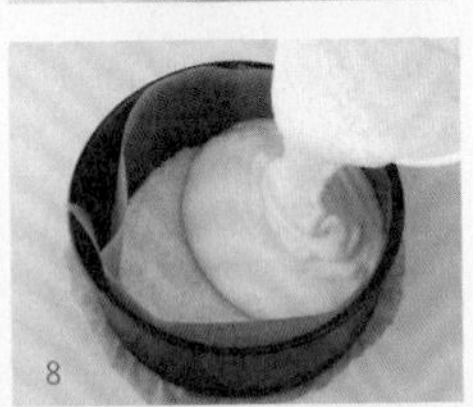
8

打發蛋白霜

5 取另一個攪拌盆，倒入冰涼的蛋白，用電動攪拌機以最高速攪打30秒。

6 蛋白開始膨脹發泡時，分2～3次放入細砂糖，攪打2～3分鐘，完成濕性發泡的蛋白霜，泡沫呈彎鉤狀附著在攪拌器上。

7 蛋白霜分三次倒入步驟4中，用刮刀輕柔攪拌均勻。

8 海綿蛋糕鋪入烤模內，倒入混和好的麵糊。用刮板抹平麵糊表面。

9

烘烤

9 裝1杯水倒入烤箱烤盤內。用鋁箔紙包覆圓形烤模的底部和側邊，使水不會滲到烤模內。放入烤箱以160℃烤50～60分鐘。

Baking Tip

想要做出鬆軟濕潤的舒芙蕾乳酪蛋糕，蛋白霜一定要分多次拌入麵糊中，攪拌的速度要快，但力道要輕柔，不要壓塌發泡。烘烤前請記得加一些水在烤盤內，藉由蒸氣烤出舒芙蕾般的鬆軟口感。

提拉米蘇

>>> CAKE 3-20 *Tiramisu*

材料　〔份量：甜品杯，4個｜溫度：180℃｜時間：15分鐘｜難度：★★★〕

餅乾麵糊	・蛋白2顆 ・細砂糖75g ・香草砂糖1包（8g）・蛋黃2顆 ・低筋麵粉75g ・糖粉20g
浸泡液	・義式濃縮咖啡（Espresso）100ml
乳酪餡	・馬斯卡邦乳酪250g ・酸奶油50g ・細砂糖100g ・香草砂糖1包（8g） ・動物性鮮奶油200ml ・香橙酒 1大匙
裝飾	・無糖可可粉適量 ・防潮糖粉適量
工具	・攪拌盆 ・電動攪拌機 ・網篩 ・矽膠刮刀 ・圓口花嘴 ・擠花袋 ・烘焙紙 ・烤盤 ・冷卻架 ・甜品杯 ・抹刀

準備

- A 馬斯卡邦乳酪、酸奶油放常溫退冰，至少30分鐘。
- B 低筋麵粉過篩兩次。
- C 烤盤上鋪好烘焙紙。
- D 烤箱以180℃預熱10分鐘。

Baking Tip

若浸泡液材料的義式濃縮咖啡無法取得，可以用咖啡糖液（水90ml、細砂糖60g、即溶咖啡粉2大匙）或糖水替代。要做給小朋友吃的話，建議使用糖水浸泡即可。大人口味的提拉米蘇，則可以改用Kahlua咖啡香甜酒來浸泡蛋糕，使味道變得更迷人。內餡材料中的馬斯卡邦乳酪也可以用等量的奶油乳酪替代。

作法

製作餅乾麵糊

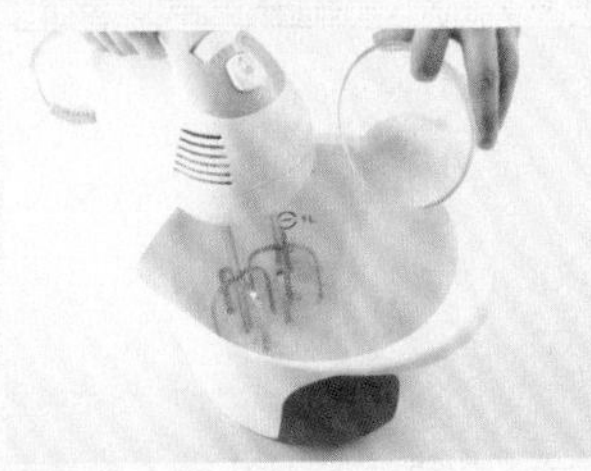

1 攪拌盆中放入冰涼的蛋白，用電動攪拌機以最高速攪打20秒。開始變膨脹起泡時，分2～3次慢慢加入細砂糖和香草砂糖，攪打3～4分鐘，完成乾性發泡的蛋白霜呈三角形沾附在攪拌棒上。

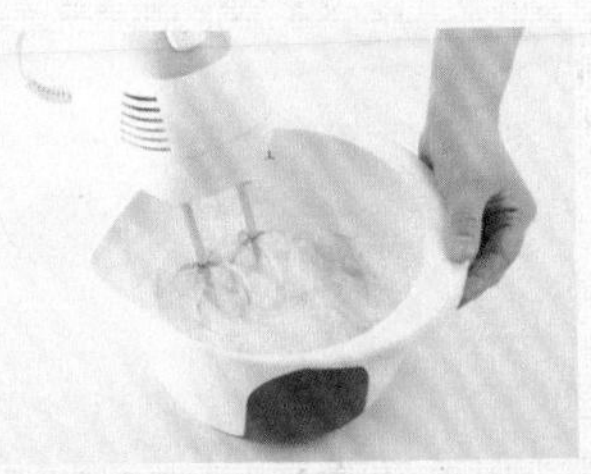

2 分次加入蛋黃，轉最低速攪拌均勻。

3 篩入低筋麵粉，用刮刀由盆底往上撈起攪拌，輕輕拌勻至無粉粒狀。

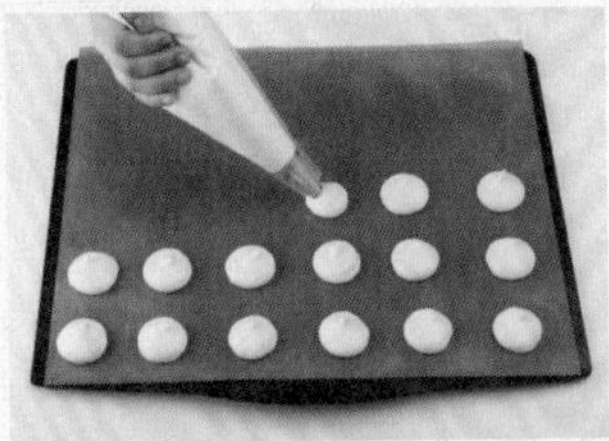

4 麵糊倒入裝有圓口花嘴的擠花袋，在烘焙紙上擠出直徑4cm的圓形麵糊，整齊排列。

提拉米蘇

烘烤

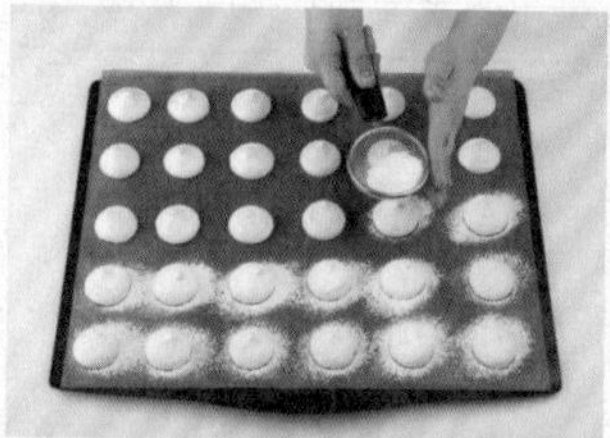

5 麵糊表面撒滿糖粉。放入預熱好的烤箱以180℃烤15分鐘。烤好後，放冷卻架上充分降溫。

製作乳酪餡

6 取另一個攪拌盆，放入常溫軟化的馬斯卡邦乳酪，用電動攪拌機以最低速攪拌20秒，打鬆馬斯卡邦乳酪。

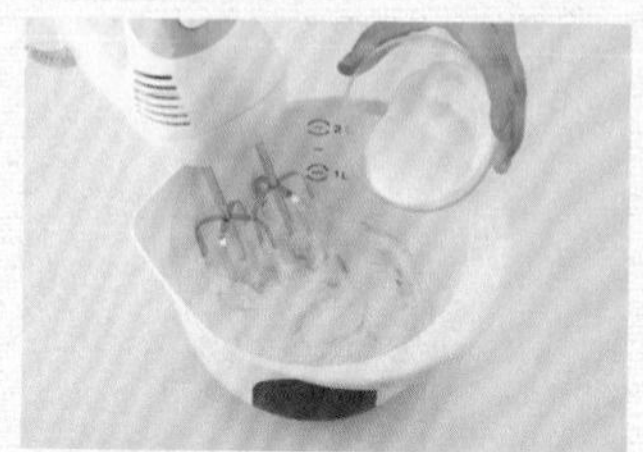

7 倒入酸奶油，以最低速攪拌10秒拌勻。

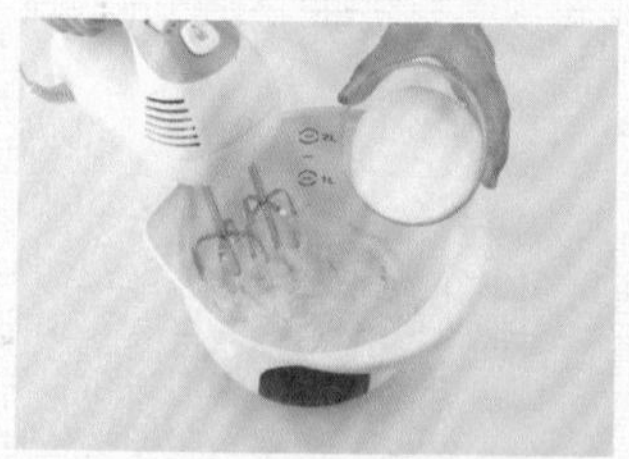

8 分次加入細砂糖、香草砂糖，以最低速攪拌1～2分鐘，使砂糖溶解，呈現細緻的乳霜狀。

打發鮮奶油霜

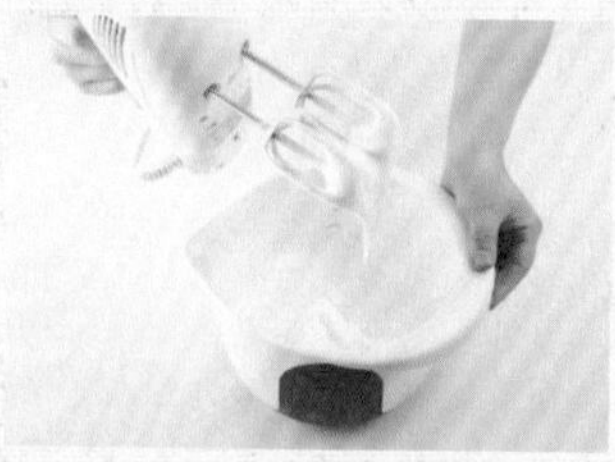

9 取另一個攪拌盆，倒入冰涼的鮮奶油，用電動攪拌機以最高速攪打2～3分鐘，打發成霜淇淋狀的8分發鮮奶油霜。

TIP

鮮奶油霜打至8分發、呈現霜淇淋狀時，用刮刀撈起會很緩慢地滑落。

組合提拉米蘇

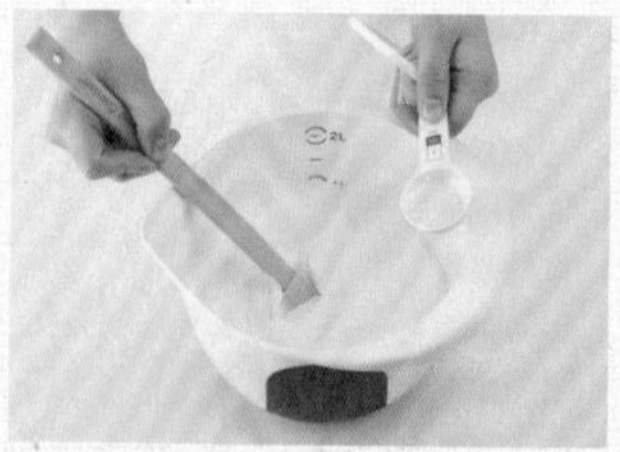

10 打好的鮮奶油霜分兩次倒入步驟8中，用刮刀拌勻。加入香橙酒拌勻後，裝入擠花袋中。

11 將一片步驟5的基底餅乾放入濃縮咖啡中充分浸泡後，鋪入甜品杯內。

12 杯中填入步驟10調好的乳酪餡，約5分滿即可。

裝飾

13 再取一片餅乾浸泡濃縮咖啡後，放入杯中。用乳酪餡填滿整個杯子。

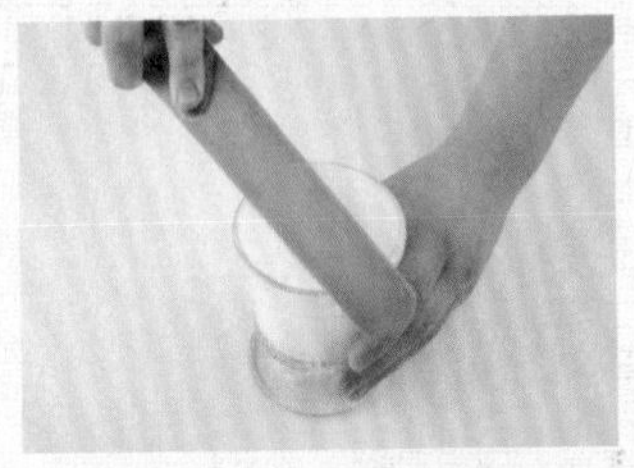

14 使用抹刀抹平甜品杯表面，放入冰箱冷藏1小時。

15 乳酪餡冷藏凝固後，在表面先撒上一層防潮糖粉，再撒上可可粉裝飾。

•••關於提拉米蘇

源自於義大利的「提拉米蘇」，如今風靡全世界，
是大人小孩都喜愛的甜點。在義大利文中，
「Tirare」是「提、拉」的意思，
「Mi」是「我」，「Sù」是「往上」，
合起來是「拉我起來」，意即這道點心有
「提振精神、使人心情愉悅」的魔力。
自製提拉米蘇時，
可以依據家人的喜好做許多變化。
首先是盛裝容器，除了甜品杯外，
也可以裝入烤模或密封盒中做成蛋糕尺寸，
可以放冰箱冷藏的容器都可以使用。
基底餅乾的部分，
則可用市售的現成手指餅乾、長崎蛋糕替換。
提拉米蘇成功的祕訣在於基底的餅乾或
蛋糕一定要充分吸收濃縮咖啡或咖啡糖液，
使其濕潤並充滿濃郁的咖啡香氣。
冰涼後食用，口感更佳！

小泡芙

>>> CAKE 3-21

Baby Choux

材料 〔份量：直徑4cm，20個｜溫度：200℃｜時間：20～25分鐘｜難度：★★☆〕

麵糊	・水100ml ・無鹽奶油45g ・鹽1/8小匙 ・低筋麵粉60g ・雞蛋2顆
卡士達醬	・牛奶250g ・低筋麵粉25g ・細砂糖60g ・香草莢1/2枝 ・蛋黃3顆
裝飾	・防潮糖粉適量
工具	・鍋子 ・網篩 ・矽膠刮刀 ・烘焙紙 ・烤盤 ・攪拌盆 ・電動攪拌機 ・擠花袋 ・星形擠花嘴 ・噴霧器 ・冷卻架 ・麵包刀

準備

Ⓐ 參照p.34做好卡士達醬，放入冰箱冷藏。

Ⓑ 奶油、雞蛋放常溫退冰，至少30分鐘。

Ⓒ 低筋麵粉過篩兩次。

Ⓓ 烤盤上鋪好烘焙紙。

Ⓔ 烤箱以200℃預熱15分鐘。

作法

製作泡芙

1 鍋中放入水、奶油、鹽，以中火煮滾，融化奶油，沸騰後關火。

2 篩入做麵糊的低筋麵粉，用刮刀用力攪拌成均勻的麵團。

3 開中火，重新加熱1分鐘，加熱時請持續翻動麵團避免燒焦。麵團倒入攪拌盆，靜置1～2分鐘稍微降溫。

4 分次倒入雞蛋，每倒入1顆，用電動攪拌機以最低速攪拌1分鐘，使蛋液完全被吸收。

5 麵糊拌好後，倒入裝有星形擠花嘴的擠花袋中，在烘焙紙上擠出數個直徑2cm的圓形麵糊。麵糊間請保留較大的間隔。

6 手指沾水，稍微壓平每個麵糊最頂端的部分。

7 噴霧器裝水，將擠好的麵糊表面充分噴濕。麵糊噴上水後，烘烤時表皮會自然龜裂，烤好的泡芙表皮才有酥鬆的口感。

8 放入烤箱以200℃烤20～25分鐘。烤好充分降溫後，用麵包刀切出開口。

填入卡士達醬

9 冰過的卡士達醬裝入擠花袋中，填滿中空的泡芙。

10 撒上防潮糖粉裝飾。

1

2

3

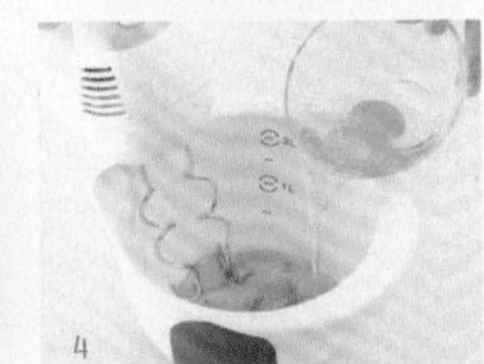
4

5

6

7

8

9

10

Baking Tip

製作泡芙麵糊時，雞蛋要分次加入。不好操作的話，可以先將要加入的2顆雞蛋打散，再分次慢慢加入麵糊中攪拌。擠泡芙麵糊時，用擠花嘴畫圓，從中央為起點，向外繞一個直徑2cm左右的圓圈後，繞回麵糊中央，擠花袋微微往上一收，即可完成。擠好泡芙麵糊後用手稍微壓平最頂端的部分，可防止尖端烤焦。

黑泡芙

>>> CAKE 3-22 Black Choux

材料 〔份量：直徑6cm，10個｜溫度：200℃｜時間：20～25分鐘｜難度：★★★〕

麵糊｜・水80ml ・無鹽奶油65g ・鹽1/4小匙 ・低筋麵粉55g ・無糖可可粉10g ・雞蛋2顆

內餡｜・動物性鮮奶油200ml ・細砂糖15g ・香草砂糖1包（8g） ・香橙酒1大匙

工具｜・鍋子 ・網篩 ・矽膠刮刀 ・烘焙紙 ・烤盤 ・攪拌盆 ・電動攪拌機 ・星形擠花嘴 ・小圓口擠花嘴（寫字用） ・擠花袋 ・噴霧器 ・冷卻架 ・麵包刀

準備

Ⓐ 奶油、雞蛋放常溫退冰，至少30分鐘。

Ⓑ 低筋麵粉和可可粉混合後，過篩兩次。

Ⓒ 烤盤上鋪好烘焙紙。

Ⓓ 烤箱以200℃預熱15分鐘。

作法

製作泡芙

1 鍋中放入水、奶油、鹽，以中火煮滾，融化奶油，沸騰後關火。

2 篩入低筋麵粉和可可粉，用刮刀用力攪拌成均勻的麵團。

3 開中火，重新加熱麵團1分鐘，加熱時請持續翻動麵團避免燒焦。麵團倒入攪拌盆中，靜置1～2分鐘稍微降溫。麵團降溫後，分次倒入雞蛋，每倒入1顆，以電動攪拌機的最低速攪拌1分鐘，使蛋液完全被吸收。

4 一些麵糊倒入裝有小圓口擠花嘴的擠花袋中，在烘焙紙上畫出數個S形的條狀。表面不用噴水，直接放入烤箱以200℃烤2～3分鐘，完成天鵝的脖子。

5 剩餘的麵糊倒入裝有星形擠花嘴的擠花袋中，擠出直徑4cm的圓形麵糊。

6 噴霧器裝水，將麵糊表面充分噴濕。放入烤箱以200℃烤20～25分鐘。烤好後，充分降溫。

7 參照p.29，做好全打發的固狀鮮奶油霜。

裝飾

8 用麵包刀把泡芙上方1/3部分橫切下來，再切成兩半，做成天鵝翅膀。

9 鮮奶油霜裝入擠花袋，填入空心的泡芙內，插上烤好的天鵝脖子。

10 最後將天鵝翅膀貼在鮮奶油霜上，即完成黑天鵝泡芙。

Baking Tip

黑色泡芙搭配上白色鮮奶油霜做成的黑天鵝泡芙，不僅小朋友喜愛，在任何場合都是能吸引眾人目光的小點心。光看造型也許會覺得很難，但其實只要按照基本泡芙的方法製作，再多做幾個天鵝脖子就能完成，烘焙新手也一定辦得到！脖子部分烘烤前不要噴水，才能變得硬脆。烤泡芙時，絕對不能打開烤箱，否則會使需要高溫才能膨脹的泡芙瞬間塌陷變形。

閃電泡芙

>>> CAKE 3-23 **Eclair**

材料 〔份量：長5cm，15個｜溫度：200℃｜時間：20～25分鐘｜難度：★★☆〕

麵糊
- 水65ml
- 牛奶65ml
- 無鹽奶油65g
- 鹽1/8小匙
- 低筋麵粉75g
- 雞蛋2顆

內餡
- 牛奶250g
- 低筋麵粉15g
- 細砂糖60g
- 香草莢1/2枝
- 蛋黃3顆
- 調溫黑巧克力30g

裝飾
- 免調溫牛奶巧克力50g
- 免調溫黑巧克力50g

工具
- 鍋子
- 網篩
- 矽膠刮刀
- 攪拌盆
- 電動攪拌機
- 圓口擠花嘴
- 擠花袋
- 烘焙紙
- 烤盤
- 噴霧器
- 冷卻架
- 麵包刀
- 保鮮膜
- 湯匙

準備

Ⓐ 奶油、雞蛋放常溫退冰，至少30分鐘。

Ⓑ 香草莢剖半，用小刀將裡面的香草籽刮下來，和細砂糖混合在一起。

Ⓒ 低筋麵粉各過篩兩次。

Ⓓ 烤盤上鋪好烘焙紙。

Ⓔ 烤箱以200℃預熱15分鐘。

作法

製作泡芙

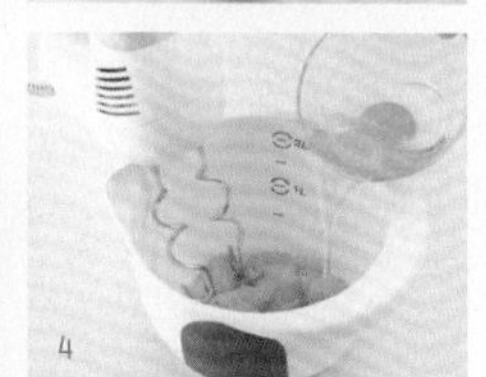

1 鍋中放入水、麵糊用牛奶、奶油、鹽，以中火煮滾，融化奶油，沸騰後關火。

2 篩入麵糊用低筋麵粉，使用刮刀用力攪拌成均勻的麵團。

3 開中火，重新加熱1分鐘，加熱時請持續翻動麵團避免燒焦。麵團倒入攪拌盆，靜置1～2分鐘稍微降溫。

4 麵團降溫後，分次倒入雞蛋，每倒入1顆，以電動攪拌機的最低速攪拌1分鐘，使蛋液完全被吸收。

5 麵糊倒入裝有圓口擠花嘴的擠花袋中，在烘焙紙上擠出5cm長的直線麵糊。

6 噴霧器裝水，充分噴濕麵糊表面。放入烤箱以200℃烤20～25分鐘。烤好後放冷卻架上降溫。

製作並填入內餡

7 參照p.34製作卡士達醬，在最後加熱階段倒入調溫黑巧克力，一起攪拌融化。完成的巧克力卡士達醬倒入攪拌盆，表面用保鮮膜封住，隔絕空氣，放入冰箱冷藏。

8 冷卻的閃電泡芙剖開，用擠花袋填入冰涼的巧克力卡士達醬。

9 隔水加熱融化兩種免調溫巧克力，淋在泡芙上裝飾。

Baking Tip

裝飾免調溫巧克力時，使用筷子操作會更加方便。希望巧克力表面自然一點的話，可用泡芙放入融化的巧克力漿中沾取，使巧克力均勻批覆在泡芙頂部。

聖多諾黑泡芙塔

>>> CAKE 3-24

Saint-Honoré

材料 〔份量：直徑18cm圓形慕斯圈，1個｜溫度：200℃｜時間：20～25分鐘｜難度：★★★〕

塔皮	•無鹽奶油75g •雞蛋1顆 •糖粉30g •鹽1/8小匙 •香草砂糖1包（8g） •低筋麵粉150g
泡芙麵糊	•水125ml •無鹽奶油50g •鹽1/8小匙 •細砂糖1小匙 •低筋麵粉75g •雞蛋2顆
焦糖液	•細砂糖150g •水80ml
裝飾	•動物性鮮奶油300ml •香橙酒2小匙 •細砂糖25g •香草砂糖1包（8g） •開心果仁適量
工具	•攪拌盆 •網篩 •擀麵棍 •電動攪拌機 •矽膠刮刀 •塑膠紙 •烘焙紙 •烤盤 •直徑18cm圓形慕斯圈 •叉子 •鍋子 •圓口擠花嘴 •擠花袋 •噴霧器 •聖多諾黑擠花嘴 •湯匙

準備

Ⓐ 奶油、雞蛋放常溫退冰，至少30分鐘。

Ⓑ 低筋麵粉過篩兩次。

Ⓒ 烤盤上鋪好烘焙紙。

Ⓓ 烤箱以200℃預熱15分鐘。

作法

製作塔皮

1 參照p.197做好塔皮麵團，用塑膠紙包好，放冰箱冷藏1小時。

2 取出變硬的麵團，撒上一些麵粉後，用擀麵棍擀開，再用慕斯圈壓出一張圓形塔皮。

3 圓形塔皮放在鋪好烘焙紙的烤盤上，用叉子戳出細密的小洞。

製作泡芙

4 參照p.189做好泡芙麵糊，倒入裝有圓口擠花嘴的擠花袋中。在步驟3烤盤上的塔皮旁邊擠上10個左右的小泡芙麵糊。用噴霧器將泡芙麵糊表面充分噴濕，以200℃預熱20～25分鐘。

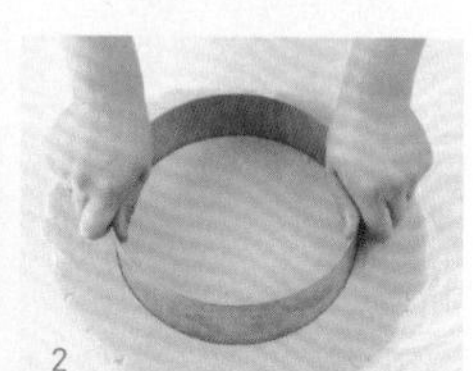

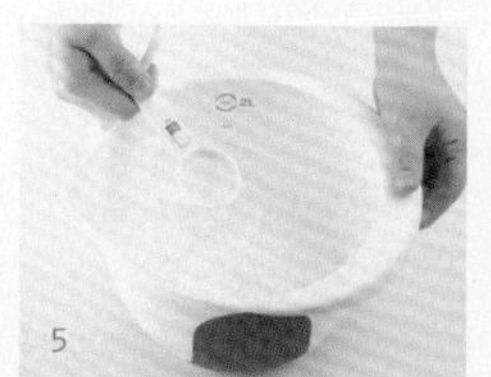

裝飾

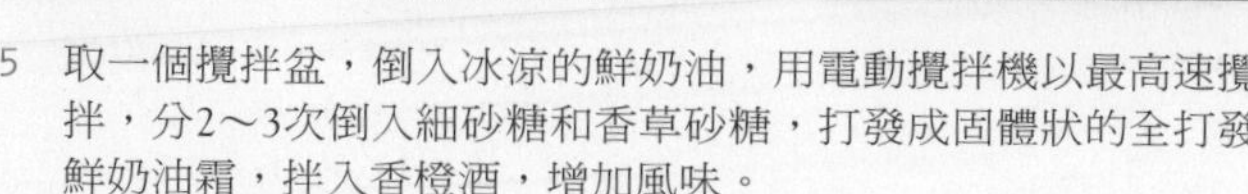

5 取一個攪拌盆，倒入冰涼的鮮奶油，用電動攪拌機以最高速攪拌，分2～3次倒入細砂糖和香草砂糖，打發成固體狀的全打發鮮奶油霜，拌入香橙酒，增加風味。

6 鮮奶油霜倒入裝有聖多諾黑擠花嘴的擠花袋中，在塔皮中央擠花裝飾。

7 鍋子中加入細砂糖和水，加熱煮成褐色焦糖液後關火。

8 拿取泡芙，用頂部沾一點焦糖液後，放回烘焙紙上。等焦糖液凝固後，將泡芙排列在步驟6的塔皮邊緣。

9 用湯匙將剩餘的焦糖液淋在泡芙上。再磨碎開心果仁，撒在鮮奶油霜上裝飾。

TIP 焦糖液煮滾後溫度非常高，沾取糖液時請小心操作，趁糖液凝固前完成裝飾。

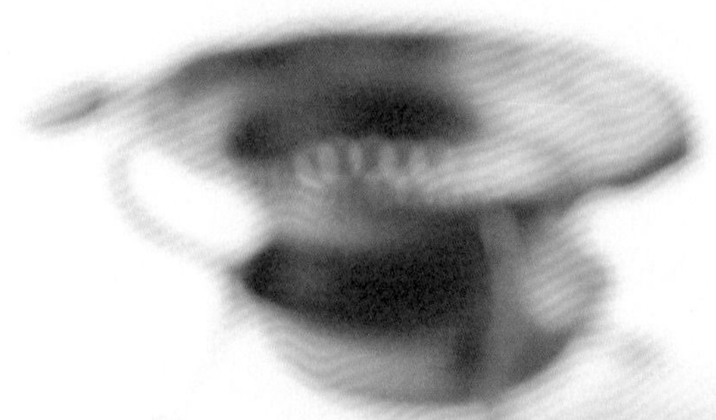

蛋塔

>>> CAKE 3-25

Egg Tarte

材料　〔份量：迷你杯形烤盤，12個｜溫度：180℃｜時間：25～30分鐘｜難度：★★☆〕

塔皮
- 無鹽奶油75g
- 糖粉40g
- 香草砂糖1包（8g）
- 蛋黃1顆
- 低筋麵粉125g
- 杏仁粉20g

內餡
- 野莓果醬100g

卡士達醬
- 細砂糖85g
- 蛋黃 2顆
- 玉米粉15g
- 低筋麵粉15g
- 牛奶160ml
- 香草莢1/2枝
- 動物性鮮奶油160ml

工具
- 攪拌盆
- 電動攪拌機
- 網篩
- 矽膠刮刀
- 塑膠紙
- 擀麵棍
- 叉子
- 圓型壓模
- 迷你杯形烤盤
- 擠花袋

準備

Ⓐ 參照p.34做好卡士達醬，放入冰箱冷藏。

Ⓑ 奶油、蛋黃放常溫退冰，至少30分鐘。

Ⓒ 低筋麵粉、杏仁粉過篩兩次。

Ⓓ 迷你杯形烤盤內塗抹烤盤油。

Ⓔ 烤箱以180℃預熱10分鐘。

作法

製作塔皮

1 攪拌盆中放入常溫軟化的奶油，用電動攪拌機以最低速攪拌，打鬆奶油。

2 分2～3次慢慢倒入糖粉和香草砂糖，以最低速攪拌，將奶油打至泛白呈絲絨狀。

3 分次倒入常溫的蛋黃，每倒入1顆，以最低速攪打1分鐘，使蛋黃完全被吸收。

4 篩入低筋麵粉、杏仁粉，用刮刀輕柔攪拌均勻。

5 塔皮麵團用塑膠紙包好，按壓成緊實的團狀，放冰箱冷藏1小時。

6 取出變硬的塔皮麵團，擀成厚度0.3cm的薄片，撒上一些麵粉，用圓形壓模壓出比杯模稍大的圓形。

7 塔皮鋪入抹好烤盤油的杯形烤盤中，用手指由中央向外按壓緊密。用叉子在底部戳一些小洞，放入冰箱冷藏30分鐘。

烘烤

8 野莓果醬裝入擠花袋中，填入塔皮內底層。

9 卡士達醬裝入擠花袋中，填入塔皮內至8分滿。放入烤箱以180℃烤25～30分鐘。

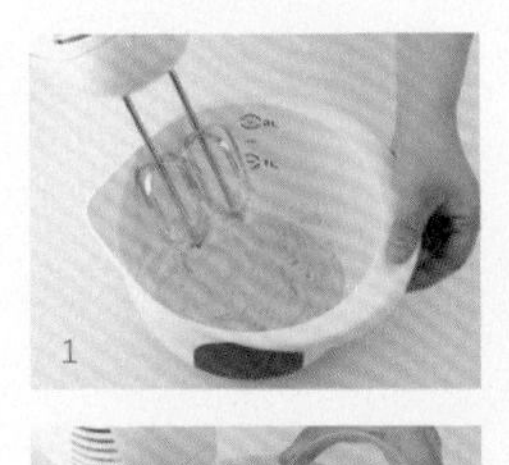
1

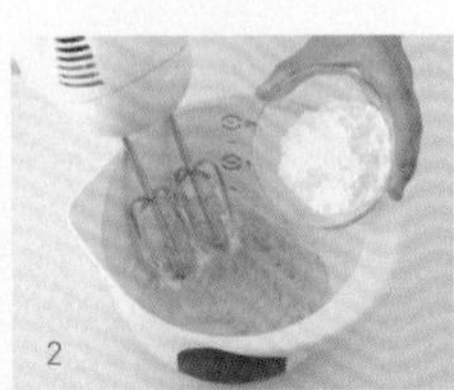
2

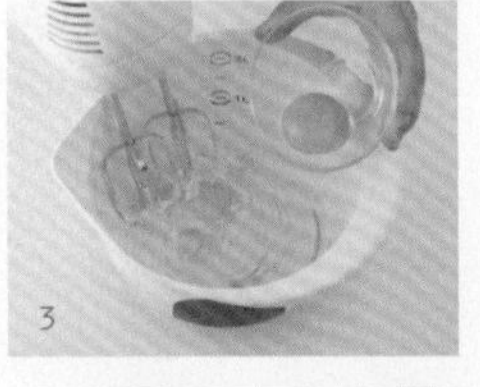
3

4

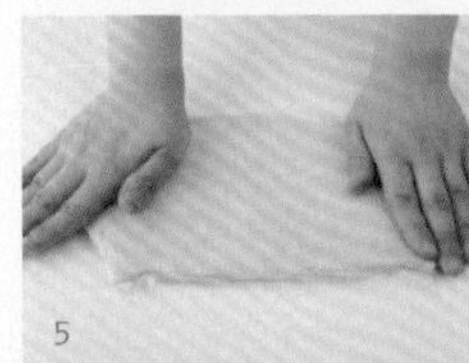
5

6

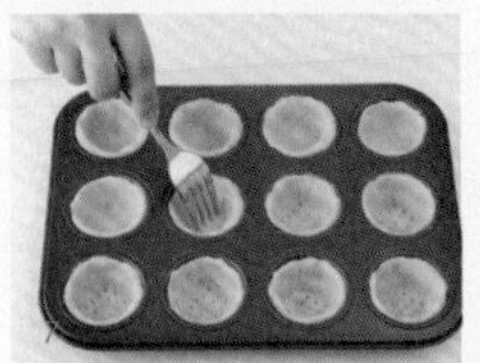
7

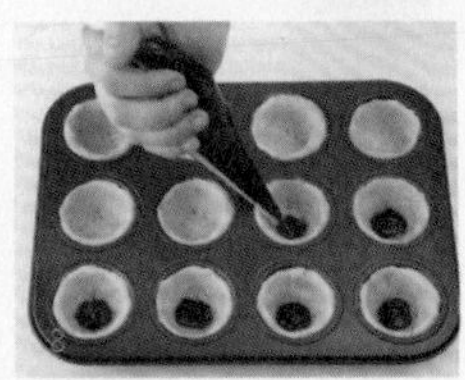
8

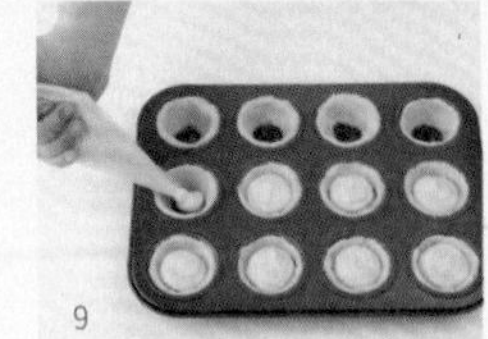
9

Baking Tip

這款蛋塔為一口大小的迷你尺寸，大口咀嚼可以同時吃到酥脆的塔皮、滑順的卡士達醬，以及野莓果醬的酸甜滋味！若是家裡沒有迷你杯形烤盤，也可以到烘焙材料行購買附有鋁箔杯模的冷凍塔皮替代，直接填入果醬和卡士達醬烘烤即可。

西洋梨塔

>>> CAKE 3-26 **Tarte Bourdaloue**

材料 〔份量：直徑20cm派盤，1個｜溫度：180℃｜時間：12分鐘＋30～35分鐘｜難度：★★☆〕

塔皮
- 無鹽奶油80g
- 糖粉40g
- 香草砂糖1包（8g）
- 鹽1/8小匙
- 雞蛋1/2顆
- 低筋麵粉120g
- 杏仁粉30g

餡料
- 無鹽奶油60g
- 雞蛋1顆
- 糖粉60g
- 香草砂糖1包（8g）
- 蘭姆酒1小匙
- 杏仁粉 60g
- 西洋梨罐頭1罐

裝飾
- 杏桃果醬3大匙
- 水1大匙
- 開心果仁適量

工具
- 網篩
- 攪拌盆
- 刀子
- 砧板
- 擀麵棍
- 直徑20cm派盤
- 冷卻架
- 電動攪拌機
- 矽膠刮刀
- 叉子
- 擠花袋

準備

Ⓐ 奶油、雞蛋放常溫退冰，至少30分鐘。
Ⓑ 低筋麵粉、杏仁粉過篩兩次。
Ⓒ 派盤內塗抹烤盤油。
Ⓓ 烤箱以180℃預熱10分鐘。

作法

製作塔皮

1 罐頭西洋梨瀝掉水分，維持果肉外形，斜切成薄片。

2 參照p.197做好塔皮麵團，放冰箱冷藏1小時後，擀成厚度0.3cm的薄圓餅，鋪入派盤中，用手按壓，貼合派盤紋路，並切除多餘的塔皮。重新放入冰箱冷藏30分鐘。

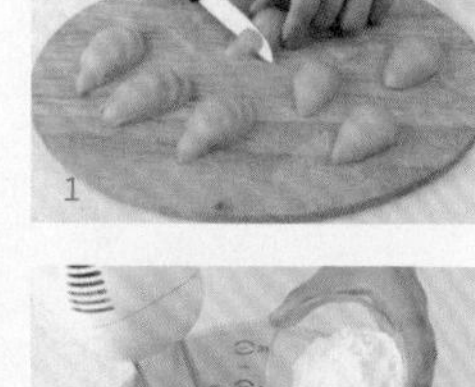
1

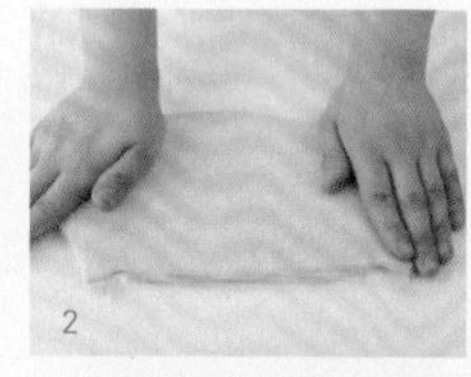
2

3

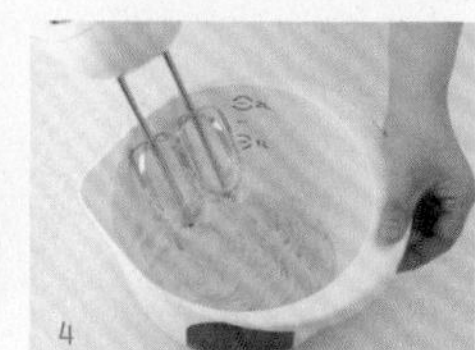
4

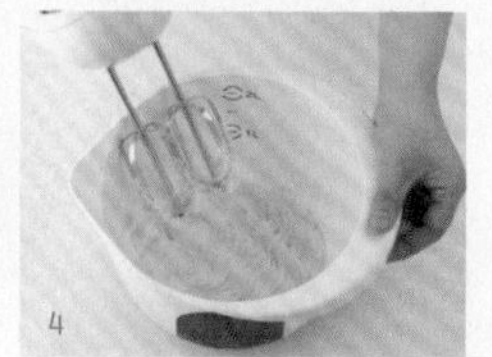

5

6

烘烤

3 取出冷藏變硬的塔皮，用叉子戳滿細密的小洞。放入烤箱以180℃烤12分鐘後，在冷卻架上靜置、放涼。

製作杏仁奶油餡

4 取另一個攪拌盆，放入常溫軟化的奶油，用電動攪拌機以最低速攪拌，打鬆奶油。

5 分2～3次慢慢倒入糖粉和香草砂糖，以最低速攪拌，將奶油打至泛白呈絲絨狀。

6 倒入雞蛋，以最低速攪打1分鐘，使蛋液完全被吸收。

7 篩入杏仁粉並倒入蘭姆酒，用刮刀輕柔攪拌均勻。

8 拌好的內餡裝入擠花袋中，從塔皮中央向外畫圓圈填滿內餡。

7

8

9

10

烘烤

9 切好的西洋梨呈放射狀，平鋪在內餡上。放入烤箱以180℃預熱30～35分鐘。

10 鍋中放入杏桃果醬和水，加熱煮至濃稠狀後，均勻塗抹在烤好的西洋梨塔表面。最後將開心果仁搗碎，撒在邊緣作裝飾。

焦糖堅果塔

>>> CAKE 3-27 Caramel Nuts Tarte

材料 〔份量：10×25cm矩形派盤，1個｜溫度：180℃｜時間：12分鐘｜難度：★★☆〕

塔皮
- 無鹽奶油80g
- 蛋黃1顆
- 糖粉 45g
- 香草砂糖1包（8g）
- 鹽 1/8小匙
- 即溶咖啡粉2小匙
- 低筋麵粉125g

餡料
- 細砂糖80g
- 水麥芽25g
- 蜂蜜1大匙
- 動物性鮮奶油100ml
- 無鹽奶油40g
- 胡桃仁20g
- 核桃仁20g
- 榛果20g
- 夏威夷豆20g
- 開心果仁20g
- 藍莓乾20g
- 無花果乾20g
- 蔓越莓乾20g
- 杏仁片20g
- 葵瓜子20g

工具
- 網篩
- 攪拌盆
- 電動攪拌機
- 湯匙
- 矽膠刮刀
- 塑膠紙
- 擀麵棍
- 叉子
- 10×25cm矩形派盤
- 冷卻架
- 鍋子

準備

A 奶油、蛋黃放常溫退冰，至少30分鐘。

B 低筋麵粉過篩兩次。

C 堅果類食材放入180℃烤箱中烤成金黃色。

D 派盤內塗抹烤盤油。

E 烤箱以180℃預熱10分鐘。

作法

製作塔皮

1 攪拌盆中放入常溫軟化的奶油，用電動攪拌機以最低速攪拌，打鬆奶油。分次慢慢加入糖粉、香草砂糖和鹽，以最低速攪拌，將奶油打至泛白呈絲絨狀。

2 即溶咖啡粉倒入蛋黃中，用湯匙攪拌溶解。

3 步驟2倒入步驟1中，以最低速攪拌，使咖啡蛋黃液完全被吸收。

4 篩入低筋麵粉，用刮刀輕柔攪拌均勻。

5 塔皮麵團用塑膠紙包好，按壓成緊實的團狀，放冰箱冷藏1小時。

6 取出變硬的塔皮麵團，隔著塑膠紙擀成厚度0.3cm的長方形。

7 塔皮鋪入派盤中，用手按壓，貼合派盤紋路。用擀麵棍擀過派盤，壓除多餘塔皮。放冰箱冷藏30分鐘。

烘烤

8 用叉子在塔皮上戳滿小洞。放入烤箱以180℃烤12分鐘後，取出放涼。

製作並裝填餡料

9 參照p.32煮滾焦糖醬，倒入果乾和烤好的堅果類拌勻。

10 餡料拌好後，倒入烤好的塔皮內，鋪平。

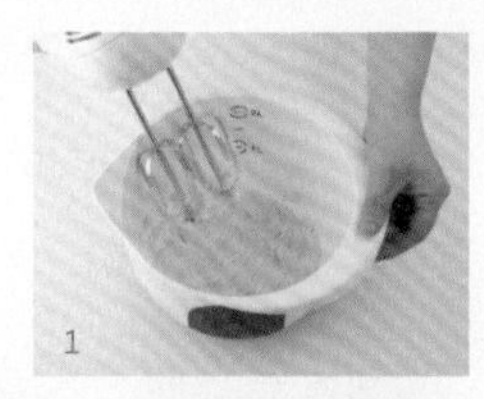
1

2

3

4

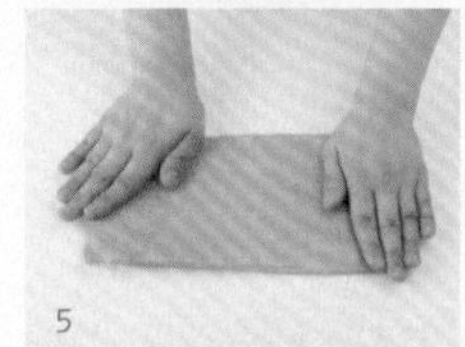
5

6

7

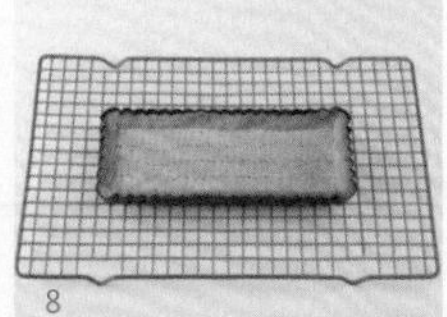
8

9

10

Baking Tip

用香甜的焦糖醬包裹多種堅果及果乾的美味點心塔。製作焦糖醬時，鮮奶油務必要加熱後再倒入沸騰的糖液中，若直接將低溫的鮮奶油和高溫的砂糖液融合，很容易產生劇烈的突沸現象，造成燙傷。

水果塔

>>> CAKE 3-28 Fruits Tarte

材料 〔份量：直徑20cm派盤，1個｜溫度：180℃｜時間：12分鐘｜難度：★★★〕

基礎麵團	• 無鹽奶油75g • 蛋黃1顆 • 糖粉50g • 香草砂糖1包（8g）• 鹽1/8小匙 • 低筋麵粉125g • 杏仁粉30g
奶油乳酪餡	• 奶油乳酪140g • 細砂糖60g • 香草砂糖1包（8g）• 原味優格100g • 動物性鮮奶油150ml • 香橙酒1大匙
裝飾	• 奇異果30g • 草莓30g • 藍莓30g • 柳橙30g • 香蕉30g • 紅醋栗30g • 鏡面果膠適量
工具	• 網篩 • 攪拌盆 • 擀麵棍 • 冷卻架 • 直徑20cm派盤 • 電動攪拌機 • 矽膠刮刀 • 叉子 • 刮板 • 烘焙刷

準備

Ⓐ 無鹽奶油、蛋黃、奶油乳酪、優格放常溫退冰，至少30分鐘。

Ⓑ 低筋麵粉、杏仁粉過篩兩次。

Ⓒ 裝飾用的水果洗淨後，切成薄片或小塊。

Ⓓ 派盤內塗抹烤盤油。

Ⓔ 烤箱以180℃預熱10分鐘。

作法

製作塔皮

1 參照p.197做好塔皮麵團，放冰箱冷藏1小時。

2 取出變硬的塔皮麵團，擀成厚度0.3cm的圓形。

3 塔皮鋪入派盤中，用手按壓，貼合派盤紋路，並壓除多餘的塔皮。重新放入冰箱冷藏30分鐘。

烘烤

4 取出變硬的塔皮，用叉子戳滿細密的小洞。放入烤箱以180℃烤12分鐘後，靜置放涼。

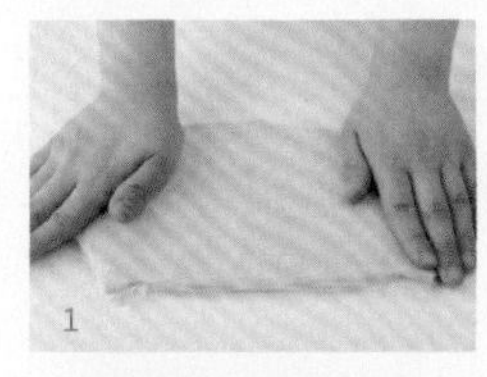
1

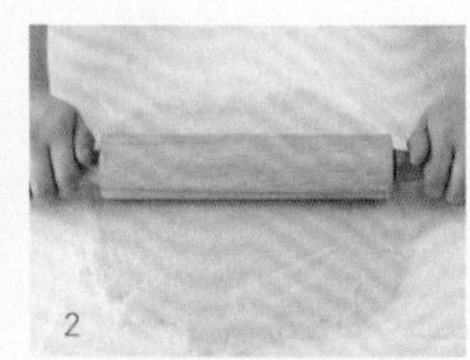
2

3

4

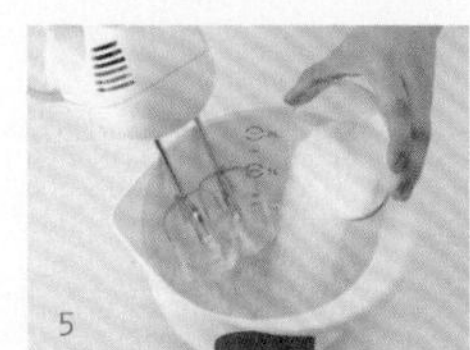
5

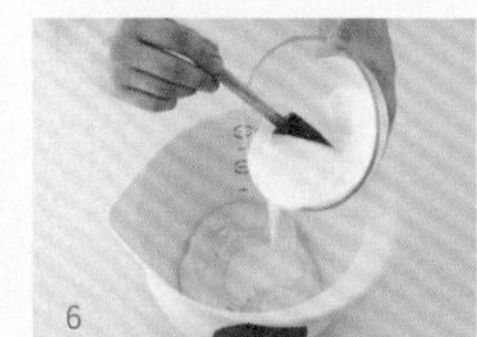
6

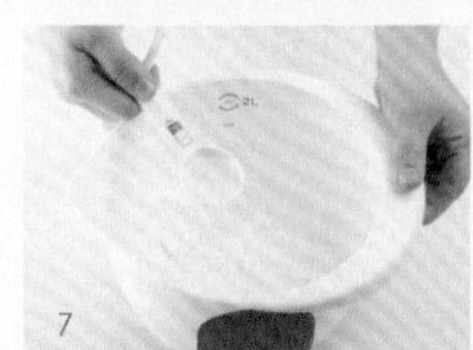
7

8

製作奶油乳酪餡

5 取另一個攪拌盆，放入常溫軟化的奶油乳酪，用電動攪拌機以最低速攪拌打鬆，分次慢慢加入糖粉和香草砂糖，以最低速攪拌，使砂糖溶解，和奶油乳酪充分混合。

6 倒入優格，以最低速攪拌均匀。

7 取另一個攪拌盆，倒入冰涼的鮮奶油，以最高速打成霜淇淋狀的8分發鮮奶油霜，拌入香橙酒拌匀，增加香氣。

8 鮮奶油霜分2～3次加入步驟6中，輕柔拌匀。

裝飾

9 拌好的奶油乳酪餡倒入放涼的塔皮內，用刮板抹平表面。

10 切好的水果分別刷上鏡面果膠，鋪滿表面裝飾。

1

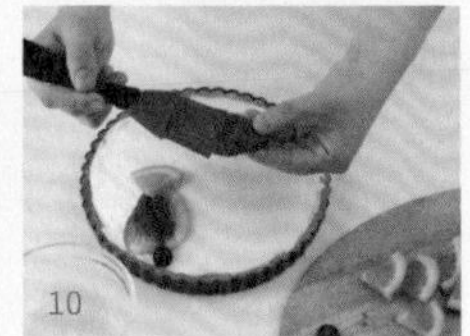
10

Baking Tip

水果塔擺滿各種新鮮水果，繽紛華麗的色彩一看就令人口水直流。酸甜的水果加上奶香味濃郁的滑順內餡是所有人都無法抗拒的美味甜點。請用家人喜愛的當季水果，為他們製作華麗的水果塔吧！

法式乳酪塔

>>> CAKE 3-29

Tarte Aux Fromage

材料 〔份量：直徑20cm派盤，1個｜溫度：170℃｜時間：30～35分鐘｜難度：★★☆〕

塔皮	• 無鹽奶油120g • 糖粉80g • 香草砂糖1包（8g）• 雞蛋1/2顆 • 低筋麵粉180g • 杏仁粉 40g
蛋白霜	• 蛋白2顆 • 細砂糖20g
乳酪餡	• 葡萄乾25g • 蔓越莓乾20g • 蘭姆酒20ml • 奶油乳酪180g • 細砂糖60g • 香草砂糖1包（8g）• 低筋麵粉10g • 檸檬汁2小匙 • 檸檬皮末1/2顆 • 蛋黃2顆
裝飾	• 防潮糖粉適量 • 鮮奶油霜適量
工具	• 果皮刨刀 • 網篩 • 攪拌盆 • 直徑20cm派盤 • 冷卻架 • 電動攪拌機 • 矽膠刮刀 • 叉子 • 刮板

準備

Ⓐ 奶油、雞蛋、奶油乳酪放常溫退冰，至少30分鐘。

Ⓑ 低筋麵粉、杏仁粉過篩兩次。

Ⓒ 葡萄乾和蔓越莓乾預先用蘭姆酒泡軟。

Ⓓ 檸檬洗淨，用果皮刨刀刨下1/2顆檸檬皮末。

Ⓔ 派盤內塗抹烤盤油。

Ⓕ 烤箱以170℃預熱10分鐘。

作法

製作塔皮

1 參照p.197做好塔皮麵團，放冰箱冷藏1小時後，取出擀成厚度0.3cm的薄片。塔皮鋪入派盤中，用手按壓，貼合紋路，並切除多餘的塔皮。重新放入冰箱冷藏30分鐘。

製作乳酪餡

2 取另一個攪拌盆，放入常溫軟化的奶油乳酪，用電動攪拌機以最低速攪拌打鬆後，分次加入細砂糖和香草砂糖，繼續攪拌，使砂糖溶解，和奶油乳酪充分混合。再分次加入蛋黃，攪拌至蛋黃完全被吸收。

3 加入檸檬汁及刨好的檸檬皮末，以最低速拌勻。

4 篩入低筋麵粉，用刮刀輕柔攪拌均勻。

5 取另一個攪拌盆，倒入冰涼的蛋白，用電動攪拌以最高速先攪打30秒後，分2～3次加入蛋白霜用細砂糖，攪打3～4分鐘，完成乾性發泡的蛋白霜。

6 蛋白霜分2～3次拌入步驟4中，攪拌均勻。

7 取出變硬的塔皮，用叉子戳細密的小洞，再鋪入浸泡過蘭姆酒的葡萄乾及蔓越莓乾。最後倒入拌好的內餡，用刮板整平表面。

烘烤

8 放入預熱好的烤箱以170℃烤30～35分鐘，取出放涼。用防潮糖粉或鮮奶油霜裝飾。

1

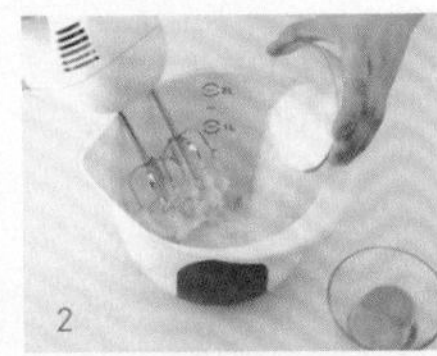

2

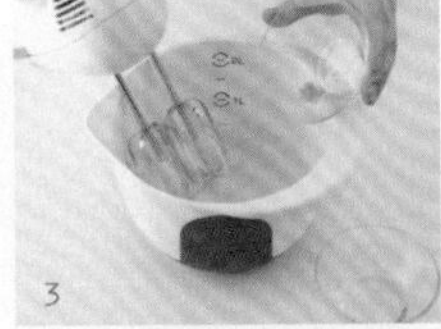

3

4

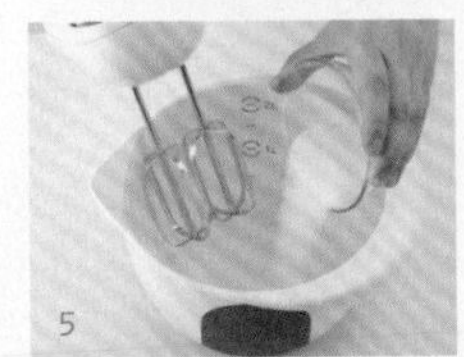

5

6

7

8

Baking Tip

fromage是法文的「乳酪」。味道濃醇的奶油乳酪和酥脆的派皮，簡單的組合卻是令人吃過就難以忘懷的美妙滋味。製作塔皮時可以多做幾份鋪入派盤中，用塑膠紙包覆好後，放在冰箱冷凍庫保存，要用時退冰即可烘烤或填料。

胡桃派

>>> CAKE 3-30

Pecan Pie

材料 〔份量：直徑11cm迷你派盤，3個｜溫度：180℃｜時間：20～25分鐘｜難度：★☆☆〕

派皮
- 高筋麵粉90g
- 低筋麵粉95g
- 鹽 1/2小匙
- 細砂糖1大匙
- 雞蛋1顆
- 無鹽奶油 85g

餡料
- 雞蛋1顆
- 黑砂糖40g
- 水麥芽60g
- 香草砂糖1包（8g）
- 無鹽奶油40g
- 肉桂粉1/8大匙
- 胡桃仁50g

裝飾
- 胡桃仁40g

工具
- 攪拌盆
- 網篩
- 奶油搗碎器
- 塑膠紙
- 擀麵棍
- 直徑11cm迷你派盤
- 打蛋器
- 矽膠刮刀
- 叉子
- 冷卻架

準備

Ⓐ 派皮用奶油放冰箱冷藏，要用時再取出。

Ⓑ 餡料用奶油放入微波爐加熱30秒融化。

Ⓒ 餡料用胡桃仁切成小塊。

Ⓓ 派盤內塗抹烤盤油。

Ⓔ 烤箱以180℃預熱10分鐘。

作法

製作派皮

1 攪拌盆中篩入高筋麵粉、低筋麵粉。

2 加入鹽、細砂糖、雞蛋、冷藏的固狀奶油，用奶油搗碎器用力搗壓混合。

3 派皮麵團用塑膠紙包好，按壓成緊實的團狀，放冰箱冷藏1小時。

4 取出派皮麵團，隔著塑膠紙擀成0.3cm厚的薄片。

5 派皮鋪入派盤中，用手按壓，貼合紋路，並切除多餘的派皮，放冰箱冷藏30分鐘。

製作內餡&烘烤

6 取另一個攪拌盆，倒入雞蛋、黑砂糖、香草砂糖、水麥芽及融化奶油，用打蛋器拌勻。

7 放入肉桂粉及切碎的胡桃仁攪拌均勻。

8 用叉子在派皮上戳滿小洞，倒入內餡。

9 用胡桃仁裝飾，放入烤箱以180℃烤20～25分鐘。烤好後放冷卻架上降溫。

1

2

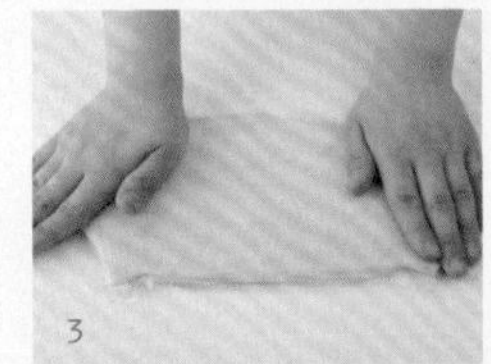
3

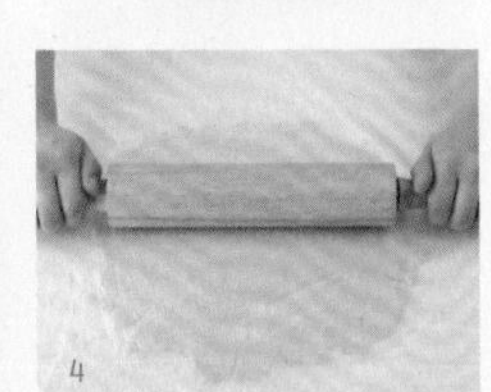
4

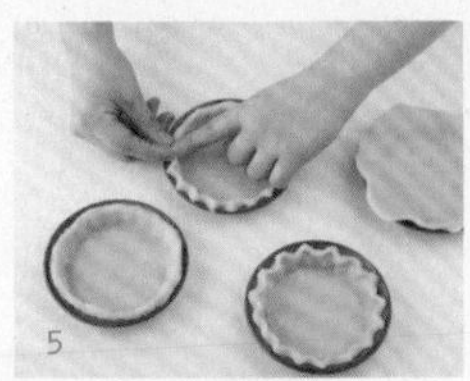
5

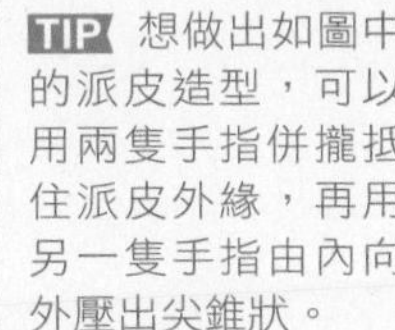

TIP 想做出如圖中的派皮造型，可以用兩隻手指併攏抵住派皮外緣，再用另一隻手指由內向外壓出尖錐狀。

6

7

8

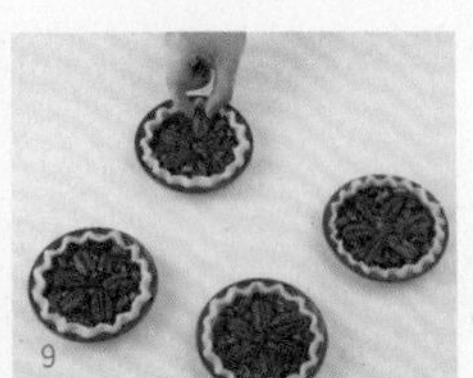
9

Baking Tip

想要製作口感清爽酥脆的派皮，拌好派皮麵團後要冷藏一次，鋪入派盤後，還要再冷藏一次。攪拌派皮或塔皮麵團也要盡速完成，若攪拌過久使奶油融化，麵皮會變得堅硬不酥脆。

蔬菜花椰菜鹹派

>>> CAKE 3-31

Vegetable Broccoli Quiche

材料 〔份量：10×25cm矩形派盤，1個｜溫度：180℃｜時間：12＋35～40分鐘｜難度：★★☆〕

派皮	• 低筋麵粉100g • 鹽1/4小匙 • 雞蛋1/2顆 • 冰水1大匙 • 無鹽奶油60g
餡料	• 牛奶70ml • 動物性鮮奶油50ml • 雞蛋1顆 • 鹽1/4小匙 • 胡椒粉1/8小匙 • 綠花椰菜100g • 培根50g • 紅色彩椒1/2顆
裝飾	• 乾巴西里末1/2小匙 • 乾羅勒末1/2小匙
工具	• 平底鍋 • 攪拌盆 • 網篩 • 奶油搗碎器 • 塑膠紙 • 擀麵棍 • 10×25cm矩形派盤 • 叉子 • 冷卻架 • 打蛋器

準備

A 奶油放冰箱冷藏，要用時再取出。

B 綠花椰菜和紅椒切成適口的大小，放入平底鍋炒至半熟。

C 培根切成適口的大小，放入平底鍋炒至微焦。

D 派盤內塗抹烤盤油。

E 烤箱以180℃預熱10分鐘。

作法

製作派皮

1 攪拌盆中篩入低筋麵粉。

2 加入鹽、雞蛋、冰水、冷藏的固狀奶油，用奶油搗碎器用力搗壓混合。

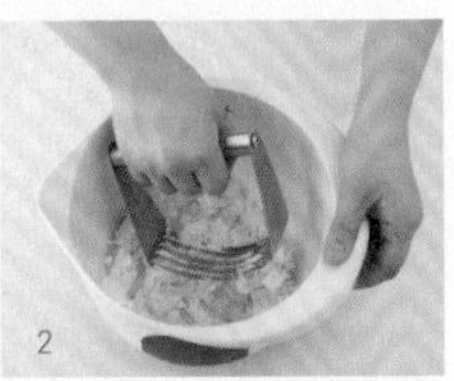

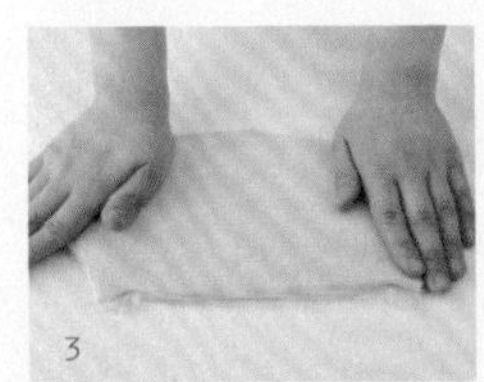

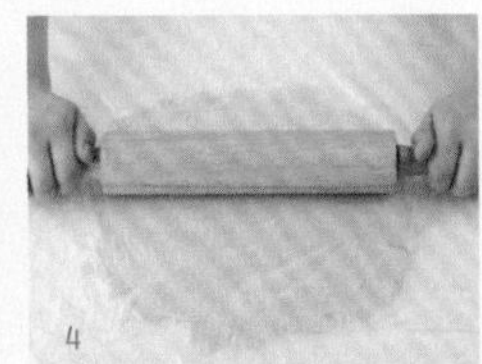

3 派皮麵團用塑膠紙包好，按壓成緊實的團狀，放入冰箱冷藏1小時。

4 取出派皮麵團，隔著塑膠紙擀成0.3cm厚的薄片。

5 派皮鋪入派盤中，用手按壓，貼合紋路，並切除多餘的派皮，放入冰箱冷藏30分鐘。

6 放入烤箱以180℃烤12分鐘後，放冷卻架上降溫。

製作內餡

7 取另一個攪拌盆，放入牛奶、鮮奶油、雞蛋，用打蛋器攪拌均勻。

8 加入鹽和胡椒粉調味。

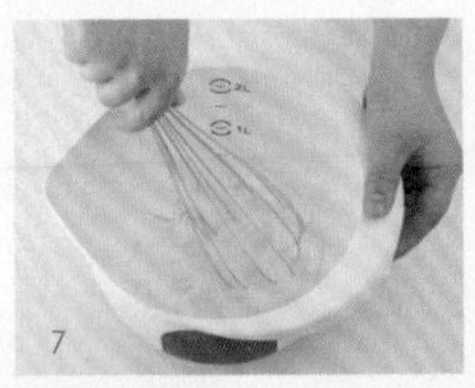

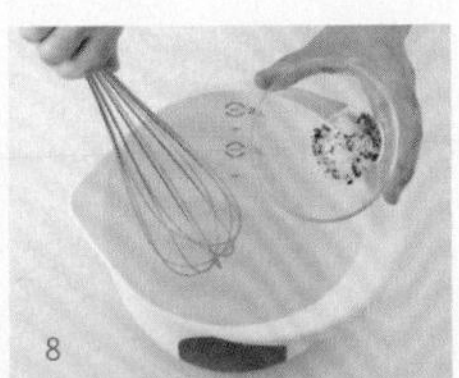

烘烤

9 炒過的綠花椰菜、紅椒、培根鋪入烤好放涼的派皮內，倒入步驟8的內餡後，撒上巴西里末和羅勒末。

10 放入烤箱以180℃烤35～40分鐘。

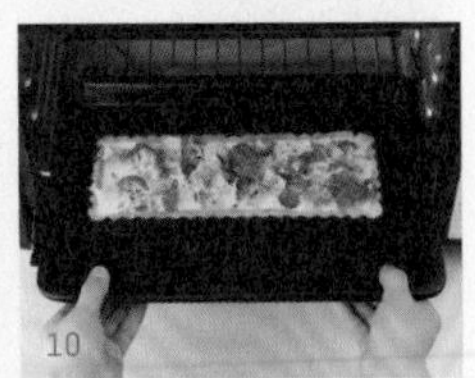

Baking Tip

鹹派（quiche）是法式點心，可以添加磨菇、火腿、貝類、香料、蔬菜等多種食材製作。
鹹派營養豐富又有飽足感，也很適合當正餐吃，在法國是很普遍的家常料理。

德式草莓蛋糕

>>> CAKE 3-32 Strawberry Torte

材料 〔份量：直徑28cm派盤，1個｜溫度：175℃｜時間：20～25分鐘｜難度：★★☆〕

派皮
- 無鹽奶油75g
- 細砂糖75g
- 香草砂糖1包（8g）
- 鹽1/8小匙
- 雞蛋2顆
- 低筋麵粉75g
- 泡打粉1小匙
- 杏仁粉50g
- 牛奶1大匙

餡料
- 草莓200g
- 冷凍藍莓200g
- 冷凍蔓越莓200g

裝飾
- 蘋果汁250ml
- 蛋糕果膠粉 1包
- 紅色天然食用色素1～2滴
- 細砂糖2大匙
- 椰子絲適量

工具
- 攪拌盆
- 電動攪拌機
- 網篩
- 矽膠刮刀
- 直徑28cm派盤
- 刮板
- 冷卻架
- 鍋子
- 湯匙

準備

Ⓐ 奶油、雞蛋放常溫退冰，至少30分鐘。

Ⓑ 低筋麵粉、泡打粉、杏仁粉過篩兩次。

Ⓒ 草莓洗淨，瀝乾水分後，切成兩半。

Ⓓ 派盤內塗抹烤盤油。

Ⓔ 烤箱以175℃預熱10分鐘。

作法

製作麵糊

1 攪拌盆中放入常溫軟化的奶油，用電動攪拌機以最低速攪拌20秒，打鬆奶油。

2 分2次加入細砂糖、香草砂糖、鹽，以最低速攪拌2分鐘，將奶油打至泛白呈絲絨狀。

3 分次倒入常溫的雞蛋，每倒入1顆，以最低速攪拌1分鐘，使蛋液完全被吸收。

4 篩入低筋麵粉、泡打粉、杏仁粉，用刮刀輕柔攪拌均勻。加入牛奶，輕柔攪拌至看不見麵粉顆粒。

5 麵糊倒入抹好烤盤油的派盤中，用刮板抹平表面。

6 放入烤箱以175℃烤20～25分鐘。烤好後脫模，放冷卻架上降溫。

擺放餡料&裝飾

7 蛋糕果膠粉加入蘋果汁中溶解，用濾網過濾後倒入鍋中。

8 滴入1～2滴紅色天然食用色素，加入細砂糖，加熱攪拌至沸騰。

9 用草莓、藍莓、蔓越莓鋪滿蛋糕表面，將步驟8的果膠液淋在水果表面。

10 蛋糕邊緣撒上椰子絲裝飾，放入冰箱冷藏1小時。

1

2

3

4

5

6

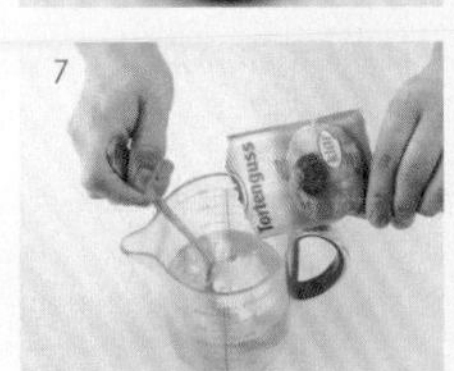
7

8

9

10

Baking Tip

德國、奧地利等國的蛋糕通常都稱為torte。除了莓果類外，也可以運用當季盛產的水果做成不同口味的德式水果蛋糕。使用顏色較淡的蘋果汁，加上一點天然的食用色素，調出半透明的彩色果膠，可以使蛋糕看起來更加美味誘人。

優格蛋糕捲

>>> CAKE 3-33

Yogurt Roll Cake

材料 〔份量：25×35cm蛋糕捲烤盤，1個｜溫度：180℃｜時間：15分鐘｜難度：★★☆〕

麵糊	•蛋黃3顆 •細砂糖100g •香草砂糖1包（8g） •低筋麵粉80g •蛋白3顆 •無鹽奶油20g •牛奶 20ml
內餡	•草莓100g
裝飾	•動物性鮮奶油200ml •香草砂糖 1包（8g） •優格粉20g •香橙酒2小匙 •糖粉適量
酒糖液	•水60ml •細砂糖30g •蘭姆酒1大匙
工具	•攪拌盆 •電動攪拌機 •網篩 •矽膠刮刀 •25×35cm蛋糕捲烤盤 •烘焙紙 •刮板 •冷卻架 •烘焙刷 •抹刀

準備

Ⓐ 酒糖液材料中的水和細砂糖煮滾，放涼後加入蘭姆酒拌勻。

Ⓑ 蛋糕捲烤盤內鋪好烘焙紙。

Ⓒ 烤箱以180℃預熱10分鐘。

作法

製作麵糊

1 攪拌盆中放入蛋黃，用電動攪拌機以最高速攪拌20秒後，加入1/2的細砂糖和香草砂糖，以最高速打發呈緞帶狀。

2 篩入低筋麵粉，用刮刀輕柔攪拌均勻。

3 取另一個攪拌盆，放入冰涼的蛋白，用電動攪拌機以最高速攪打20秒。蛋白開始起泡時，分次加入剩下的1/2細砂糖和香草砂糖，攪打2～3分鐘，打發成濕性發泡蛋白霜，分兩次加入步驟2中，用刮刀輕柔拌勻。

4 奶油和牛奶放入微波爐加熱10秒，倒入步驟3中，用刮刀攪拌均勻。

烘烤

5 麵糊倒入鋪好烘焙紙的蛋糕捲烤盤中，用刮板抹平表面。放入烤箱以180℃烤15分鐘。

打發鮮奶油霜&裝飾

6 取另一個攪拌盆，放入冰涼的鮮奶油，用電動攪拌機以最高速攪拌10秒後，加入香草砂糖和優格粉攪拌2～3分鐘，打發成霜淇淋狀的鮮奶油霜後，拌入香橙酒，增加香氣。

7 蛋糕烤好後脫模放在烘焙紙上。用手輕輕搓揉蛋糕表面，剝掉褐色表皮。均勻塗抹上酒糖液。

8 步驟6的優格鮮奶油霜塗抹在蛋糕上，用抹刀沿著蛋糕捲的末端用力壓出兩條壓痕。

9 放入草莓，一邊拉烘焙紙，一邊將蛋糕由內向外捲成圓筒狀。放冰箱冷藏30分鐘冰涼後，撒上糖粉裝飾。

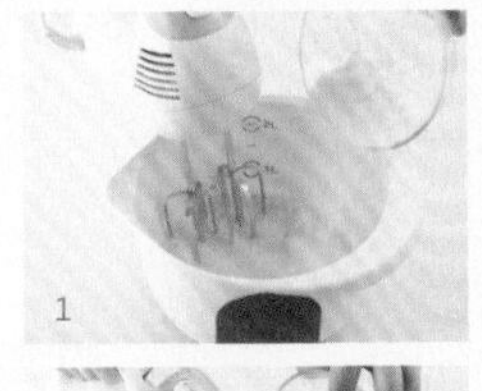
1

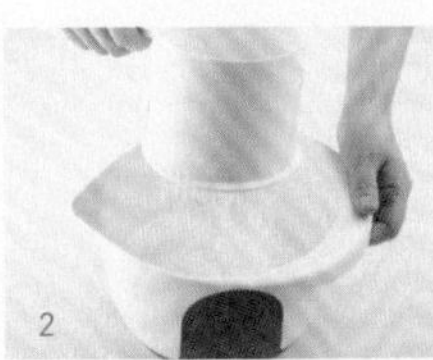
2

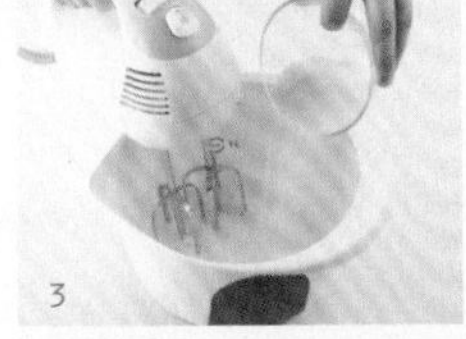
3

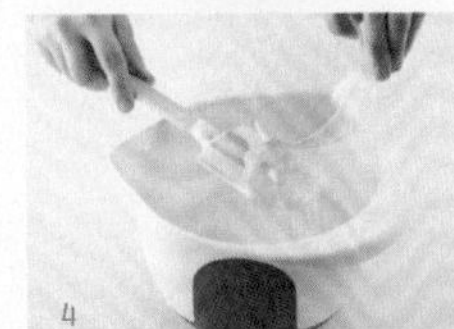
4

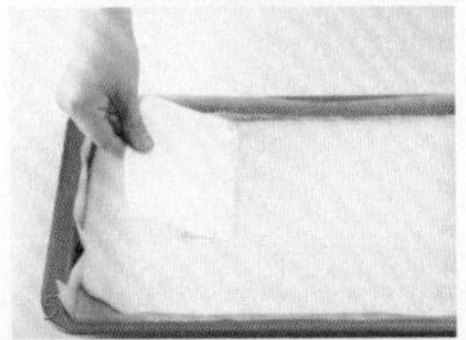

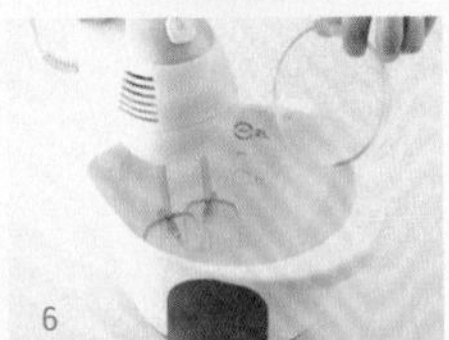
6

7

8

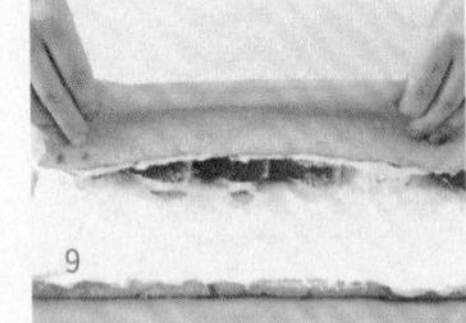
9

Baking Tip

烘烤蛋糕捲用的蛋糕時，烤箱溫度要高，但烘烤時間短。蛋糕烤好在室溫下放置一天，使蛋糕吸收空氣中的水分，操作時蛋糕才不容易裂開。塗抹鮮奶油霜時，用抹刀操作會更容易，抹面也較平整均勻。蛋糕邊緣部分的鮮奶油霜要抹薄一點，捲動時才不會溢出來。

巧克力香蕉蛋糕捲

>>> CAKE 3-34

Chocolate Banana Roll Cake

材料 〔份量：30×40cm深烤盤，1個｜溫度：180℃｜時間：15分鐘｜難度：★★☆〕

麵糊	• 蛋白3顆 • 蛋黃4顆 • 細砂糖80g • 香草砂糖1包（8g）• 低筋麵粉65g • 無糖可可粉1大匙 • 無鹽奶油20g • 牛奶30ml
裝飾	• 動物性鮮奶油150ml • 細砂糖10g • 香蕉（搗泥用）1/2根 • 香橙酒 2小匙 • 香蕉2根
酒糖液	• 水60ml • 細砂糖30g • 蘭姆酒1大匙
工具	• 攪拌盆 • 電動攪拌機 • 網篩 • 矽膠刮刀 • 烘焙紙 • 30×40cm深烤盤 • 刮板 • 冷卻架 • 叉子 • 抹刀

準備

- Ⓐ 雞蛋的蛋黃和蛋白分離並分開盛裝。
- Ⓑ 低筋麵粉和可可粉混合後，過篩兩次。
- Ⓒ 奶油放入微波爐中，加熱20秒融化。
- Ⓓ 水和做酒糖液用的細砂糖煮滾，放涼後加入蘭姆酒拌勻，完成酒糖液。
- Ⓔ 深烤盤內鋪好烘焙紙。
- Ⓕ 烤箱以180℃預熱10分鐘。

作法

製作麵糊

1 攪拌盆中放入冰涼的蛋白，用電動攪拌機以最高速攪拌30秒後，分次加入細砂糖和香草砂糖，攪拌2～3分鐘。

2 分次加入蛋黃，每倒入1顆，以最高速攪拌1分鐘，使蛋黃完全被吸收。

3 篩入低筋麵粉和可可粉，用刮刀輕柔拌勻，不要壓塌發泡。

4 加入牛奶及融化的奶油，用刮刀輕柔拌勻。

烘烤

5 拌好的麵糊倒入深烤盤中，用刮板整平表面。放入烤箱以180℃烤15分鐘。烤好後取出放涼。

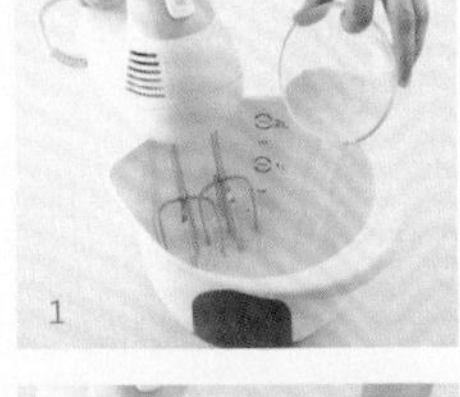
1

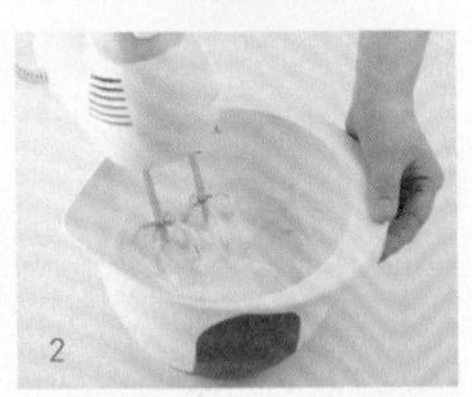
2

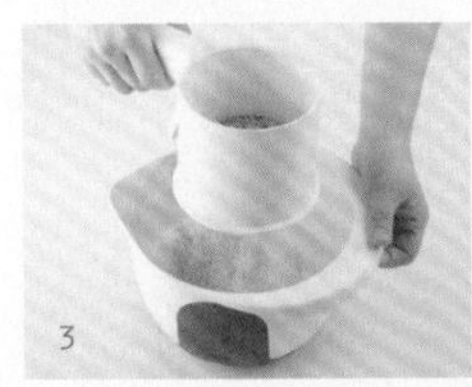
3

4

5

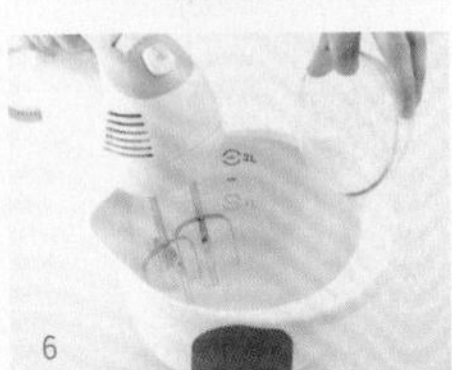
6

打發鮮奶油霜

6 取另一個攪拌盆，倒入冰涼的鮮奶油，用電動攪拌機以最高速攪打10秒後，加入細砂糖，繼續攪打1分鐘。

7 泡沫膨脹、硬挺後，用叉子將香蕉壓成泥，和香橙酒一起加入盆中，以最低速攪拌10秒拌勻。

8 蛋糕烤好後，脫模放在烘焙紙上。用手輕輕搓揉蛋糕表面，剝掉表皮。

9 蛋糕表面塗抹上酒糖液，用抹刀抹一層薄薄的鮮奶油霜。

10 裝飾用的香蕉剝皮，在蛋糕上排成一直線，將蛋糕捲成圓筒狀。

7

8

9

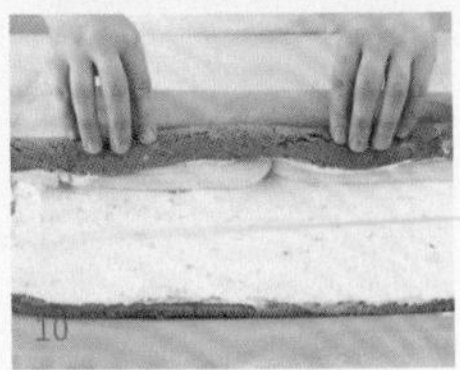
10

鮮奶油蛋糕

>>> CAKE 3-35

Fresh Cream Cake

材料　〔份量：直徑15cm圓形烤模，1個｜溫度：180℃｜時間：25～30分鐘｜難度：★★☆〕

麵糊	‧雞蛋2顆　‧細砂糖60g ‧香草砂糖1包（8g）‧低筋麵粉60g ‧泡打粉1/8小匙　‧無鹽奶油20g
裝飾	‧動物性鮮奶油300g　‧細砂糖2大匙 ‧香草砂糖1包（8g）‧香橙酒1大匙 ‧草莓4～5顆　‧鏡面果膠30g ‧開心果仁適量
酒糖液	‧水90ml　‧細砂糖60g　‧蘭姆酒1大匙
工具	‧攪拌盆　‧電動攪拌機　‧矽膠刮刀　‧抹刀 ‧直徑15cm圓形烤模　‧烘焙紙　‧冷卻架 ‧旋轉台　‧花瓣花嘴　‧擠花袋　‧烘焙刷

準備

Ⓐ 蛋黃放常溫退冰，至少30分鐘；蛋白放冰箱冷藏。

Ⓑ 奶油放入微波爐加熱融化。

Ⓒ 草莓洗淨後，留下幾顆裝飾，其餘的切成適口大小。

Ⓓ 水和做酒糖液的細砂糖煮滾、放涼後，加入蘭姆酒拌勻，完成酒糖液。

Ⓔ 圓形烤模內鋪好烘焙紙。

Ⓕ 烤箱以180℃烤10分鐘。

作法

製作蛋糕胚

1　參照p.140做法製作海綿蛋糕，橫切成等厚的3片蛋糕胚。

裝飾

2　攪拌盆中倒入冰涼的鮮奶油，再分次倒入細砂糖和香草砂糖，用電動攪拌機以最高速打發成不會流動的固體狀鮮奶油霜。再拌入香橙酒，增加香氣。

3　用刷子沾取放涼的酒糖液，均勻塗抹在步驟1的3片海綿蛋糕表面。

4　在旋轉台上放一片蛋糕胚，鋪滿切好的草莓塊，用抹刀塗上大量鮮奶油霜，來回抹壓，填入草莓之間的空隙中。

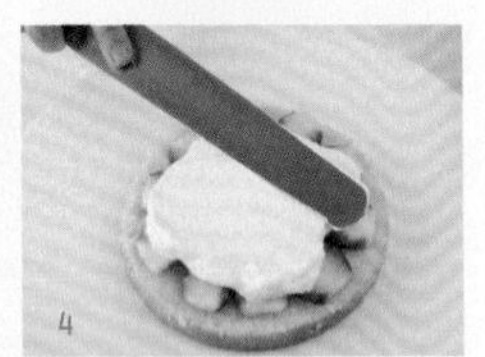

5　疊上另一片蛋糕胚，抹上鮮奶油霜，再疊一片蛋糕胚。

6　蛋糕頂面和側邊都抹上鮮奶油霜，轉動旋轉台，抹平表面。

7　剩餘的鮮奶油霜倒入裝有花瓣擠花嘴的擠花袋中。在蛋糕頂面擠出2圈重疊的花邊。

8　草莓塗上鏡面果膠，排列在中央，並撒上磨碎的開心果仁裝飾。

TIP

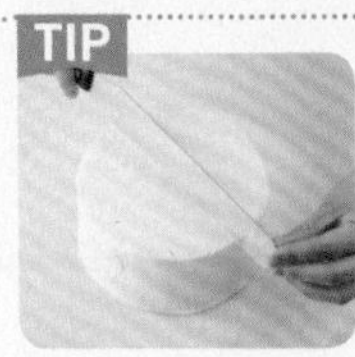

裝飾頂面前，可以先用抹刀刀刃在表面輕壓出線條，找出中心點並標記裝飾物的位置，裝飾時較不容易出錯。

Baking Tip

鮮奶油蛋糕除了搭配草莓，奇異果、柳橙、桃子、哈密瓜也是不錯的選擇，也可以夾入現成的藍莓、黑莓、櫻桃派餡。用鮮奶油霜裝飾時，可以依據個人喜好換用不同的擠花嘴作擠花裝飾。

巧克力蛋糕

>>> CAKE 3-36

Chocolate Cake

材料　〔份量：15×15cm方形烤模，1個｜溫度：180℃｜時間：25～30分鐘｜難度：★★☆〕

麵糊	・雞蛋2顆　・細砂糖60g　・無鹽奶油 20g ・香草砂糖1包（8g）　・低筋麵粉 45g ・杏仁粉 30g　・泡打粉 1/8小匙
酒糖液	・水60ml　・細砂糖30g　・蘭姆酒1大匙
甘納許	・動物性鮮奶油75ml　・水麥芽15g ・調溫黑巧克力140g
裝飾	・動物性鮮奶油200ml ・水1小匙　・細砂糖50g ・核桃仁、胡桃仁、夏威夷豆適量
工具	・攪拌盆　・網篩　・電動攪拌機　・矽膠刮刀　・烘焙紙　・15×15cm方形烤模　・烘焙刷 ・鍋子　・叉子　・旋轉台　・抹刀　・圓口擠花嘴　・擠花袋

準備

Ⓐ 雞蛋放常溫退冰，至少30分鐘。
Ⓑ 奶油放微波爐加熱融化；酒糖液預先煮滾並放涼。
Ⓒ 低筋麵粉、泡打粉、杏仁粉過篩兩次。
Ⓓ 方形烤模內鋪好烘焙紙。
Ⓔ 烤箱以180℃預熱10分鐘。

作法

製作蛋糕胚

1 參照p.140做好海綿蛋糕麵糊，倒入方形烤模中。放入烤箱以180℃烤25～30分鐘後，脫模放涼。

製作甘納許

2 鍋中倒入鮮奶油和水麥芽，以中火加熱至鍋邊開始冒泡後，關火。

3 倒入調溫黑巧克力，攪拌至完全融化。完成的巧克力甘納許放常溫降溫。

4 取另一個攪拌盆，倒入鮮奶油，用電動攪拌機以最高速打成霜淇淋狀的8分發鮮奶油霜，分次倒入巧克力甘納許中，用刮刀輕柔拌勻。

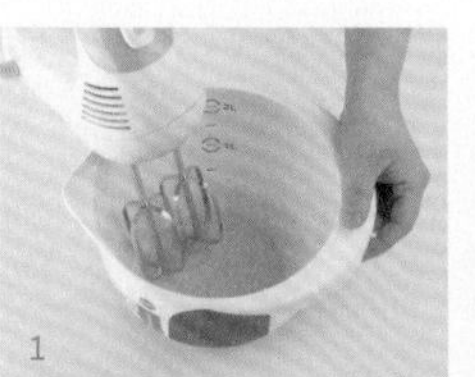
1

2

3

4

5

6

7

8

裝飾

5 放涼的蛋糕胚橫切成3等份，分別刷上酒糖液。

6 3片蛋糕胚都塗抹上步驟4的巧克力甘納許，重疊在一起。蛋糕外層也塗抹上平整的巧克力甘納許。

7 取一個鍋子，倒入水和細砂糖，加熱煮至褐色時，加入堅果類拌勻。

8 裹上焦糖液的堅果倒在烘焙紙上，用叉子一顆一顆分開，靜置等糖漿凝固。

9 剩餘的巧克力甘納許倒入裝有圓口擠花嘴的擠花袋中，在蛋糕頂面擠上幾顆圓球，再擺上裹了焦糖的堅果裝飾。

TIP

3片蛋糕胚重疊時，請將原本最上面的蛋糕胚改放置在中間。因為方形烤模的側邊有斜度，將最小的蛋糕胚藏在中間可以使蛋糕較方正，容易抹面。

9

摩卡蛋糕

>>> CAKE 3-37

Mocha Cake

材料 〔份量：25×35cm蛋糕捲烤盤，1個｜溫度：180℃｜時間：10～12分鐘｜難度：★★★〕

麵糊
- 雞蛋3顆
- 細砂糖90g
- 香草砂糖1包（8g）
- 低筋麵粉90g
- 泡打粉1/8小匙
- 無鹽奶油30g
- 即溶咖啡粉1大匙
- 咖啡酒1大匙

酒糖液
- 水60ml
- 細砂糖30g
- 蘭姆酒1大匙

咖啡鮮奶油霜
- 動物性鮮奶油100ml
- 細砂糖10g
- 即溶咖啡粉2小匙
- 咖啡酒2小匙

裝飾
- 動物性鮮奶油300ml
- 細砂糖 25g
- 香橙酒1大匙
- 香草砂糖1包（8g）
- 咖啡豆巧克力10顆

工具
- 攪拌盆
- 網篩
- 電動攪拌機
- 矽膠刮刀
- 烘焙紙
- 25×35cm蛋糕捲烤盤
- 擠花袋
- 冷卻架
- 麵包刀
- 烘焙刷
- 抹刀
- 刮板

準備

Ⓐ 奶油隔水加熱融化。

Ⓑ 將即溶咖啡粉各自溶入同類別的咖啡酒中，攪拌均勻。

Ⓒ 酒糖液預先煮滾、放涼。

Ⓓ 蛋糕捲烤盤內鋪好烘焙紙。

Ⓔ 烤箱以180℃預熱10分鐘。

作法

製作麵糊

1 攪拌盆中倒入雞蛋，用電動攪拌機以最高速攪拌30秒，泡沫體積膨大後，分次加入細砂糖和香草砂糖，繼續攪拌2分鐘，打發成乳白色的蓬鬆泡沫。

2 泡沫變堅挺時，篩入低筋麵粉、泡打粉，用刮刀輕柔拌勻，不要壓塌發泡。

3 倒入融化的奶油及混合的即溶咖啡粉、咖啡酒，用刮刀輕柔拌勻。

4 麵糊倒入蛋糕捲烤盤中，用刮板整平麵糊表面。

烘烤

5 拿起烤盤在桌面輕摔幾下，震破氣泡。放入烤箱以180℃烤10～12分鐘，烤好後脫模放涼。

製作咖啡鮮奶油霜&裝飾

6 取另一個攪拌盆，倒入冰涼的鮮奶油，用電動攪拌機以最高速攪打10秒後，加入細砂糖，繼續攪打2～3分鐘。倒入已預先溶入即溶咖啡粉的咖啡酒，轉最低速攪拌均勻。

7 蛋糕切成4片寬約5cm的長條後併攏，刷上酒糖液。

8 均勻抹上咖啡鮮奶油霜，4片蛋糕銜接捲成一個大圓輪。

9 取另一個攪拌盆，放入裝飾用鮮奶油、細砂糖、香草砂糖打發成全打發的鮮奶油霜後，加入香橙酒拌勻。

10 在蛋糕表面抹上平整的鮮奶油霜。再將剩餘的鮮奶油霜裝入擠花袋中，在蛋糕上擠出數個對稱的圓球，放上咖啡豆巧克力裝飾。

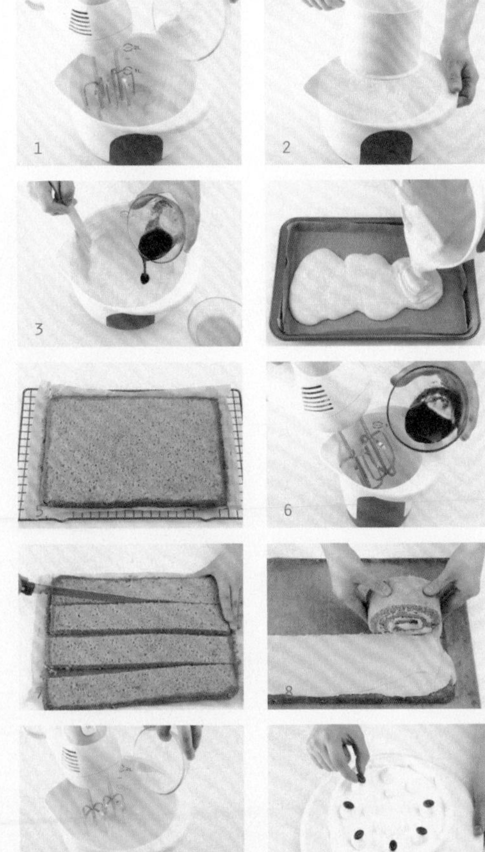

三角抹茶蛋糕

>>> CAKE 3-38

Green Tea Triangle

材料 〔份量：15×15cm方形烤模，1個｜溫度：180℃｜時間：25～30分鐘｜難度：★★★〕

麵糊
- 雞蛋2顆
- 細砂糖60g
- 香草砂糖1包（8g）
- 低筋麵粉60g
- 泡打粉1/8小匙
- 抹茶粉1大匙
- 無鹽奶油20g

酒糖液
- 水90ml
- 細砂糖60g
- 蘭姆酒1大匙

裝飾
- 動物性鮮奶油250ml
- 細砂糖20g
- 香草砂糖1包（8g）
- 香橙酒2小匙
- 調溫白巧克力50g

工具
- 攪拌盆
- 網篩
- 電動攪拌機
- 矽膠刮刀
- 烘焙紙
- 15×15cm方形烤模
- 刮板
- 烘焙刷
- 麵包刀
- 鍋子
- 旋轉台
- 抹刀
- 巧克力刮刀

準備

A 雞蛋放常溫退冰，至少30分鐘。
B 低筋麵粉、泡打粉、抹茶粉混合後，過篩兩次。
C 調溫白巧克力用巧克力刮刀刮成小碎片。
D 酒糖液預先煮滾後，放涼。
E 方形烤模內鋪好烘焙紙。
F 烤箱以180℃預熱10分鐘。

作法

製作蛋糕胚

1 攪拌盆中倒入雞蛋，用電動攪拌機以最高速攪拌30秒，泡沫體積膨大後，分次加入細砂糖和香草砂糖，繼續攪拌2分鐘，打發成乳白色的蓬鬆泡沫。

2 篩入低筋麵粉、泡打粉、抹茶粉，用刮刀輕柔拌勻，不要壓塌發泡。

3 奶油微波加熱融化後，倒在刮刀上，慢慢流入麵糊中，攪拌均勻。

4 麵糊倒入烤模中，用刮板整平麵糊表面。拿起烤模在桌面輕摔幾下，震破氣泡後放入烤箱，以180℃烤25～30分鐘。

5 蛋糕烤好後脫模放涼。用麵包刀橫切成2等份後再對切成4片。

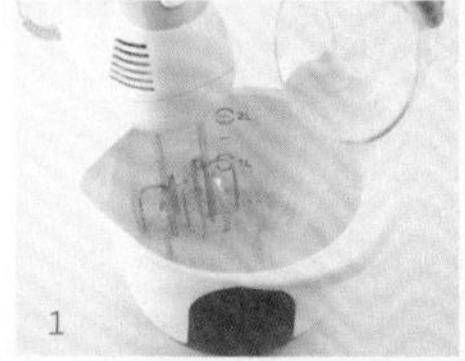
1

2

3

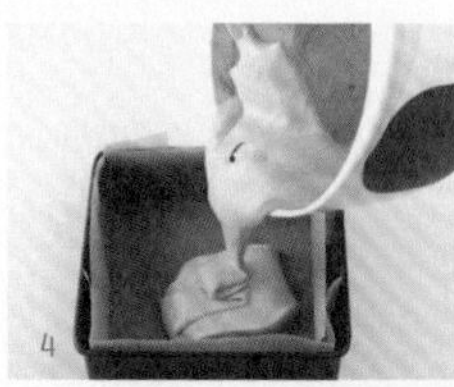
4

5

6

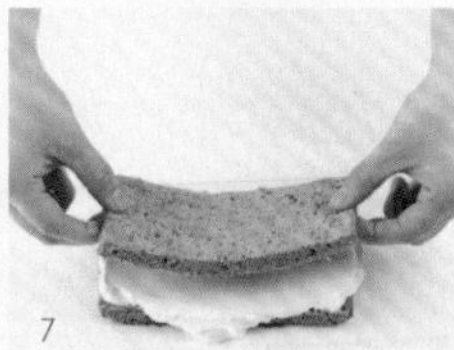
7

8

9

裝飾

6 取另一個攪拌盆，倒入鮮奶油後，分2～3次加入細砂糖和香草砂糖，用電動攪拌機以最高速攪打2～3分鐘，打成全打發鮮奶油霜，再加入香橙酒拌勻。

7 4片蛋糕分別塗上酒糖液和鮮奶油霜後重疊在一起。

8 用麵包刀從蛋糕側面往斜對角斜切成兩半。翻轉兩邊的蛋糕，使夾層都與桌面呈90°垂直，合併成一個三角形。

9 在蛋糕的斜面抹上均勻平整的鮮奶油霜。

10 用刮成小碎片的白巧克力鋪滿蛋糕的斜面。

10

法式草莓蛋糕

>>> CAKE 3-39 *Fraisier*

材料 〔份量：9吋方形慕斯圈，1個｜溫度：180℃｜時間：12～15分鐘｜難度：★★★〕

麵糊	• 雞蛋2顆 • 低筋麵粉60g • 細砂糖60g • 香草砂糖1包（8g）• 無鹽奶油20g
裝飾	• 草莓500g • 植物性鮮奶油適量 • 開心果仁適量
卡士達醬	• 牛奶250ml • 蛋黃3顆 • 細砂糖50g • 香草砂糖1包（8g） • 低筋麵粉10g
內餡	• 吉利丁片1片 • 無鹽奶油100g • 奶油乳酪 50g • 動物性鮮奶油100ml • 香橙酒1大匙
工具	• 網篩 • 烘焙紙 • 蛋糕捲烤盤 • 刮板 • 攪拌盆 • 電動攪拌機 • 矽膠刮刀 • 9吋方形慕斯圈 • 慕斯圍邊紙 • 抹刀

準備

Ⓐ 雞蛋、內餡用無鹽奶油、奶油乳酪放常溫退冰，至少30分鐘。

Ⓑ 麵糊用無鹽奶油隔水加熱融化。

Ⓒ 吉利丁片用冰水浸泡15分鐘。

Ⓓ 參照p.34做好卡士達醬，放冰箱冷藏。

Ⓔ 烤盤內鋪好烘焙紙；慕斯圈內側沾水，貼上慕斯圍邊紙。

Ⓕ 烤箱以180℃預熱10分鐘。

作法

烘烤&製作內餡

1 參照p.213做好蛋糕麵糊，倒入蛋糕捲烤盤中，用刮板抹平表面。放入烤箱以180℃烤12～15分鐘。

2 攪拌盆中放入常溫軟化的奶油和奶油乳酪，用電動攪拌機以最低速攪拌、打鬆。

3 另一個攪拌盆中做好放涼的卡士達醬，以最低速稍微攪拌軟化後，倒入步驟2中一起攪拌均勻。

4 泡軟的吉利丁片擰乾水分，放入微波爐加熱10秒融化，挖一點步驟3的材料先和融化的吉利丁攪拌混合後，再倒入步驟3中全部拌勻。

5 取另一個攪拌盆，將動物性鮮奶油以最高速打發至8分發的霜淇淋狀，再加入香橙酒拌勻。

6 鮮奶油霜分兩次倒入步驟4中，攪拌均勻。

組合成型

7 蛋糕裁切成2片與方形慕斯圈一樣大的方形後，先鋪一片在慕斯圈底層。

8 草莓切成片狀，一部分直立排列在慕斯圈內側邊緣。

9 剩餘草莓片平鋪在底層蛋糕上，倒入步驟6的內餡，用抹刀抹平表面，再鋪上另一片蛋糕，放入冰箱冷藏1小時。

10 內餡凝固後脫模，打發植物鮮奶油，抹在蛋糕表面，用草莓和磨碎的開心果仁裝飾。

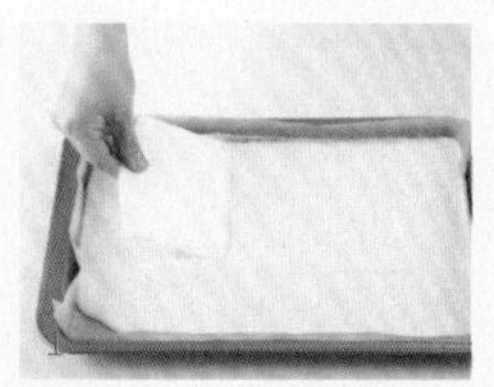
1

2

3

4

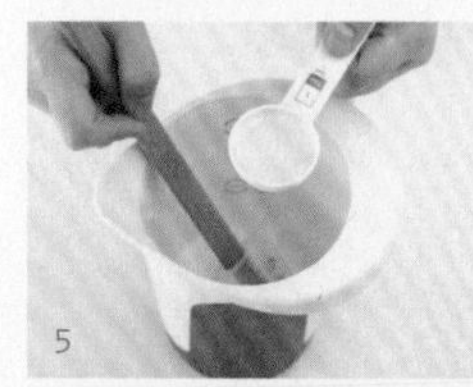
5

6

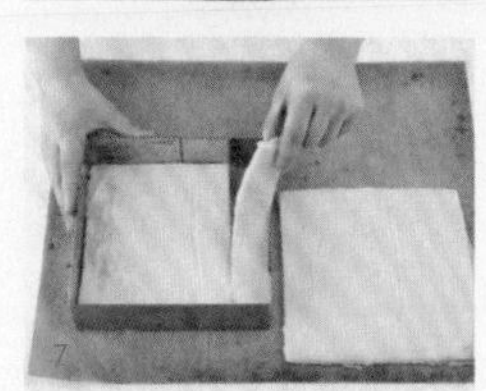
7

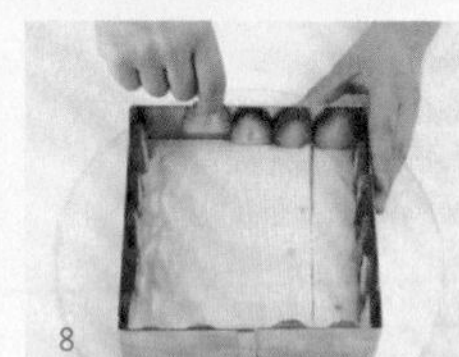
8

9

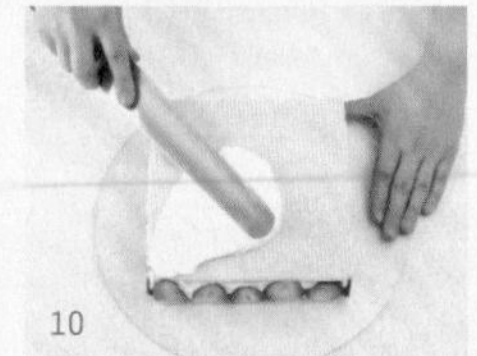
10

芒果夏洛特

>>> CAKE 3-40

Mango Charlotte

材料 〔份量：直徑15cm圓形慕斯圈，1個｜溫度：180℃｜時間：12～15分鐘｜難度：★★☆〕

麵糊
- 雞蛋2顆
- 細砂糖75g
- 糖粉20g
- 香草砂糖1包（8g）
- 低筋麵粉75g

芒果慕斯
- 吉利丁粉1小匙
- 冰水2大匙
- 芒果果泥150g
- 細砂糖2大匙
- 香草砂糖1包（8g）
- 檸檬汁2小匙
- 動物性鮮奶油100ml
- 香橙酒1小匙

內餡
- 芒果果泥50g
- 鏡面果膠50g
- 芒果丁適量
- 薄荷葉適量

工具
- 攪拌盆
- 電動攪拌機
- 網篩
- 刮板
- 矽膠刮刀
- 圓口擠花嘴
- 擠花袋
- 烘焙紙
- 烤盤
- 鍋子
- 慕斯圍邊紙
- 直徑15cm圓形慕斯圈

準備

Ⓐ 雞蛋的蛋黃和蛋白分離並分開盛裝。

Ⓑ 吉利丁粉倒入冰水中，泡軟。

Ⓒ 芒果果泥從冷凍取出解凍，並退冰至室溫。

Ⓓ 低筋麵粉過篩兩次。

Ⓔ 烤盤上鋪好烘焙紙。

Ⓕ 慕斯圈內側沾水，貼上慕斯圍邊紙。

Ⓖ 烤箱以180℃預熱10分鐘。

作法

製作麵糊&烘烤

1 參照p.185製作手指餅乾的麵糊。

2 麵糊倒入裝有圓形擠花嘴的擠花袋中，在烤盤上擠出兩排長5cm手指狀併攏的麵糊，再擠一個比慕斯圈稍微小一點的實心圓圈麵糊。

3 在麵糊的表面撒滿糖粉。放入烤箱以180℃烤12～15分鐘。

1

2

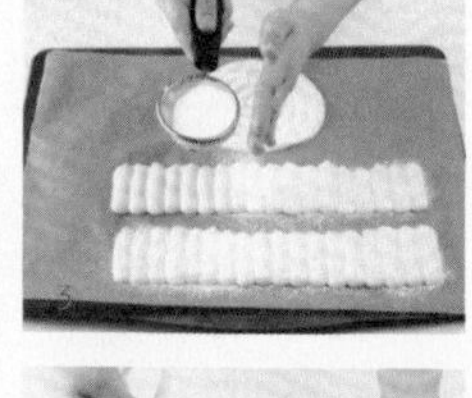
3

5

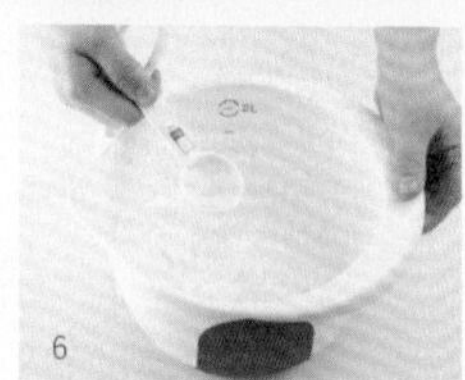
6

製作芒果慕斯

4 鍋中放入芒果果泥、細砂糖、香草砂糖，煮至沸騰冒泡後，立即關火。

5 泡開的吉利丁粉瀝乾水分，加入鍋中，攪拌至完全融化。再加入檸檬汁拌勻，增加果酸味。

6 取另一個攪拌盆，放入鮮奶油，用電動攪拌機打發成8分發霜淇淋狀後，拌入香橙酒增加香氣。

7 打好的鮮奶油霜倒入步驟5中，用刮刀攪拌均勻。

7

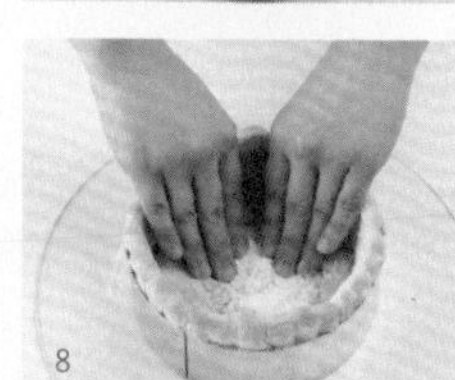
8

9

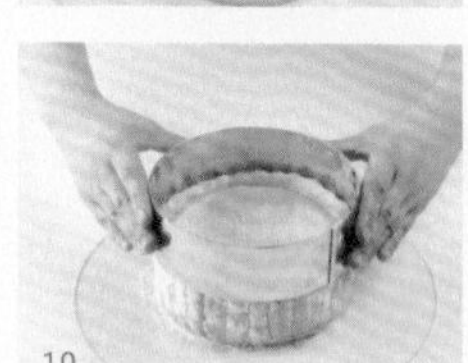
10

裝飾

8 放涼的手指餅乾鋪在慕斯圈的側邊和底部。

9 倒入步驟7的內餡，用刮板抹平表面。放入冰箱冷藏1小時。

10 內餡凝固後脫模，將芒果果泥和鏡面果膠拌勻後淋在內餡上，再用芒果丁和薄荷葉裝飾。

伯爵茶慕斯蛋糕

>>> CAKE 3-41

Earl Grey Mousse

材料 〔份量：迷你六角慕斯圈，6～8個｜溫度：冷藏｜時間：2小時｜難度：★★☆〕

餅乾底
- 消化餅乾100g
- 無鹽奶油30g

慕斯
- 吉利丁片2片
- 牛奶100ml
- 伯爵茶末1＋1/2小匙
- 調溫白巧克力70g
- 動物性鮮奶油200ml
- 香橙酒2小匙

裝飾
- 咖啡膏1大匙

工具
- 調理機
- 迷你六角慕斯圈
- 慕斯圍邊紙
- 湯匙
- 攪拌盆
- 矽膠刮刀
- 鍋子
- 篩網
- 電動攪拌機
- 抹刀

準備

Ⓐ 吉利丁片用冰水浸泡15分鐘。

Ⓑ 消化餅乾放入調理機打碎。

Ⓒ 奶油加熱融化。

Ⓓ 六角慕斯圈內側沾水，貼上慕斯圍邊紙。

作法

製作餅乾底

1 消化餅乾打碎，加入融化的奶油攪拌均勻。

2 裝入六角慕斯圈中，用湯匙按壓緊實，放入冰箱冷藏凝固。

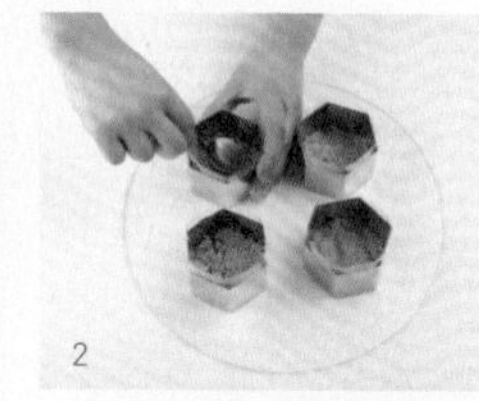

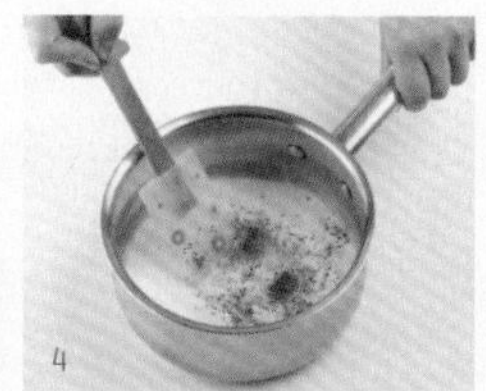

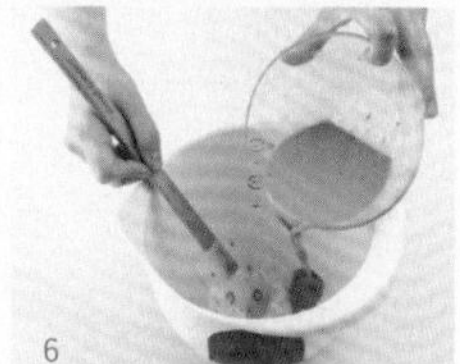

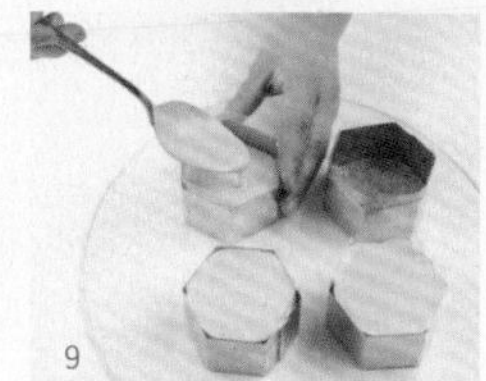

製作慕斯餡

3 鍋中倒入牛奶，以中火加熱至鍋邊冒泡後，立即關火。

4 倒入伯爵茶末浸泡，牛奶變成奶茶色時，用濾網濾掉較粗的茶末。

5 泡在冰水中的吉利丁片取出擰乾，放入步驟4中攪拌至完全溶解。

6 取另一個攪拌盆，倒入白巧克力，再倒入步驟5，攪拌至巧克力融化。

7 取另一個攪拌盆，倒入冰涼的鮮奶油，用電動攪拌機以最高速打發至霜淇淋狀，拌入香橙酒增加香氣。

8 分兩次將打好的鮮奶油霜倒入步驟6，用刮刀輕柔攪拌均勻。

裝飾

9 六角慕斯圈從冰箱取出，倒入慕斯餡填滿，再放入冰箱冷藏2小時。

10 慕斯餡凝固後，拿掉慕斯圈，在表面滴上幾滴咖啡膏，用抹刀抹成不規則的紋路。

古典巧克力蛋糕

>>> CAKE 3-42

Gateau au Chocolat

材料 〔份量：直徑15cm圓形烤模，1個｜溫度：180℃｜時間：35～40分鐘｜難度：★★☆〕

麵糊	• 調溫黑巧克力75g • 無鹽奶油75g • 雞蛋3顆 • 細砂糖70g • 香草砂糖1包（8g） • 動物性鮮奶油30ml • 低筋麵粉20g • 無糖可可粉25g
蛋白霜	• 蛋白3顆 • 細砂糖50g
裝飾	• 防潮糖粉適量
工具	• 鍋子 • 打蛋器 • 攪拌盆 • 網篩 • 矽膠刮刀 • 電動攪拌機 • 烘焙紙 • 直徑15cm圓形烤模 • 刮板 • 冷卻架

準備

Ⓐ 調溫黑巧克力切成小塊。
Ⓑ 雞蛋的蛋黃和蛋白分離，蛋白放入冰箱冷藏。
Ⓒ 低筋麵粉和可可粉混合後，過篩兩次。
Ⓓ 圓形烤模內鋪好烘焙紙。
Ⓔ 烤箱以180℃預熱10分鐘。

作法

製作麵糊

1 鍋中加入切碎的黑巧克力和奶油，以中火加熱，巧克力開始融化時，立即關火。以餘溫攪拌至完全融化，倒入攪拌盆中。

2 加入蛋黃、細砂糖、香草砂糖，用打蛋器攪拌至砂糖顆粒完全溶解。

3 倒入鮮奶油攪拌均勻。

4 篩入低筋麵粉、可可粉，用刮刀輕柔攪拌均勻。

打發蛋白霜

5 取另一個攪拌盆，倒入冰涼的蛋白，用電動攪拌機以最高速攪打10秒，使蛋白起泡膨脹。

6 分2～3次放入細砂糖，以最高速攪打2分鐘，打成乾性發泡的蛋白霜。

7 蛋白霜分2～3次倒入步驟4中，用刮刀輕柔拌勻。

8 麵糊拌好後，倒入鋪好烘焙紙的圓形烤模中，用刮板整平表面。

烘好&裝飾

9 放入預熱好的烤箱以180℃烤35～40分鐘。烤好後脫模，放冷卻架上充分降溫，撒上防潮糖粉裝飾。

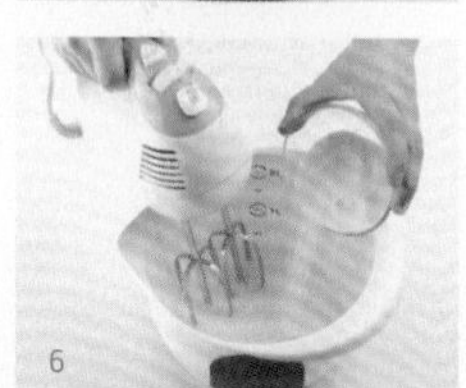

巧克力雙重奏蛋糕

>>> CAKE 3-43 Gateau au Chocolat

材料 〔份量：直徑15cm圓形慕斯圈，1個｜溫度：冷凍｜時間：2小時｜難度：★★☆〕

蛋糕底
- 海綿蛋糕1片

慕斯
- 動物性鮮奶油4大匙
- 調溫黑巧克力 50g
- 調溫牛奶巧克力 40g
- 植物性鮮奶油 200ml
- 可可酒 2小匙

鏡面巧克力
- 動物性鮮奶油80ml
- 水100ml
- 細砂糖100g
- 水麥芽15g
- 無糖可可粉40g
- 吉利丁片2片

工具
- 直徑15cm圓形慕斯圈
- 慕斯圍邊紙
- 鍋子
- 攪拌盆
- 矽膠刮刀
- 電動攪拌機
- 打蛋器
- 網篩
- 鐵盤
- 冷卻架

準備

Ⓐ 參照p.140做好海綿蛋糕後橫切成三等份，取其中一片。

Ⓑ 吉利丁片用冰水浸泡10分鐘。

Ⓒ 慕斯圈內側沾水，貼上慕斯圍邊紙。

Ⓓ 植物性鮮奶油用電動攪拌機打發成鮮奶油霜。

作法

製作慕斯

1 取2個鍋子，分別倒入2大匙動物性鮮奶油，開火加熱。

2 分別放入黑巧克力和牛奶巧克力，加熱攪拌至融化後關火，倒入不同的攪拌盆稍微降溫。

3 裝有黑巧克力和牛奶巧克力的攪拌盆，分別倒入打發好的植物性鮮奶油霜各100ml拌勻，再各加入1小匙可可酒拌勻，增添香氣。

製作鏡面巧克力

4 取另一個鍋子，加入動物性鮮奶油、水、細砂糖、水麥芽，開中火，用打蛋器攪拌均勻。

5 煮滾後關火，篩入可可粉攪拌至沒有任何結塊。再重新開中火加熱。

6 沸騰後關火，降溫至60℃左右，擰乾泡水的吉利丁片，放入鍋中攪拌至融化，並用濾網過濾一次。

組合成型

7 在鋪好圍邊紙的慕斯圈內鋪入蛋糕，倒入步驟3的黑巧克力甘納許，放入冰箱冷凍室，冰鎮1小時，使慕斯凝固。

8 再倒入牛奶巧克力甘納許，繼續放冷凍室冰鎮1小時，使慕斯凝固。

9 冷卻架下方放置鐵盤，蛋糕放在冷卻架上，在蛋糕表面淋滿鏡面巧克力。

TIP 吉利丁遇到高溫會無法發揮凝固作用，所以務必降溫至60℃再加入吉利丁。此時用手摸鍋子仍會感覺微燙，足夠融化吉利丁。

地瓜蒙布朗

>>> CAKE 3-44

Sweet Potato Mont Blanc

材料 〔份量：直徑6.5cm現成塔皮杯，6個｜溫度：冷藏｜時間：1小時｜難度：★☆☆〕

派皮
- 地瓜150g
- 卡士達醬75g
- 蜂蜜2小匙
- 動物性鮮奶油50ml
- 香橙酒1大匙
- 現成塔皮杯6個

裝飾
- 地瓜薄片6片

工具
- 攪拌盆
- 電動攪拌機
- 矽膠刮刀
- 圓口擠花嘴
- 擠花袋

準備

Ⓐ 參照p.34做好卡士達醬後，放入冰箱冷藏。

Ⓑ 切好的地瓜薄片放入烤箱以100℃烤1小時，烤成乾燥的脆片。

作法

製作內餡

1 地瓜蒸熟後，趁熱壓鬆。

2 攪拌盆中放入壓鬆的地瓜，用電動攪拌機以最低速攪成地瓜泥。

3 取另一個攪拌盆，倒入卡士達醬，以最低速攪拌、打散。

4 地瓜泥、卡士達醬、蜂蜜倒入同一個攪拌盆，以最低速攪拌，混合均勻。

5 取另一個攪拌盆，倒入鮮奶油，用電動攪拌機以最高速打發成霜淇淋狀的8分發鮮奶油霜，再加入香橙酒增添風味。

6 步驟5分次加入步驟4，用刮刀輕柔拌勻。倒入裝有圓口擠花嘴的擠花袋中，填入已烤好的塔皮杯內，呈隆起的螺旋圓錐狀。

裝飾

7 烤好的地瓜脆片放在頂端作裝飾。放入冰箱冷藏1小時即可食用。

1

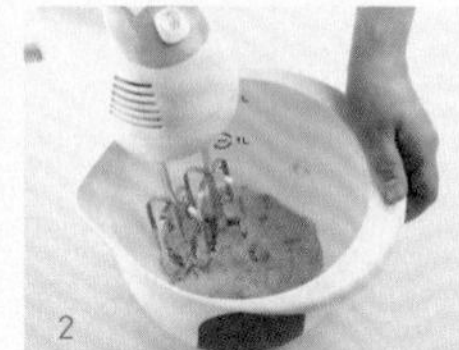
2

3

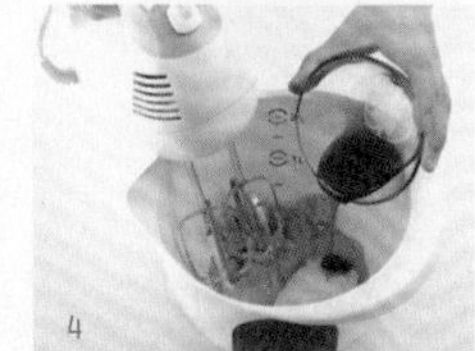
4

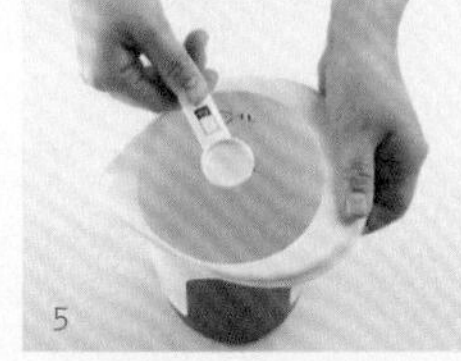
5

6

7

TIP

裝飾時，也可以選擇先填入一些鮮奶油霜，再將調好的地瓜卡士達內餡繞在外層。

Baking Tip

若買不到現成烤好的塔皮杯，可以到烘焙材料行購買附杯模的冷凍塔皮回家自行烘烤。地瓜和卡士達醬拌勻後，先放入濾網中，按壓過濾，使地瓜卡士達醬的口感更綿密。

南瓜蜂蜜蛋糕

>>> CAKE 3-45

Pumpkin Castela

材料 〔份量：長20cm蜂蜜蛋糕木框，1個｜溫度：180℃｜時間：35～40分鐘｜難度：★★☆〕

麵糊
- 蛋黃5顆 • 鹽1/8小匙 • 細砂糖60g
- 香草砂糖1包（8g） • 蜂蜜1大匙
- 低筋麵粉90g • 南瓜粉20g • 南瓜60g
- 無鹽奶油20g • 牛奶20ml • 蘭姆酒1大匙

蛋白霜
- 蛋白3顆 • 細砂糖40g

工具
- 烤盤 • 烘焙紙 • 長20cm蜂蜜蛋糕木框
- 攪拌盆 • 電動攪拌機 • 網篩
- 矽膠刮刀 • 刮板 • 冷卻架

準備

Ⓐ 雞蛋的蛋黃和蛋白分離，蛋白放入冰箱冷藏。

Ⓑ 低筋麵粉、南瓜粉過篩兩次。

Ⓒ 奶油、牛奶、蘭姆酒隔水加熱、混合。

Ⓓ 南瓜洗淨後，連皮切成薄片。

Ⓔ 烤箱以180℃預熱10分鐘。

作法

製作麵糊

1 蜂蜜蛋糕木框放在烤盤上，裁剪好烘焙紙，鋪入木框中。

2 攪拌盆中放入常溫的蛋黃和鹽，用電動攪拌機以最高速攪拌20秒，打至起泡。

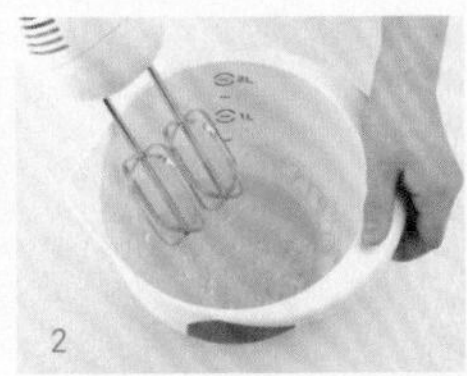

3 分2～3次倒入細砂糖及香草砂糖，以最高速攪拌2分鐘，打發成淺奶油色的蓬鬆泡沫。再倒入蜂蜜攪拌均勻。

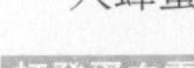

打發蛋白霜

4 取另一個攪拌盆，放入冰涼的蛋白，用電動攪拌機以最高速攪打20秒。蛋白開始膨脹發泡時，分次放入細砂糖，攪打2～3分鐘，完成乾性發泡的蛋白霜，泡沫成三角形附著在攪拌棒上。

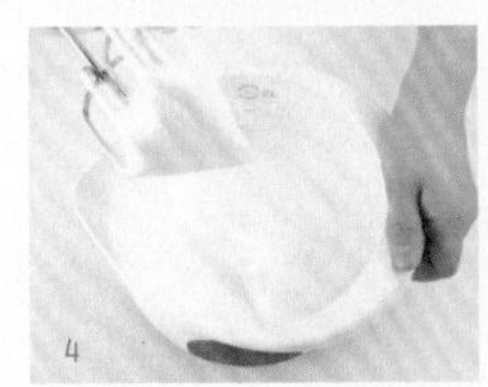

5 在步驟3中加入1/3的蛋白霜，並篩入1/3的低筋麵粉、南瓜粉，用刮刀快速且輕柔地拌勻。

6 步驟5的動作再重複兩次。最後倒入融化的奶油及加熱的牛奶、蘭姆酒，用刮刀快速且輕柔地拌勻。

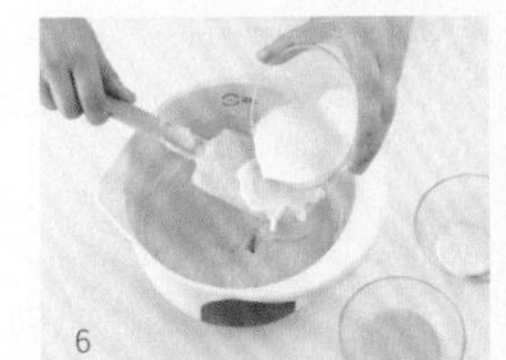

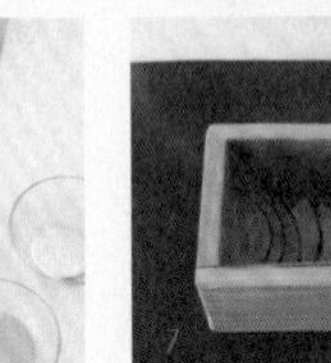

7 切成薄片的南瓜鋪在木框烤模的底部，倒入麵糊。用刮板整平表面。

烘烤

8 放入預熱好的烤箱以180℃烤35～40分鐘。烤好後，冷卻架放在木框上，連同烤盤一起翻面。

9 脫模後，放冷卻架上充分降溫。

Baking Tip

製作蜂蜜蛋糕時，木框是不可或缺的重要工具。除了能感受到木頭的自然芬芳外，最重要的是木頭導熱速度慢，可避免蜂蜜蛋糕烤焦。想要蜂蜜蛋糕吃起來蓬鬆又綿密，拌入蛋白霜的速度要快，但動作要輕柔，不要壓塌發泡。拌入牛奶和蘭姆酒等液體也盡可能在最短時間內拌勻。

# 胡蘿蔔蛋糕
>>> CAKE 3-46
# Carrot Cake

材料 〔份量：直徑15cm半球形蛋糕模，1個｜溫度：180℃｜時間：40分鐘｜難度：★★★〕

麵糊
- 雞蛋3顆
- 黑砂糖120g
- 橄欖油70ml
- 低筋麵粉150g
- 泡打粉1小匙
- 肉桂粉1.5小匙
- 胡蘿蔔200g
- 核桃仁70g

裝飾
- 奶油乳酪125g
- 細砂糖3大匙
- 香草砂糖1包（8g）
- 動物性鮮奶油125ml

工具
- 刨絲器
- 攪拌盆
- 打蛋器
- 網篩
- 矽膠刮刀
- 直徑15cm半球形烤模
- 刮板
- 冷卻架
- 電動攪拌機
- 旋轉台
- 抹刀

準備

Ⓐ 雞蛋、奶油乳酪放常溫退冰，至少30分鐘。
Ⓑ 低筋麵粉、泡打粉、肉桂粉過篩兩次。
Ⓒ 胡蘿蔔用刨絲器刨成細絲後，瀝乾水分。
Ⓓ 核桃仁切成小塊。
Ⓔ 半球形烤模內塗抹烤盤油。
Ⓕ 烤箱以180℃預熱10分鐘。

作法

製作麵糊

1 攪拌盆中放入常溫的雞蛋，用打蛋器打散。

2 分2～3次加入黑砂糖攪拌溶解後，加入橄欖油拌勻。

3 篩入低筋麵粉、泡打粉、肉桂粉，用刮刀輕柔拌勻。

4 倒入胡蘿蔔絲和切小塊的核桃仁，用刮刀攪拌均勻。

烘烤

5 拌好的麵糊倒入半球形烤模，約8分滿即可，再用刮板抹整平麵糊表面。放入烤箱以180℃烤40分鐘。烤好後脫模放涼。

裝飾

6 取另一個攪拌盆，放入奶油乳酪，用電動攪拌機以最低速攪拌20秒，打鬆奶油乳酪。分次慢慢加入細砂糖和香草砂糖，以最低速攪拌1分鐘，使砂糖溶解，呈現細緻的乳霜狀。

7 取另一個攪拌盆，倒入冰涼的鮮奶油，用電動攪拌機以最高速打發成霜淇淋狀的8分發鮮奶油霜，分次倒入步驟6的奶油乳酪中拌勻。

8 用抹刀將步驟7塗抹在蛋糕表面，轉動旋轉台裝飾平整。

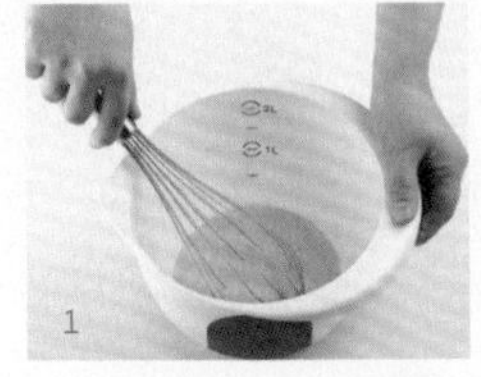
1

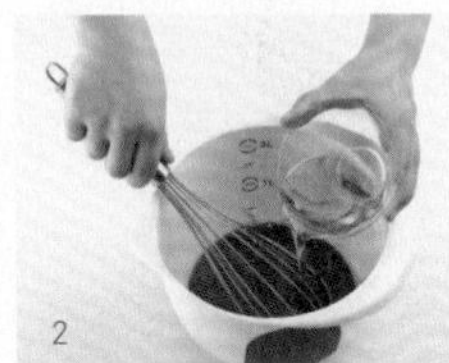
2

3

4

5

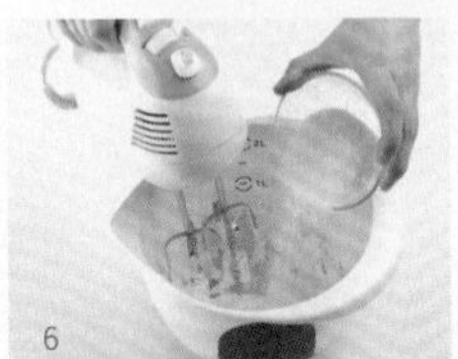
6

7

1

TIP

抹圓型弧面時若有困難，可以將慕斯圍邊紙裁成8cm長，彎成圓弧狀，輕靠在蛋糕表面，轉動旋轉台，即可抹出平整的圓弧表面。

糯米蛋糕

>>> CAKE 3-47

Sticky Rice Cake

材料 〔份量：20×20cm方形烤模，1個｜溫度：180℃｜時間：30分鐘｜難度：★★☆〕

麵糊
- 雞蛋2顆 • 細砂糖70g • 香草砂糖1包（8g）
- 鹽1/2小匙 • 動物性鮮奶油50ml • 牛奶80ml
- 糯米粉200g • 泡打粉1/4小匙 • 核桃仁40g
- 蜜紅豆30g • 蜜豌豆30g

裝飾
- 核桃仁20g • 蜜紅豆10g • 蜜豌豆10g
- 防潮糖粉10g

工具
- 攪拌盆 • 打蛋器 • 網篩 • 矽膠刮刀 • 烘焙紙
- 20×20cm正方形烤模 • 冷卻架

準備

A 雞蛋放常溫退冰至少30分鐘。
B 糯米粉、泡打粉過篩兩次。
C 鮮奶油、牛奶隔水加熱。
D 麵糊用的核桃仁切成小塊。
E 方形烤模內鋪好烘焙紙。
F 烤箱以180℃預熱10分鐘。

作法

製作麵糊
1 攪拌盆中放入常溫的雞蛋，用打蛋器輕輕打散。
2 分2～3次倒入細砂糖和香草砂糖，攪拌至砂糖顆粒溶解。
3 慢慢倒入加熱好的鮮奶油及牛奶，用打蛋器拌勻。
4 篩入糯米粉、泡打粉，用刮刀輕柔攪拌均勻，攪拌至看不見麵粉顆粒。
5 倒入核桃仁、蜜紅豆、蜜豌豆，輕柔拌勻。
6 麵糊倒入鋪好烘焙紙的方形烤模中。

烘烤
7 裝飾用的核桃仁、蜜紅豆、蜜豌豆鋪在麵糊表面裝飾。放入烤箱以180℃烤30分鐘。

裝飾
8 蛋糕烤好後，脫模放冷卻架上，撒上防潮糖粉趁熱食用。

1

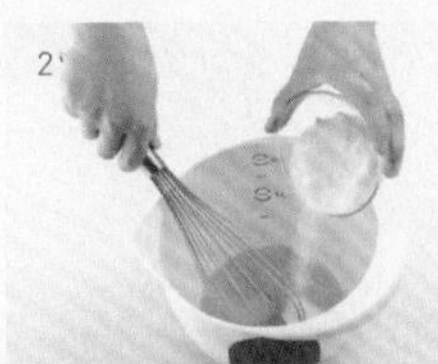
2

3

4

5

6

7

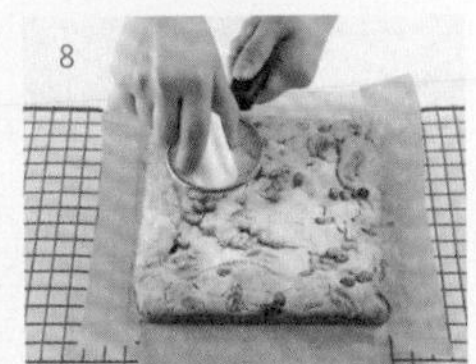
8

Baking Tip

攪拌糯米蛋糕的材料時，用打蛋器取代電動攪拌機，是為了使麵糊不發泡。若麵糊攪拌至發泡的話，烤好的蛋糕表面會變得不平整。糯米製成的蛋糕在常溫中很快就會變硬，此時放入微波爐重新加熱一下即可回復Q軟的口感。

蘋果肉桂蛋糕

>>> CAKE 3-48

Apple Cinnamon Cake

材料 〔份量：20×20cm方形烤模，1個｜溫度：170℃｜時間：30～35分鐘｜難度：★★☆〕

麵糊
- 雞蛋2顆 • 鹽1/8小匙 • 細砂糖125g
- 香草砂糖1（8g） • 橄欖油125ml
- 低筋麵粉180g • 泡打粉1小匙

裝飾
- 中等大小蘋果2顆
- 細砂糖1大匙 • 肉桂粉1小匙

工具
- 鍋子 • 刀子 • 砧板 • 攪拌盆
- 電動攪拌機 • 網篩 • 矽膠刮刀 • 烘焙紙
- 20×20cm方形烤模 • 刮板 • 冷卻架

準備

A 雞蛋放常溫退冰，至少30分鐘。

B 低筋麵粉、泡打粉混合後，過篩兩次。

C 方形烤模中鋪好烘焙紙。

D 烤箱以170℃預熱10分鐘。

作法

製作內餡

1 蘋果清洗乾淨，連皮切成4等份，去掉果核後，切成薄片。

2 鍋中放入切好的蘋果片、細砂糖、肉桂粉，加熱熬煮3～5分鐘。

製作麵糊

3 攪拌盆中放入常溫的雞蛋，用電動攪拌機以最高速攪拌30秒。蛋液體積膨大後，分次慢慢倒入細砂糖、香草砂糖、鹽，以最高速攪拌3分鐘，打發成乳白色的蓬鬆泡沫。

4 分次慢慢倒入橄欖油，以最低速攪拌均勻。

5 篩入低筋麵粉、泡打粉，並放入熬煮好的蘋果片，用刮刀攪拌至看不見麵粉顆粒為止。

6 麵糊倒入鋪好烘焙紙的方形烤模，用刮板輕輕整平表面。

烘烤

7 放入預熱好的烤箱以170℃烤30～35分鐘。烤好後脫模放涼。

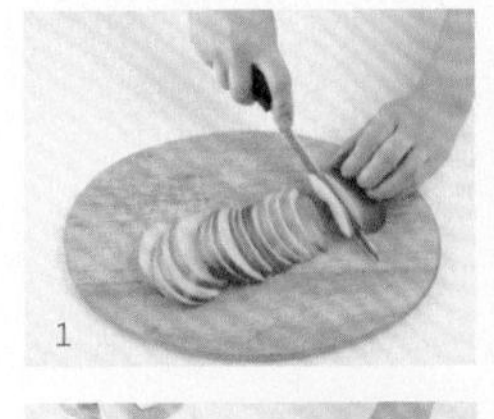
1

2

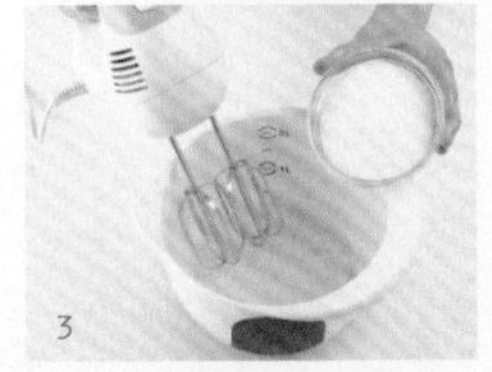
3

4

5

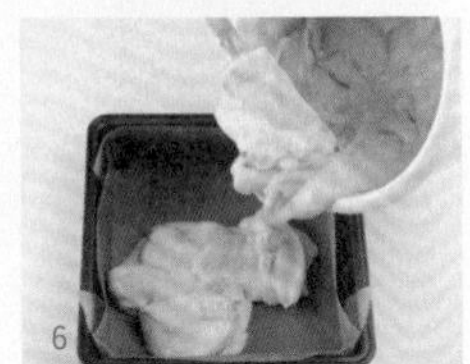
6

7

Baking Tip

這款肉桂蘋果蛋糕可以同時品嘗到蘋果的爽脆和肉桂的濃郁香氣，以及蛋糕本身的鬆軟綿密。挑選水分較少、味道較酸的蘋果，熬煮時間約3～5分鐘即可，才能保留蘋果的脆度。熬煮時若蘋果滲出的水分太多，請先用濾網瀝乾再拌入麵糊中。

樱桃奶酥蛋糕

>>> CAKE 3-49 Cherry Streusel Kuchen

材料 〔份量：20×20cm方形烤模，1個｜溫度：170℃｜時間：30～35分鐘｜難度：★★☆〕

麵糊	・無鹽奶油50g ・細砂糖100g ・香草砂糖1包（8g）・雞蛋1顆 ・牛奶3大匙 ・低筋麵粉150g ・泡打粉1小匙
內餡	・罐頭櫻桃派餡400g
奶酥	・無鹽奶油50g ・黑砂糖 50g ・肉桂粉 1/2小匙 ・低筋麵粉 70g
工具	・攪拌盆 ・電動攪拌機 ・網篩 ・矽膠刮刀 ・烘焙紙 ・20×20cm方形烤模 ・刮板 ・冷卻架

準備

Ⓐ 雞蛋、奶油、牛奶放常溫退冰，至少30分鐘。

Ⓑ 低筋麵粉、泡打粉過篩兩次。

Ⓒ 方形烤模中鋪好烘焙紙

Ⓓ 烤箱以170℃預熱10分鐘。

作法

製作麵糊

1 攪拌盆中放入常溫軟化的奶油，用電動攪拌機以最低速攪拌10秒，打鬆奶油。

2 分次倒入細砂糖、香草砂糖，以最低速攪拌2分鐘，將奶油打至泛白呈絲絨狀。

3 加入雞蛋，以最高速攪拌1分鐘，使蛋液完全被吸收。

4 篩入低筋麵粉、泡打粉，並加入牛奶，用刮刀輕柔拌勻。

5 麵糊倒入鋪好烘焙紙的方形烤模，用刮板整平表面。

6 櫻桃派餡均勻鋪在麵糊上。

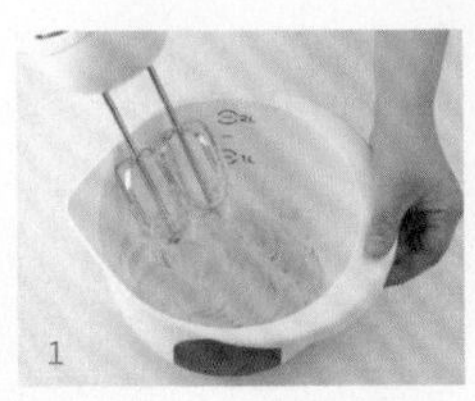
1

2

3

4

5

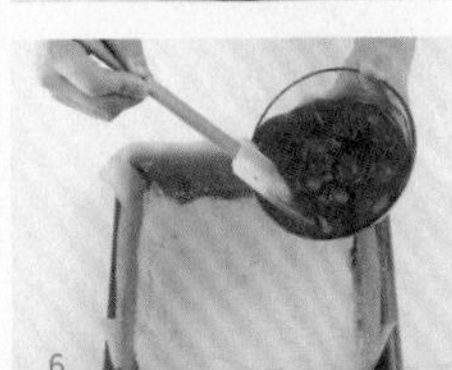
6

7

8

製作奶酥 7 取另一個攪拌盆，倒入常溫軟化的奶油、黑砂糖、肉桂粉，並篩入低筋麵粉，用電動攪拌機的攪揉棒將食材混合成砂礫狀。

裝飾 8 拌好的奶酥均勻撒在櫻桃派餡上。

烘烤 9 放入預熱好的烤箱以170℃烤30～35分鐘。烤好後脫模冷卻。

9

Baking Tip

kuchen在德語中指的是放入水果和堅果類的蛋糕，經常在下午茶時間享用。
酸甜的櫻桃加上表面酥酥香香的奶酥，最適合搭配咖啡或紅茶一起享用了！

迷你甜甜圈

>>> CAKE 3-50

Petit Donut

材料　〔份量：甜甜圈機，24個｜甜甜圈機｜時間：3～4分鐘｜難度：★☆☆〕

麵糊
- 牛奶120ml
- 橄欖油60ml
- 原味優格60g
- 雞蛋1顆
- 細砂糖65g
- 香草砂糖1包（8g）
- 鹽1/2小匙
- 低筋麵粉200g
- 泡打粉3小匙

裝飾
- 免調溫黑巧克力50g
- 免調溫白巧克力 50g
- 免調溫牛奶巧克力50g
- 開心果仁碎適量
- 乾燥草莓 適量
- 巧克力餅乾碎適量

工具
- 攪拌盆
- 打蛋器
- 網篩
- 擠花袋
- 甜甜圈機
- 竹籤
- 冷卻架
- 鍋子
- 叉子

準備

Ⓐ 牛奶、優格、雞蛋放常溫退冰，至少30分鐘。

Ⓑ 低筋麵粉、泡打粉過篩兩次。

Ⓒ 甜甜圈機內塗抹烤盤油。

Ⓓ 甜甜圈機先插電預熱。

作法

製作麵糊

1. 攪拌盆中放入牛奶、橄欖油、優格、雞蛋、細砂糖、香草砂糖、鹽，用打蛋器攪拌均勻。
2. 篩入低筋麵粉、泡打粉，用刮刀輕柔攪拌均勻。
3. 拌好的麵糊裝入擠花袋中。

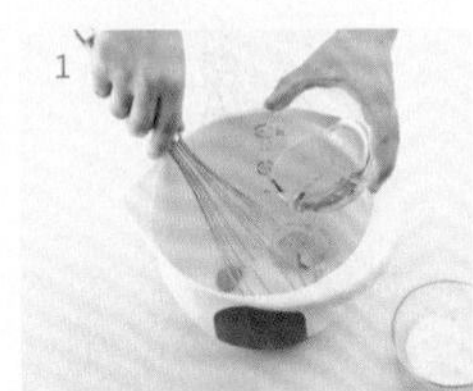
1

2

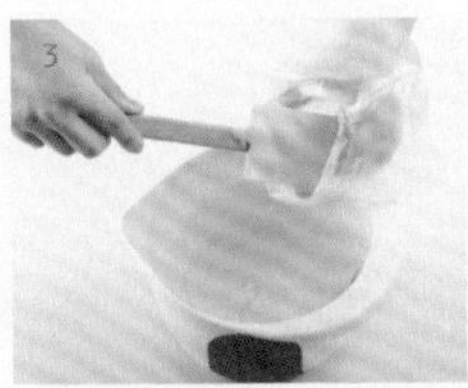
3

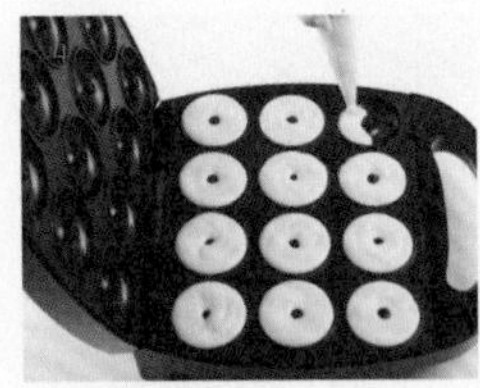
4

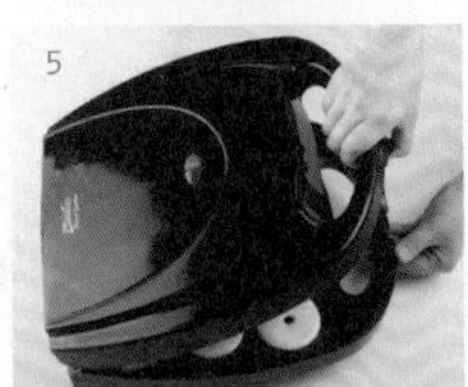
5

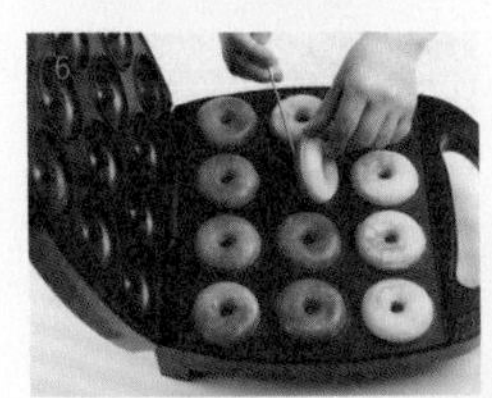
6

7

8

9

烘烤

4. 在預熱好的甜甜圈機模型中注入9分滿的麵糊。
5. 蓋好甜甜圈機的上蓋，烤3～4分鐘。
6. 使用竹籤將甜甜圈翻面，蓋上蓋子，再烤1分鐘。
7. 烤好的甜甜圈放冷卻架上充分降溫。

裝飾

8. 3種免調溫巧克力分別加熱融化。用叉子將甜甜圈表面裹上一層均勻的巧克力後撈起。
9. 趁表面的巧克力凝固前，撒上開心果碎、乾燥草莓丁、巧克力餅乾碎裝飾，靜置使巧克力凝固。

Baking Tip

製作迷你甜甜圈時，使用甜甜圈機代替傳統油炸的作法，一般使用的奶油也以橄欖油取代，降低了許多熱量，操作上也更簡單。每次調製的麵糊份量及濃稠度若不同，烘烤的時間也會有所差異。

千層派

>>> CAKE 3-51

Mille-Feuille

材料 〔份量：9×35cm，1個｜溫度：200℃｜時間：10＋20～25分鐘｜難度：★★★〕

派皮	・高筋麵粉85g ・低筋麵粉85g ・鹽1/4小匙 ・冰水90ml ・無鹽奶油150g
卡士達醬	・牛奶500ml ・香草莢1枝 ・低筋麵粉40g ・細砂糖150g ・蛋黃6顆
裝飾	・防潮糖粉適量
工具	・攪拌盆 ・網篩 ・矽膠刮刀 ・塑膠紙 ・烘焙用整型刀 ・擀麵棍 ・起酥輪刀 ・烘焙紙 ・烤盤 ・叉子 ・冷卻架 ・麵包刀 ・圓口擠花嘴 ・擠花袋

準備

Ⓐ 奶油放常溫軟化，擀成15×15cm的正方形平面，重新放回冰箱冷藏。
Ⓑ 參照p.34做好卡士達醬，放入冰箱冷藏。
Ⓒ 烤盤上鋪好烘焙紙。
Ⓓ 取一張白紙，裁出1×20cm與2×20cm的長條狀各一張。
Ⓔ 烤箱以200℃預熱10分鐘。

作法

製作派皮麵團

1 攪拌盆中篩入高筋麵粉、低筋麵粉，中央挖一個凹洞，放入鹽巴，慢慢加入冰水，用刮刀拌勻。

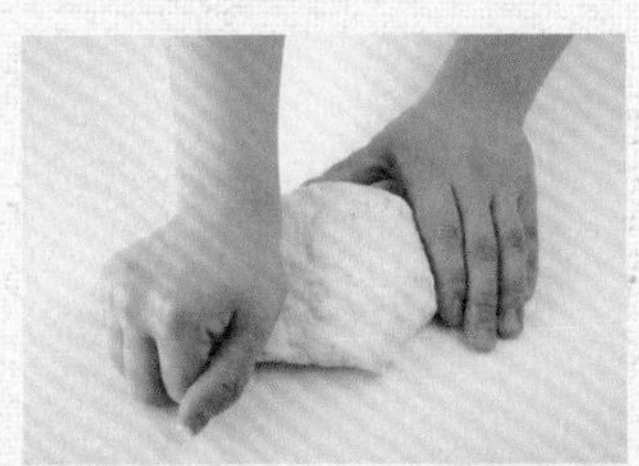

2 攪拌至麵粉從鬆散粉狀變成團狀後取出，用手搓揉5分鐘。

冷藏靜置

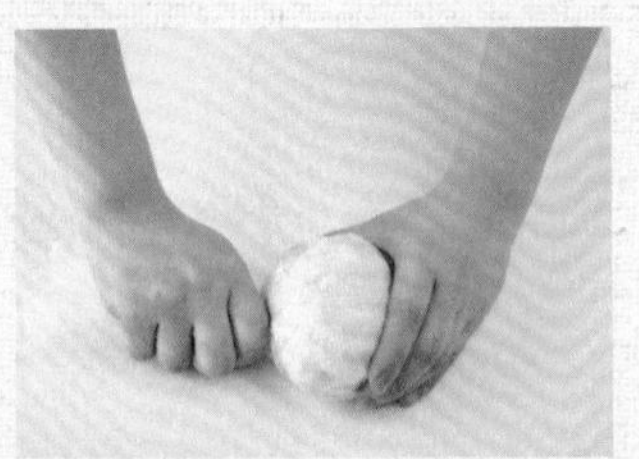

3 用塑膠紙將麵團包成圓球狀後轉緊，放入冰箱冷藏1小時。

擀製派皮

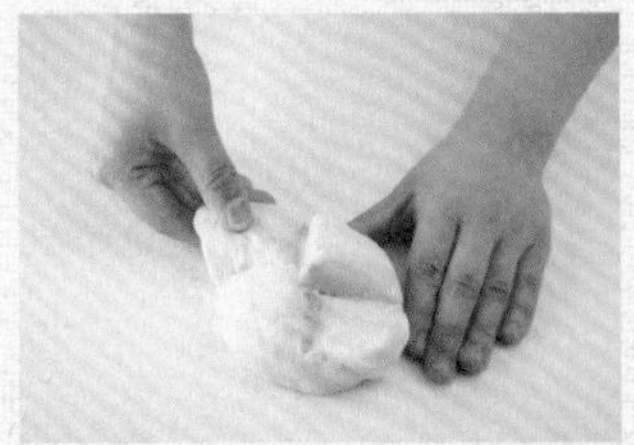

4 用整型刀在麵團中央劃出「十」字形的深缺口。

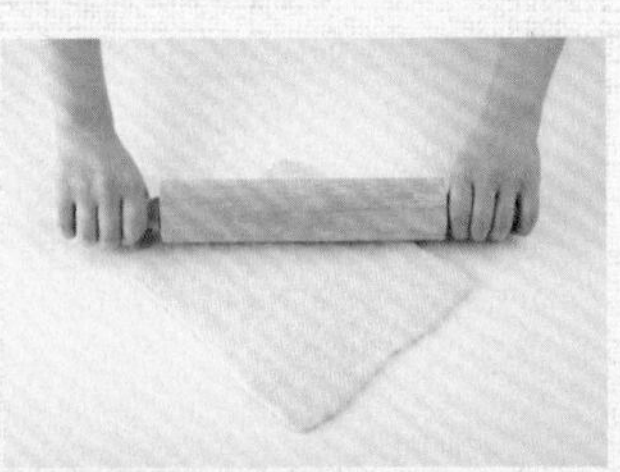

5 在桌面和麵團上撒一些麵粉，擀成30×30cm的正方形平面。

千層派

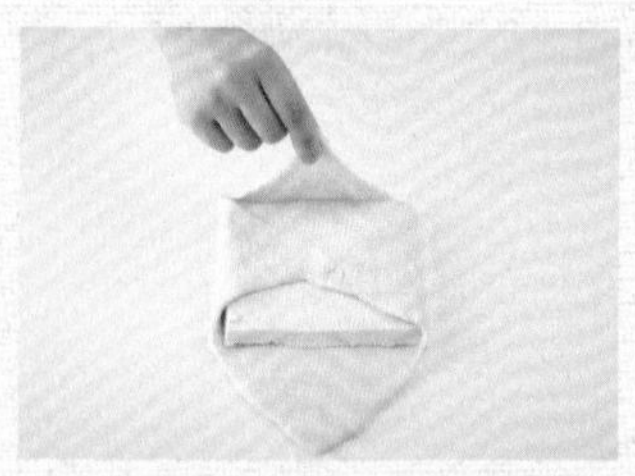

6 取出放冰箱冷藏的奶油，奶油的四角對齊麵團四個邊的中點放置在中央，摺成卡片信封狀。

7 用手指將麵團接縫處緊密捏合。

8 麵團表面撒上一層薄薄的麵粉，慢慢將麵團及奶油往前後擀開，擀成原來的3倍長。

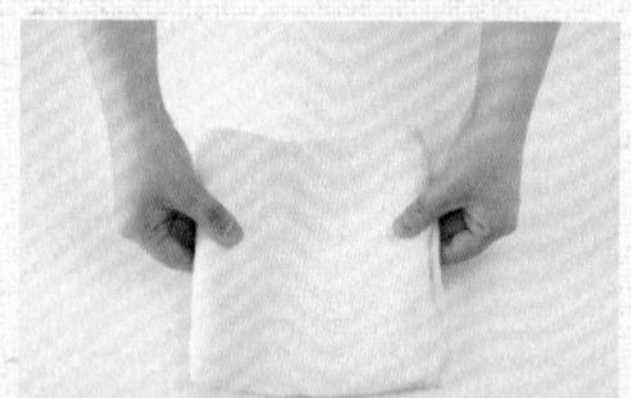

9 再撒上一層薄薄的麵粉，摺成3等份重疊。

冷藏靜置

10 麵團用塑膠紙包好，放入冰箱冷藏30分鐘。

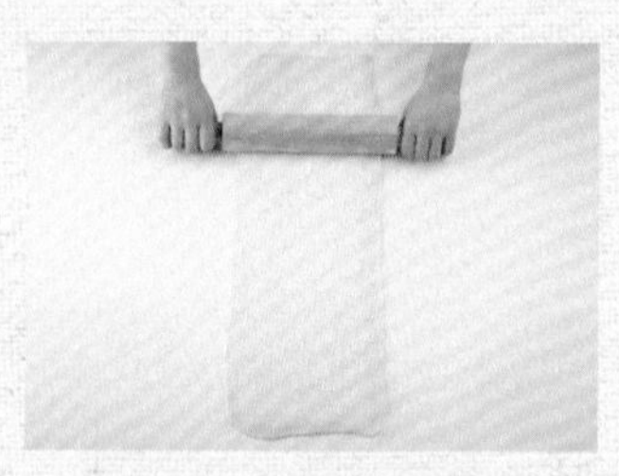

11 麵團從冰箱中取出，由剛才擀壓的方向旋轉90° 平放在桌面。再以同樣方式擀開麵團。

冷藏靜置

12 摺疊後用塑膠紙包好，再次冷藏30分鐘。相同的旋轉、擀壓、摺疊、冷藏步驟再重複操作3次。

切割麵團

13 冷藏過的麵團擀成厚度0.3cm、30×40cm的長方形平面。

14 用輪刀將麵團邊緣切成筆直的直線。

烘烤

15 用叉子在麵團上戳出細密的小洞。放入烤箱以200℃烤10分鐘。

TIP 若麵團太薄不易移動時，可以用擀麵棍捲起，再移至烤盤上輕輕捲開鋪平。

16 防潮糖粉撒滿派皮表面，蓋上一張烘焙紙及烤盤，加壓。放入烤箱再烤20～25分鐘。

TIP 用重物加壓，烤出來的派皮才會又薄又平。

17 烤好的派皮放冷卻架上降溫。

18 用麵包刀先將派皮切成3片9×35cm的長條狀，再各切成3等份。

19 預先做好冰涼的卡士達醬倒入裝有圓口擠花嘴的擠花袋中，填滿派皮表面。

20 卡士達醬上方重疊放上一片派皮，再擠上卡士達醬，再重疊放上一片派皮。

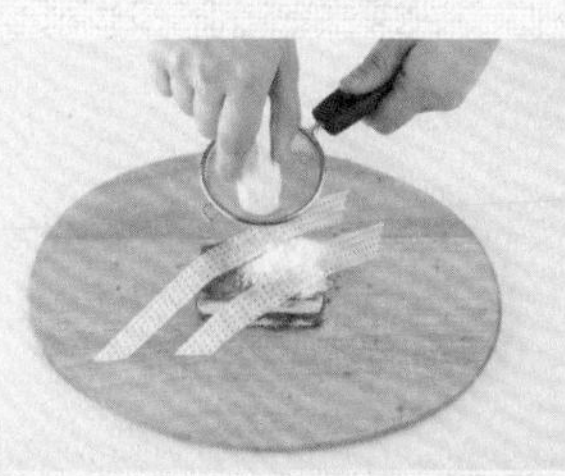

21 預先裁剪好的白色紙條平行斜放在頂層的派皮上，撒上防潮糖粉，再拿掉紙條，即可做出斜線紋樣。

•••關於千層派

mille-feuille在法文中是「千層」的意思。麵團和奶油重複摺疊、擀壓，製作出層次豐富的酥脆派皮，再搭配上滑順的卡士達醬，便組合成一道美味的甜點。派皮的形狀可切成三角形，或是卡士達醬改用水珠狀的方式鋪滿派皮表面，內餡也可以換成鮮奶油霜或草莓、藍莓等水果。發揮巧思就能變化成不一樣的法式千層派。

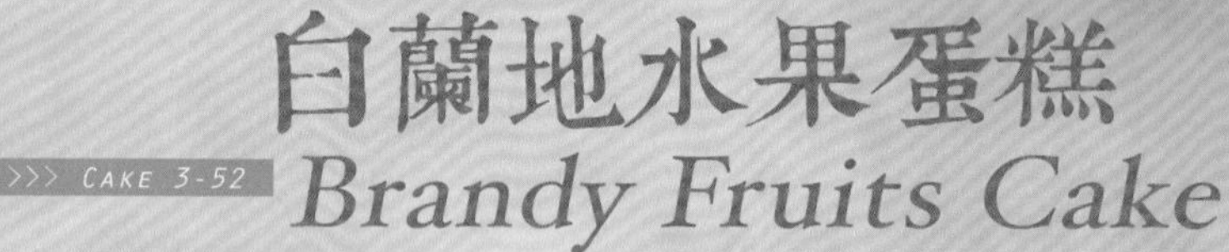

白蘭地水果蛋糕

>>> CAKE 3-52

Brandy Fruits Cake

材料 〔份量：直徑16cm咕咕洛芙模，1個｜溫度：180℃｜時間：45～50分鐘｜難度：★★☆〕

麵糊
- 無鹽奶油125g
- 雞蛋2顆
- 細砂糖100g
- 香草砂糖1包（8g）
- 肉桂粉1小匙
- 低筋麵粉150g
- 泡打粉1/2小匙
- 葡萄乾150g
- 白蘭地50ml

裝飾
- 白蘭地1大匙
- 糖粉適量

工具
- 攪拌盆
- 電動攪拌機
- 網篩
- 矽膠刮刀
- 直徑16cm咕咕洛芙模
- 冷卻架
- 打蛋器

準備

A 奶油、雞蛋放常溫退冰，至少30分鐘。
B 葡萄乾用1大匙做麵糊用的白蘭地預先泡軟。
C 肉桂粉、低筋麵粉、泡打粉混合後，過篩兩次。
D 咕咕洛芙模內塗抹烤盤油。
E 烤箱以180℃預熱10分鐘。

作法

製作麵糊

1 攪拌盆中放入常溫軟化的奶油，用電動攪拌機以最低速攪拌30秒，打鬆奶油。
2 分2～3次倒入細砂糖、香草砂糖，以最低速攪打2～3分鐘，將奶油打至泛白呈絲絨狀。
3 分次加入雞蛋，每倒入1顆，以最低速攪打1分鐘，使蛋液完全被吸收。
4 篩入肉桂粉、低筋麵粉、泡打粉，用刮刀輕柔攪拌至看不到麵粉顆粒為止。
5 倒入泡軟的葡萄乾和白蘭地，用刮刀輕柔拌勻。
6 拌好的麵糊倒入咕咕洛芙模。
7 用刮刀將麵糊表面刮整成中央凹、邊緣高的圓弧狀。

烘烤

8 放入烤箱以180℃烤45～50分鐘。烤好後直接在冷卻架上靜置10分鐘，再將蛋糕脫模。

裝飾

9 用打蛋器將白蘭地和糖粉混合均勻，鋪在蛋糕表面作裝飾。

白巧克力乳酪蛋糕

>>> CAKE 3-53

White Chocolate Cheese Cake

材料 〔份量：直徑15cm心形慕斯圈，1個｜溫度：冷藏｜時間：1小時｜難度：★★☆〕

餅乾底
- Oreo餅乾75g
- 夏威夷豆 25g
- 無鹽奶油25g

乳酪餡
- 吉利丁粉1＋1/2小匙
- 冰水3大匙
- 奶油乳酪250g
- 酸奶油80g
- 細砂糖50g
- 香草砂糖1包（8g）
- 調溫白巧克力40g
- 動物性鮮奶油100ml

裝飾
- 調溫白巧克力適量

工具
- 調理機
- 直徑15cm心形慕斯圈
- 湯匙
- 慕斯圍邊紙
- 巧克力刮刀
- 抹刀
- 攪拌盆
- 矽膠刮刀
- 電動攪拌機

準備

Ⓐ 奶油乳酪、酸奶油放常溫退冰，至少30分鐘。

Ⓑ Oreo餅乾、夏威夷豆放入調理機中打碎。

Ⓒ 奶油、乳酪餡用的調溫白巧克力分別隔水加熱融化。

Ⓓ 吉利丁粉放入冰水中浸泡10分鐘後，隔水加熱融化。

Ⓔ 心形慕斯圈內側沾水，貼上慕斯圍邊紙。

Ⓕ 用巧克力刮刀將裝飾用調溫白巧克力刮成小片狀。

作法

製作餅乾底

1 攪拌盆內放入打碎的Oreo餅乾、夏威夷豆及融化的奶油，攪拌均勻。

2 倒入心形慕斯圈中，用湯匙鋪平，按壓緊實，放入冰箱冷藏凝固。

製作乳酪餡

3 取另一個攪拌盆，放入常溫軟化的奶油乳酪，用電動攪拌機以最低速攪拌，打鬆奶油乳酪。

4 倒入酸奶油以最低速拌勻，分2次倒入細砂糖和香草砂糖，繼續以最低速攪拌，使砂糖溶解，呈現細緻的乳霜狀。

5 倒入隔水加熱融化的白巧克力，用刮刀輕柔拌勻。

6 先挖一些步驟5和融化的吉利丁粉攪拌融合後，再全部倒入步驟5中一起拌勻。

7 取另一個攪拌盆，倒入鮮奶油打成霜淇淋狀的8分發鮮奶油霜後，分次倒入步驟6中，用刮刀攪拌均勻。

裝飾

8 乳酪餡倒入鋪好餅乾底的心形慕斯圈，用抹刀抹平表面，放入冰箱冷藏1小時。

9 乳酪餡凝固後，拿掉慕斯圈，撒上刮成小片狀的白巧克力裝飾。

1

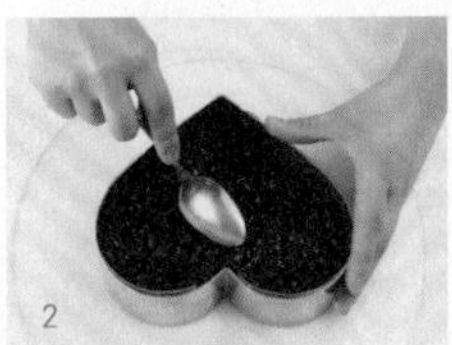
2

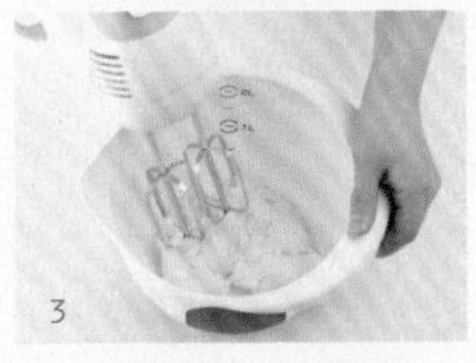
3

4

5

6

7

8

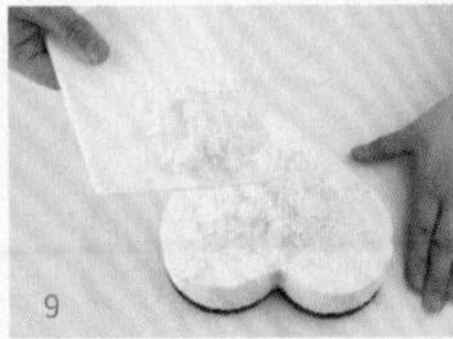
9

TIP 拌入吉利丁時，一定要先用少許乳酪餡調和溫度，再倒入攪拌盆拌勻。若直接拌入，吉利丁和乳酪餡溫差過高，會立即凝固結塊。

Baking Tip

如果你喜歡吃乳酪蛋糕，那你一定要試做看看白巧克力乳酪蛋糕。它的作法簡單，稍加裝飾就能變成華麗又氣派的甜點。選用愛心形狀的慕斯圈製作，無論是情人節或生日都非常適合。若覺得Oreo餅乾太甜膩的話，也可以改用消化餅乾或全麥餅乾製作餅乾底。

耶誕木柴蛋糕

>>> CAKE 3-54

Bûche de Noël

材料 〔份量：30×40cm深烤盤，1個｜溫度：180℃｜時間：12～15分鐘｜難度：★★☆〕

麵糊
- 蛋黃4顆
- 蛋白4顆
- 細砂糖60g
- 香草砂糖1包（8g）
- 細砂糖 70g
- 調溫黑巧克力30g
- 低筋麵粉 60g
- 無糖可可粉15g
- 泡打粉 1/2小匙
- 無鹽奶油10g

裝飾
- 動物性鮮奶油160ml
- 無鹽奶油 50g
- 調溫黑巧克力 200g
- 可可酒1大匙
- 耶誕節裝飾物數個
- 防潮糖粉適量

酒糖液
- 水60ml
- 細砂糖30g
- 蘭姆酒1大匙

工具
- 攪拌盆
- 電動攪拌機
- 網篩
- 矽膠刮刀
- 烘焙紙
- 30×40cm深烤盤
- 刮板
- 鍋子
- 烘焙刷
- 抹刀
- 叉子

準備

Ⓐ 麵糊用調溫黑巧克力隔水加熱融化。

Ⓑ 低筋麵粉、可可粉、泡打粉混合後，過篩兩次。

Ⓒ 麵糊用奶油隔水加熱融化。

Ⓓ 將水和酒糖液用細砂糖煮滾後放涼，加入蘭姆酒拌勻，完成酒糖液。

Ⓔ 深烤盤內鋪好烘焙紙。

Ⓕ 烤箱以180℃預熱10分鐘。

作法

製作麵糊

1 攪拌盆中倒入蛋黃，並分2～3次加入60g細砂糖、香草糖粉，用電動攪拌機以最高速打發成淺奶油色的蓬鬆泡沫。倒入融化的黑巧克力，轉最低速攪拌均勻。

2 取另一個攪拌盆倒入冰涼的蛋白，以最高速攪拌30秒後，分2～3次加入70g細砂糖，繼續以最高速攪拌2分鐘，打發成乾性發泡的蛋白霜。

3 一半的低筋麵粉、可可粉、泡打粉篩入步驟1中，並倒入一半的蛋白霜，用刮刀輕柔拌勻。

4 重複步驟3，拌入剩餘的乾粉類及蛋白霜。倒入融化的奶油，用刮刀拌勻後，將拌好的麵糊倒入深烤盤中，用刮板整平表面。

烘烤

5 輕輕抬起烤模在桌面上輕摔幾下，震破氣泡。放入烤箱以180℃烤12～15分鐘。

製作裝飾用巧克力醬&裝飾

6 鍋中倒入鮮奶油加熱後，倒入黑巧克力繼續加熱，攪拌至完全融化。

7 加入奶油融化後，最後倒入可可酒增添風味。

8 蛋糕烤好後，放涼，剝去表皮，刷上酒糖液。倒入1/3的裝飾用巧克力醬，用抹刀塗抹均勻。

9 蛋糕捲成圓筒狀，在表面抹上剩餘的裝飾用巧克力醬。

10 將1/4個蛋糕捲斜切下來，拼接回蛋糕頂部，做成樹幹形狀。再用叉子將表面的巧克力醬刮出樹木的紋路，撒上防潮糖粉裝飾。

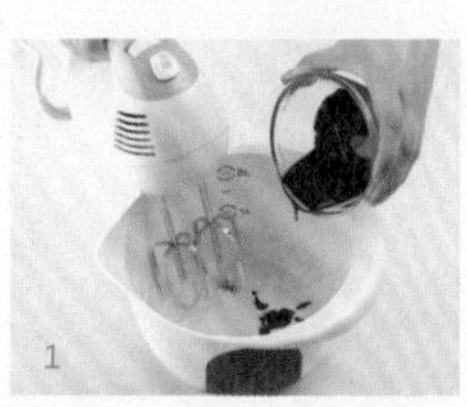
1

2

3

5

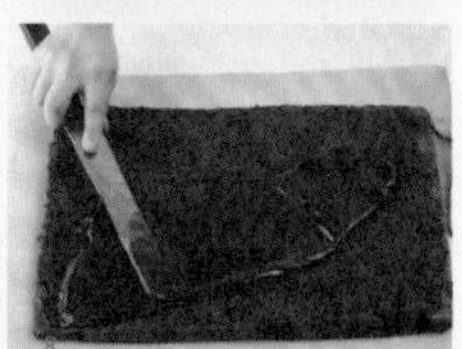
8

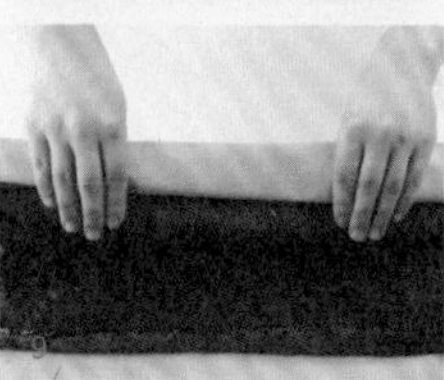
9

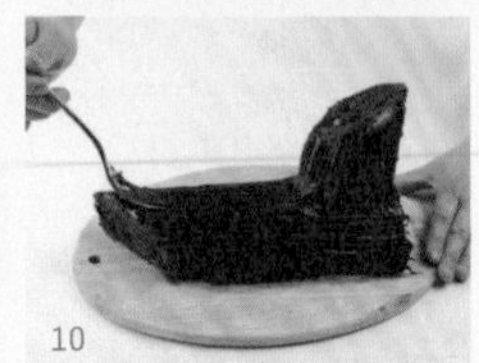
10

PART 4

Cookie

餅乾

餅乾是家庭烘焙中製作最容易、步驟最簡單的點心，

平常就可以在家跟孩子一起做餅乾，增進親子關係。

從揉製麵團、壓模塑形到裝飾，都試著讓孩子參與看看吧！

大部分的餅乾都需要冷藏靜置的過程，請確認好整體烘焙所需的時間，再開始操作。

餅乾麵團的攪拌和揉製時間要短，餅乾才會酥脆可口。

烤好的餅乾請放在密封罐或密封袋中保存，以免反潮失去口感。

白巧克力豆餅乾

>>> COOKIE 4-1 White Chocolate Chip Cookie

材料 〔份量：直徑5cm，15～20個｜溫度：190℃｜時間：15分鐘｜難度：★☆☆〕

麵團
- 無鹽奶油100g
- 黑砂糖50g
- 鹽1/2小匙
- 香草砂糖1包（8g）
- 雞蛋1顆
- 低筋麵粉150g
- 泡打粉1/2小匙
- 白巧克力豆90g
- 胡桃仁50g

裝飾
- 白巧克力豆30g
- 胡桃仁30g

工具
- 攪拌盆
- 電動攪拌機
- 網篩
- 矽膠刮刀
- 烘焙紙
- 烤盤
- 湯匙
- 拋棄式塑膠手套
- 冷卻架

準備

Ⓐ 奶油、雞蛋放常溫退冰，至少30分鐘。
Ⓑ 低筋麵粉、泡打粉混合後，過篩兩次。
Ⓒ 胡桃仁切碎備用。
Ⓓ 烤盤上鋪好烘焙紙。
Ⓔ 烤箱以190℃預熱15分鐘。

作法

製作麵團

1. 攪拌盆中放入常溫軟化的奶油，用電動攪拌機以最低速攪拌30秒，打鬆奶油。
2. 分2～3次倒入黑砂糖、香草砂糖、鹽，以最低速攪拌30秒拌勻。
3. 倒入常溫的雞蛋，繼續攪拌1分鐘，使蛋液完全被吸收。
4. 篩入低筋麵粉、泡打粉，用刮刀輕柔攪拌成粉塊狀。
5. 倒入白色巧克力豆和切碎的胡桃仁，用刮刀輕柔攪拌均勻，使麵粉充分融入麵團中。

整型

6. 用湯匙挖取拌好的麵團，取適當間距，排列在烤盤上。
7. 手指套上塑膠手套或塑膠袋，沾少許麵粉將麵團壓成圓餅狀。
8. 表面鋪上白色巧克力豆及切碎的胡桃仁裝飾。

烘烤

9. 放入預熱好的烤箱以190℃烤15分鐘。烤好後放冷卻架上降溫。

燕麥餅乾

>>> COOKIE 4-2

Oatmeal Cookies

材料 〔份量：直徑4cm，15個｜溫度：175℃｜時間：12分鐘｜難度：★☆☆〕

麵團
- 無鹽奶油50g
- 細砂糖20g
- 鹽1/4小匙
- 蜂蜜1大匙
- 雞蛋1/2顆
- 低筋麵粉70g
- 黃豆粉20g
- 肉桂粉1/4小匙
- 泡打粉1/2小匙
- 燕麥片30g
- 核桃仁30g
- 葡萄乾30g
- 蔓越莓乾15g

工具
- 攪拌盆
- 電動攪拌機
- 網篩
- 矽膠刮刀
- 烘焙紙
- 烤盤
- 湯匙
- 叉子
- 冷卻架

準備

Ⓐ 奶油、雞蛋放常溫退冰，至少30分鐘。

Ⓑ 低筋麵粉、黃豆粉、肉桂粉、泡打粉混合後，過篩兩次。

Ⓒ 核桃仁切碎備用。

Ⓓ 烤盤上鋪好烘焙紙。

Ⓔ 烤箱以175℃預熱10分鐘。

作法

製作麵團

1 攪拌盆中放入常溫軟化的奶油，用電動攪拌機以最低速攪拌30秒，打鬆奶油。

2 分2～3次倒入細砂糖、鹽、蜂蜜，以最低速攪拌30秒拌勻。

3 倒入常溫的雞蛋，繼續攪拌1分鐘，使蛋液完全被吸收。

4 篩入低筋麵粉、黃豆粉、肉桂粉、泡打粉，用刮刀輕柔攪拌成粉塊狀。

5 倒入燕麥片、切碎的核桃仁、葡萄乾、蔓越莓乾，用刮刀輕柔攪拌均勻，使食材充分融入麵團中。

整型

6 用湯匙挖取拌好的麵團，取適當間距排列在烤盤上。

烘烤

7 用叉子沾取少許麵粉，將麵團中央壓平，並壓出紋路。

8 放入預熱好的烤箱中，以175℃烤12分鐘。烤好後放冷卻架上降溫。

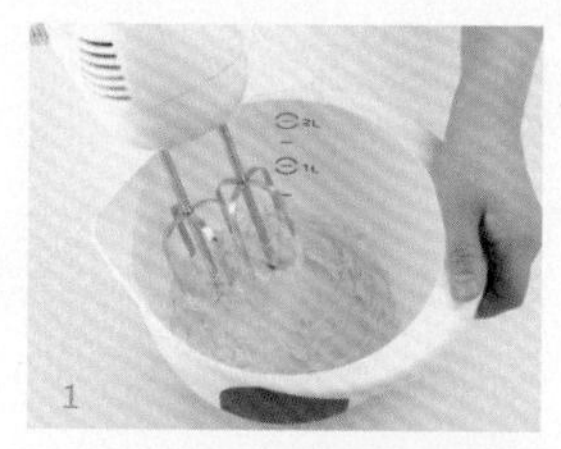
1

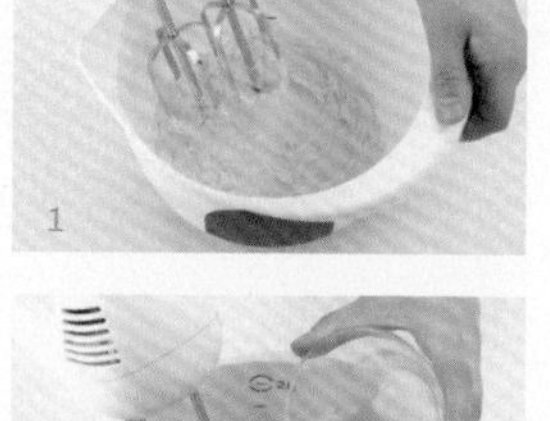

2

3

4

5

6

7

8

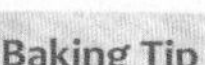

燕麥餅乾中加入燕麥、堅果類、乾果類，除了營養價值高外，也很美味，是小朋友喜愛的一款餅乾。黃豆粉為餅乾增添一點豆香氣，也可用麵茶粉取代。

紫皮地瓜餅乾

>>> COOKIE 4-3

Sweet Potato Cookies

材料 〔份量：直徑5cm，25～30個｜溫度：170℃｜時間：15分鐘｜難度：★☆☆〕

麵團
- 無鹽奶油60g
- 糖粉65g
- 香草砂糖1包（8g）
- 鹽1/8小匙
- 黃肉地瓜80g
- 蛋黃1顆
- 低筋麵粉120g
- 杏仁粉35g

裝飾
- 蛋白1顆
- 紫色地瓜粉50g

工具
- 攪拌盆
- 電動攪拌機
- 網篩
- 矽膠刮刀
- 塑膠紙
- 烘焙刷
- 刀子
- 烘焙紙
- 烤盤
- 砧板
- 冷卻架

準備

Ⓐ 奶油、雞蛋放常溫退冰，至少30分鐘。
Ⓑ 雞蛋的蛋黃和蛋白分離，蛋白放入冰箱冷藏。
Ⓒ 地瓜蒸熟後，搗成地瓜泥。
Ⓓ 低筋麵粉、杏仁粉分別過篩兩次。
Ⓔ 烤盤上鋪好烘焙紙。
Ⓕ 烤箱以170℃預熱10分鐘。

作法

製作麵團

1 攪拌盆中放入常溫軟化的奶油，用電動攪拌機以最低速攪拌30秒，打鬆奶油。分2～3次倒入糖粉、香草砂糖、鹽，以最低速攪拌30秒拌勻。

2 倒入搗好的地瓜泥，以最低速攪拌10秒拌勻。

3 倒入常溫的蛋黃，繼續以最低速攪拌1分鐘，使蛋液完全被吸收。

4 篩入低筋麵粉、杏仁粉，用刮刀輕柔攪拌均勻，使粉狀食材充分融入麵團中。

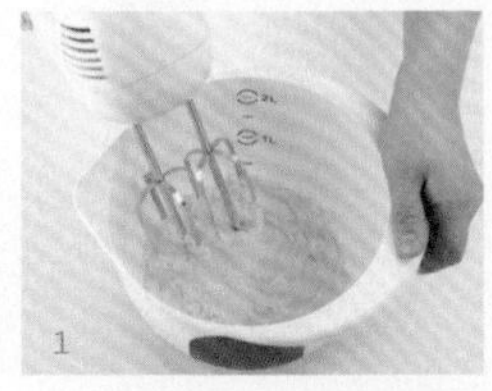
1

2

3

4

整型&烘烤

5 拌好的麵團倒在塑膠紙上，連同塑膠紙一起搓揉成長條圓筒狀，放入冰箱冷藏2小時。

6 取出變硬的麵團，在表面均勻刷上蛋白液。

7 麵團表面均勻裹上紫色地瓜粉。

8 切成0.5cm厚，取適當間距排列在烤盤上。放入預熱好的烤箱以170℃烤15分鐘。烤好後放冷卻架上降溫。

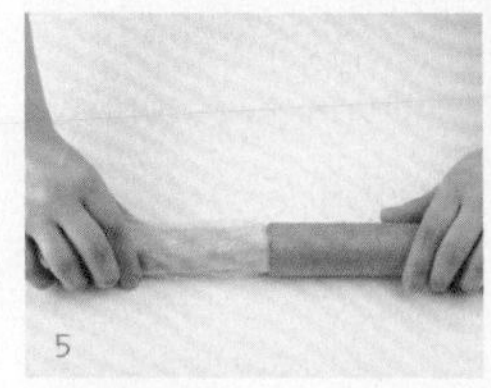
5

6

7

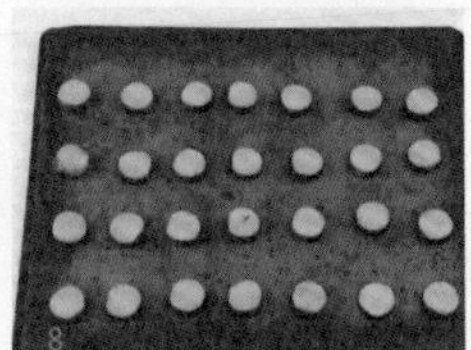
8

TIP

想要餅乾的圓形更完美，麵團搓成細條狀後，連同塑膠紙塞入捲筒紙巾的紙芯中，用手指從兩側向內擠壓緊實即可。

杏仁義式脆餅

>>> COOKIE 4-4

Almond Biscotti

材料 〔份量：厚1cm，12～15個｜溫度：175℃｜時間：30分鐘＋15分鐘｜難度：★★☆〕

麵團
- 蛋黃2顆 • 蛋白1顆 • 細砂糖80g
- 香草砂糖1包（8g） • 無鹽奶油60g
- 高筋麵粉75g • 低筋麵粉75g
- 泡打粉1小匙 • 杏仁粒100g

工具
- 攪拌盆 • 打蛋器 • 網篩 • 矽膠刮刀
- 塑膠紙 • 烘焙紙 • 烤盤 • 冷卻架
- 麵包刀

準備

Ⓐ 雞蛋放常溫退冰，至少30分鐘。

Ⓑ 奶油隔水加熱融化。

Ⓒ 高筋麵粉、低筋麵粉、泡打粉過篩兩次。

Ⓓ 烤盤上鋪好烘焙紙。

Ⓔ 烤箱以175℃預熱10分鐘。

作法

製作麵團

1 攪拌盆中放入蛋黃、蛋白、細砂糖、香草砂糖，用打蛋器手動攪拌1～2分鐘拌勻。

2 倒入融化的奶油，用打蛋器攪拌均勻。

3 篩入高筋麵粉、低筋麵粉、泡打粉，用刮刀攪拌成糊狀。

4 倒入杏仁粒攪拌均勻。

冷藏靜置

5 塑膠紙上撒一些麵粉，放上麵團，捏成紡錘狀。用塑膠紙包覆麵團，放入冰箱冷藏1小時。

第一次烘烤

6 取出變硬的麵團，放入預熱好的烤箱以175℃烤30分鐘。烤好後放冷卻架上降溫。

7 充分降溫後，用麵包刀切成每片厚度1cm的片狀。

第二次烘烤

8 切片的麵團排列在烤盤上，重新放入預熱好的烤箱以175℃烤15分鐘。

1

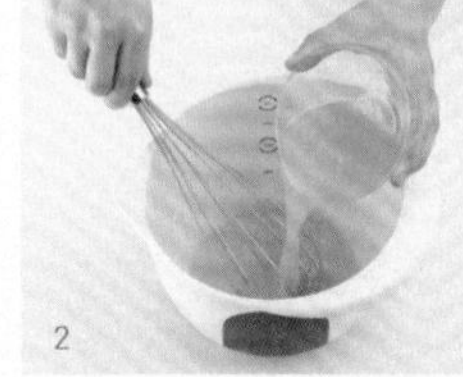
2

3

4

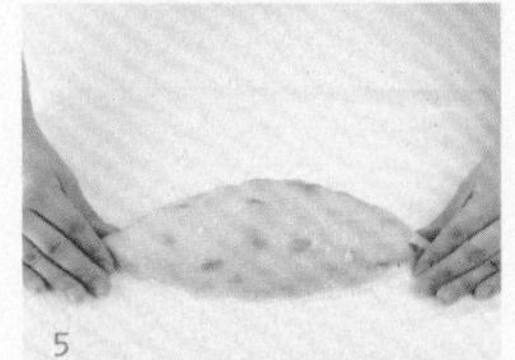
5

6

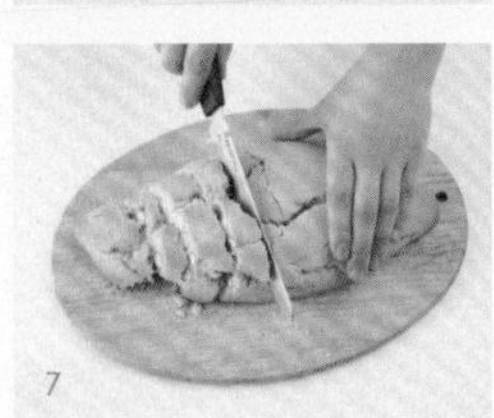
7

8

Baking Tip

義式脆餅biscotti在義大利文中就是「烘烤兩次」的意思。口感鬆脆，清爽不油膩。切割初步烘烤的麵團時，要小心不要把麵團切散掉。

檸檬鑽石圓餅

>>> COOKIE 4-5 *Diamant au Citron*

材料 〔份量：直徑4cm，25～30個｜溫度：180℃｜時間：12分鐘｜難度：★☆☆〕

麵團
- 無鹽奶油100g
- 鹽1/8小匙
- 細砂糖50g
- 香草砂糖 1包（8g）
- 蛋黃1顆
- 檸檬砂糖1包（10g）
- 低筋麵粉145g

裝飾
- 蛋白1/2顆
- 細冰糖50g

工具
- 攪拌盆
- 電動攪拌機
- 網篩
- 矽膠刮刀
- 塑膠紙
- 烘焙刷
- 烘焙紙
- 烤盤
- 冷卻架

準備

Ⓐ 奶油、雞蛋放常溫退冰，至少30分鐘。

Ⓑ 低筋麵粉過篩兩次。

Ⓒ 烤盤上鋪好烘焙紙。

Ⓓ 烤箱以180℃預熱10分鐘。

作法

製作麵團

1 攪拌盆中放入常溫軟化的奶油，用電動攪拌機以最低速攪拌30秒，打鬆奶油。

2 分2～3次倒入細砂糖、香草砂糖、鹽，以最低速攪拌30秒拌勻。

3 倒入常溫的蛋黃，繼續以最低速攪拌1分鐘，使蛋液完全被吸收。

4 倒入檸檬砂糖，以最低速攪拌10秒拌勻。

5 篩入低筋麵粉，用刮刀輕柔攪拌均勻，使麵粉充分融入麵團中。

整型

6 拌好的麵團倒在塑膠紙上，連同塑膠紙一起搓揉成長條圓筒狀。放入冰箱冷藏1小時以上。

7 取出變硬的麵團，在表面刷上蛋白。

8 表面均勻裹上細冰糖後，切成每個厚0.6cm的薄片，取適當間距排列在烤盤上。

烘烤

9 放入預熱好的烤箱以180℃烤12分鐘。烤好後放冷卻架上降溫。

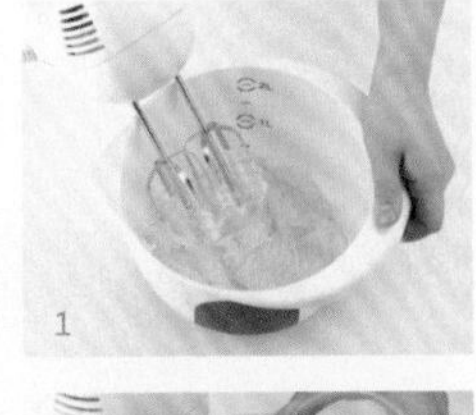

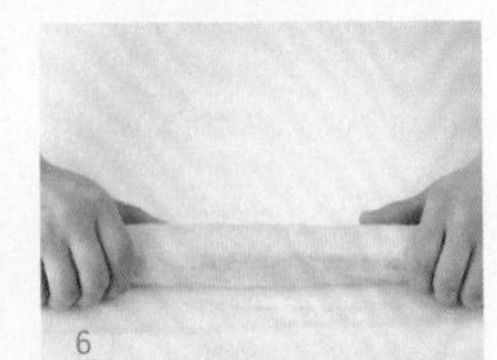

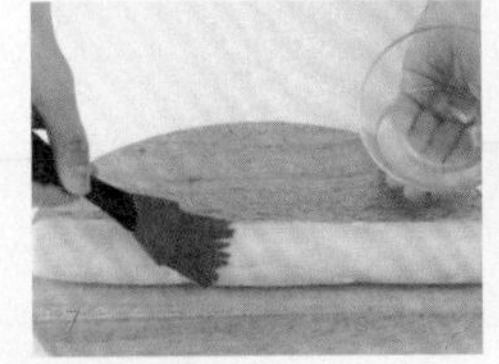

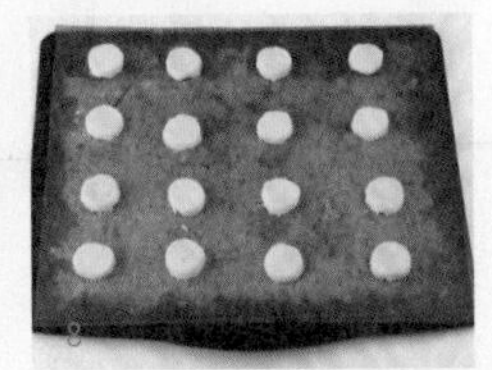

Baking Tip

餅乾外緣裹上細冰糖，烘烤後仍可以看到晶亮的糖粒，所以稱為鑽石餅乾。使用市售的檸檬砂糖，可以避免檸檬皮上殘留蠟和農藥的疑慮。買不到檸檬砂糖的話，可以將新鮮檸檬清洗乾淨，刨下1/2顆檸檬的黃色皮末替代。

奶茶酥餅

>>> COOKIE 4-6

Milk Tea Sable

材料 〔份量：4×4cm，15～20個｜溫度：180℃｜時間：12分鐘｜難度：★☆☆〕

麵團
- 無鹽奶油85g
- 糖粉50g
- 蛋黃1顆
- 牛奶1大匙
- 紅茶末1小匙
- 低筋麵粉150g

裝飾
- 蛋白1/2顆
- 細砂糖50g

工具
- 攪拌盆
- 電動攪拌機
- 網篩
- 矽膠刮刀
- 塑膠紙
- 30cm直尺
- 烘焙紙
- 烤盤
- 冷卻架

準備
- Ⓐ 奶油、雞蛋放常溫退冰，至少30分鐘。
- Ⓑ 低筋麵粉過篩兩次。
- Ⓒ 牛奶加熱後，放入紅茶末浸泡。
- Ⓓ 烤盤上鋪好烘焙紙。
- Ⓔ 烤箱以180℃預熱10分鐘。

作法

製作麵團

1. 攪拌盆中放入常溫軟化的奶油，用電動攪拌機以最低速攪拌30秒，打鬆奶油。
2. 分2～3次倒入糖粉，以最低速攪拌30秒拌勻。
3. 倒入常溫的蛋黃，繼續以最低速攪拌1分鐘，使蛋液完全被吸收。
4. 倒入浸泡著紅茶末的熱牛奶，以最低速攪拌均勻。
5. 篩入低筋麵粉，用刮刀輕柔攪拌均勻。

塑型

6. 拌好的麵團倒在塑膠紙上，連同塑膠紙一起搓揉成長條圓筒狀，再用直尺按壓成四邊形，放入冰箱冷藏1小時以上。
7. 取出變硬的麵團，刷上蛋白液後，均勻裹上細砂糖。
8. 切成每個厚0.5cm的薄片，取適當間距排列在烤盤上。

烘烤

9. 放入預熱好的烤箱以180℃烤12分鐘。烤好後放冷卻架上降溫。

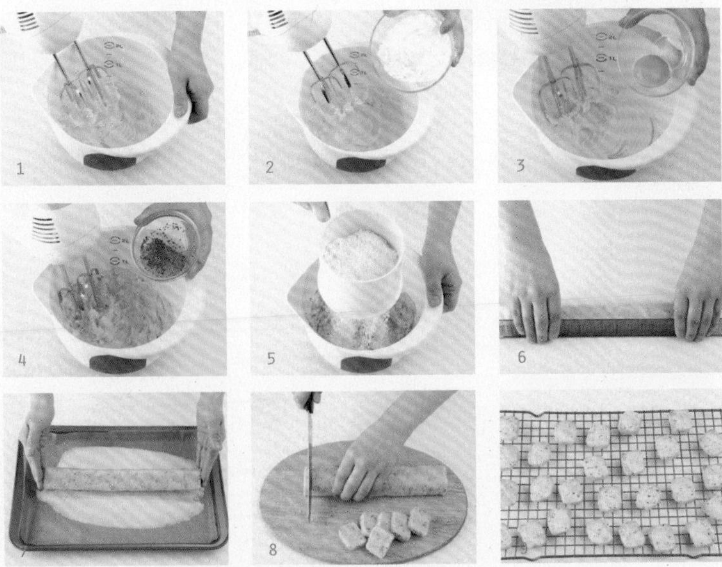

TIP 利用30cm的長尺將麵團一面一面壓平，就可以做出三角形或四方形的餅乾麵團。

花生醬餅乾

>>> COOKIE 4-7

Peanut Butter Cookie

材料　〔份量：3.5cm正三角形，40～50個｜溫度：180℃｜時間：12～15分鐘｜難度：★☆☆〕

麵團
- 無鹽奶油125g
- 糖粉50g
- 鹽1/4小匙
- 花生醬50g
- 低筋麵粉200g
- 蔓越莓乾20g
- 葡萄乾 20g
- 藍莓乾 20g
- 核桃仁 30g
- 開心果仁 30g
- 杏仁粒 30g

裝飾
- 蛋白1/2顆
- 黃砂糖50g

工具
- 鍋子
- 網篩
- 攪拌盆
- 電動攪拌機
- 矽膠刮刀
- 塑膠紙
- 30cm直尺
- 烘焙紙
- 烤盤
- 冷卻架

準備

Ⓐ 奶油、花生醬放常溫退冰，至少30分鐘。

Ⓑ 低筋麵粉過篩兩次。

Ⓒ 堅果類切成小碎塊。

Ⓓ 烤盤上鋪好烘焙紙。

Ⓔ 烤箱以180℃預熱15分鐘。

作法

製作麵團

1 鍋中放入奶油，煮至焦化呈咖啡色。用濾網濾掉雜質，靜置降溫至常溫狀態。

2 攪拌盆中倒入步驟1的焦化奶油，用電動攪拌機以最低速攪拌30秒，打鬆焦化奶油。分2～3次倒入糖粉及鹽，繼續以最低速攪拌1分鐘，打成滑順的淺咖啡色奶油糊。

3 倒入常溫的花生醬，以最低速攪拌30秒拌勻。

4 篩入低筋麵粉，用刮刀輕柔攪拌成粉塊狀後，倒入堅果及乾果類，繼續攪拌，使食材充分融入麵團中。

塑型

5 拌好的麵團倒在塑膠紙上，連同塑膠紙一起搓揉成長條圓筒狀，用直尺按壓成三角柱，放入冰箱冷藏2小時以上。

6 取出變硬的麵團，表面刷上蛋白液，再裹上黃砂糖，切成厚0.5cm的薄片，取適當間距排列在烤盤上。

烘烤

7 放入預熱好的烤箱以180℃烤12～15分鐘。烤好後放冷卻架上降溫。

公主餅乾

>>> COOKIE 4-8 Princess Cookie

材料 〔份量：長6cm，30個｜溫度：180℃｜時間：15分鐘｜難度：★★☆〕

麵團	• 無鹽奶油150g • 雞蛋1顆 • 細砂糖80g • 香草砂糖1包（8g） • 低筋麵粉 200g
裝飾	• 雞蛋1顆免調溫白巧克力100g • 雞蛋1顆開心果仁30粒 • 藍莓乾 30粒 • 雞蛋1顆蔓越莓乾30粒 • 乾燥草莓丁50g
工具	• 攪拌盆 • 電動攪拌機 • 網篩 • 矽膠刮刀 • 星形花嘴 • 擠花袋 • 烘焙紙 • 烤盤 • 冷卻架

準備

Ⓐ 奶油、雞蛋放常溫退冰，至少30分鐘。

Ⓑ 低筋麵粉過篩兩次。

Ⓒ 烤盤上鋪好烘焙紙。

Ⓓ 烤箱以180℃預熱15分鐘。

作法

製作麵團

1 攪拌盆中放入常溫軟化的奶油，用電動攪拌機以最低速攪拌30秒，打鬆奶油。

2 分2～3次倒入細砂糖，以最低速攪拌30秒拌勻。

3 倒入常溫的雞蛋，繼續以最低速攪拌1分鐘，使蛋液完全被吸收。

4 篩入低筋麵粉，用刮刀輕柔攪拌均勻，使麵粉充分融入麵團中。

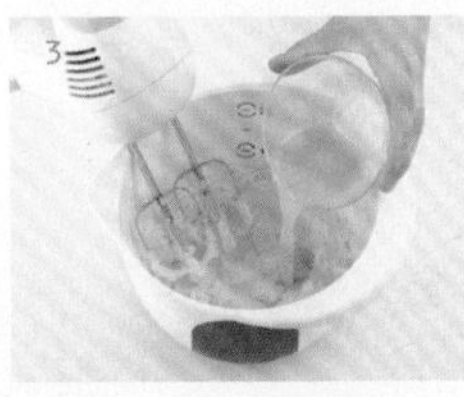

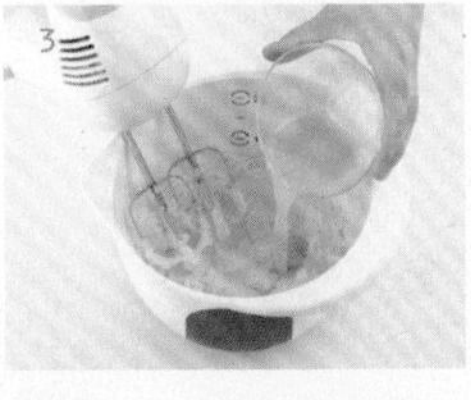

塑型

5 拌好的麵團倒入裝有星形擠花嘴的擠花袋中。在烤盤上擠出每個長6cm的波浪紋路。

烘烤

6 放入預熱好的烤箱以180℃烤15分鐘。烤好後放冷卻架上降溫。

裝飾

7 免調溫白巧克力隔水加熱融化，披覆上烤好的餅乾，占餅乾的前端1/3即可。

8 趁巧克力凝固前，黏上開心果仁、蔓越莓乾、藍莓乾、乾燥草莓丁裝飾。

Baking Tip

這款公主餅乾的特色是優雅的波浪紋路和五彩繽紛的華麗點綴。奶油香氣十足的餅乾上，裝點著白巧克力和各種顏色的堅果、果乾，就像是戴著皇冠的小公主。是自製手工餅乾當禮物的絕佳選擇，無論單獨包裝，或是整齊排列在鐵盒中都很耀眼。

芒果馬卡龍

>>> COOKIE 4-9

Mango Macaron

材料　〔份量：直徑3cm，25～30個｜溫度：160℃｜時間：15分鐘｜難度：★★★〕

麵糊	・杏仁粉80g　・糖粉80g　・蛋白35g　・天然食用色素（黃色）3～4滴
蛋白霜	・蛋白25g　・細砂糖80g　・水25ml
甘納許	・動物性鮮奶油50g　・調溫白巧克力80g　・芒果果泥30g
工具	・調理機　・網篩　・打蛋器　・攪拌盆　・鍋子　・電動攪拌機　・矽膠刮刀　・烘焙紙　・烤盤　・圓口擠花嘴　・擠花袋　・噴霧器　・冷卻架

作法

準備

Ⓐ 冷凍芒果果泥放常溫解凍，至少1小時。

Ⓑ 烤盤上鋪好烘焙紙。

Ⓒ 烤箱以160℃預熱10分鐘。

製作麵糊

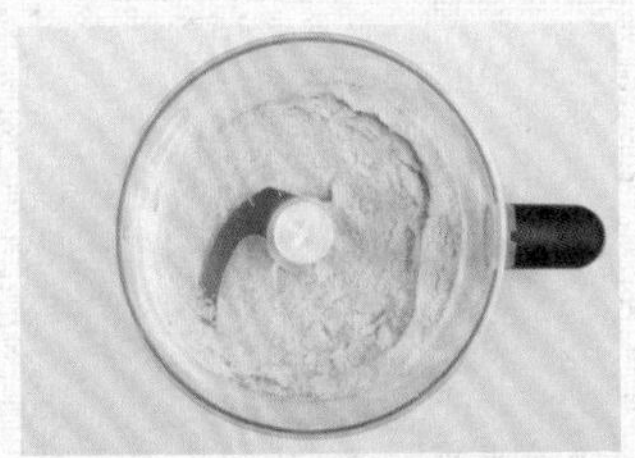

1 杏仁粉、糖粉倒入調理機中攪打30秒，使粉末更加細緻。

打發義式蛋白霜

2 攪拌盆中篩入步驟1的杏仁粉、糖粉，分次加入蛋白，用打蛋器攪拌均勻。

3 取另一個攪拌盆，倒入蛋白，用電動攪拌機以最高速攪拌20秒，打至5分發左右，此時泡沫開始從大泡泡轉為小泡泡。

4 鍋中倒入一點水，充分潤濕後，把水倒掉。

5 倒入細砂糖和水，開中火，煮至細砂糖完全融化，沸騰冒泡。用刮刀輕輕撈起呈現濃稠勾芡狀，即可關火。

6 滾燙的糖漿分次慢慢倒入步驟3的蛋白霜中，以最高速攪打3～4分鐘。打發成具有光澤的濕性發泡蛋白霜。

TIP

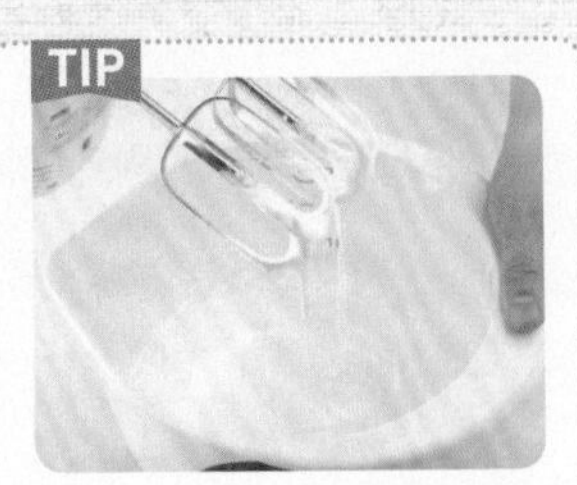

泡沫呈尖錐狀，附著在攪拌棒上不會垂落，即表示完成義式蛋白霜。

芒果馬卡龍

7 義式蛋白霜分3次倒入步驟2中，以最低速攪拌均勻。

8 滴入黃色天然食用色素，用刮刀攪拌均勻。

TIP

添加天然食用色素時不要一次全加，每加一滴，就拌勻麵糊觀察顏色。色素經過烘烤顏色會變淡，所以麵糊的顏色要比最後想要呈現的顏色再深一點。

塑型

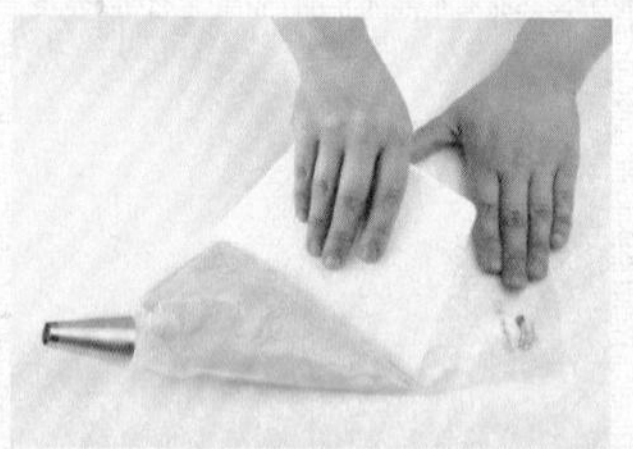

9 擠花袋裝上圓口擠花嘴，再裝入拌好的麵糊。

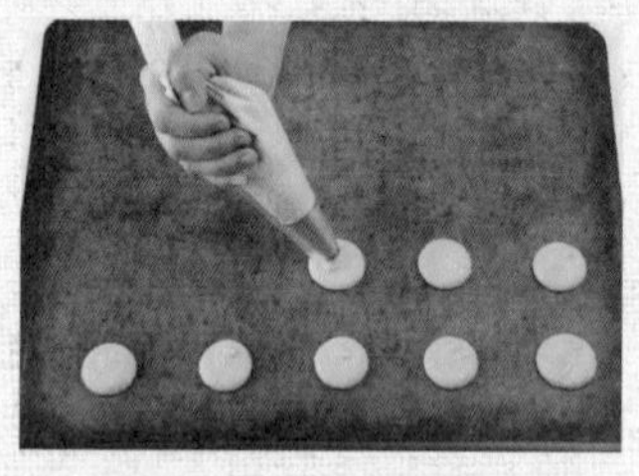

10 在烤盤上擠出直徑3cm的圓形麵糊。

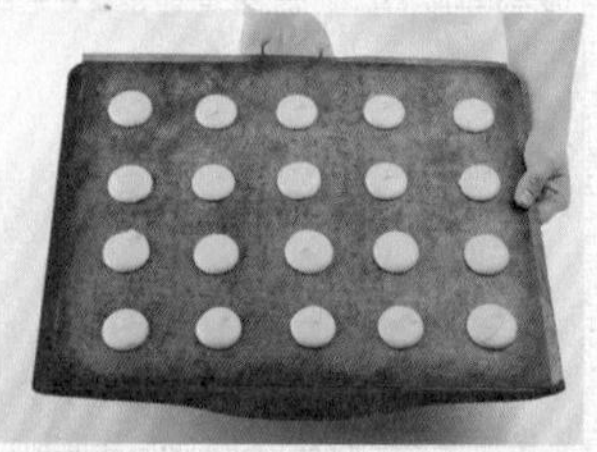

11 微微抬起烤盤，在桌面上輕摔幾下，使麵糊變平坦。

12 在常溫下靜置10分鐘，使麵糊表面變乾結塊，用手指輕觸不會沾黏的狀態。

烘烤

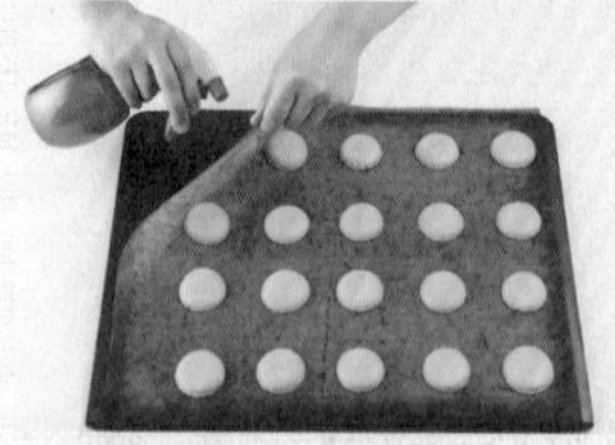

13 放入預熱好的烤箱以160℃烤15分鐘。剛烤好的馬卡龍底部很黏，不易取下，可以用噴霧器在烘焙紙背面噴水，冷卻馬卡龍底部，即可順利取下。馬卡龍放冷卻架上充分降溫。

製作甘納許

14 鮮奶油倒入鍋中，以中火加熱至鍋子邊緣開始冒泡，立即關火。

15 倒入白巧克力攪拌至完全融化。完成的甘納許放入冰箱冷藏冰涼。

16 甘納許冰涼後，倒入芒果果泥攪拌均勻。

裝飾

17 冰涼的芒果甘納許裝入擠花袋中，擠在一片馬卡龍的底部。

18 疊上另一片馬卡龍就完成了。

關於馬卡龍

色彩繽紛的馬卡龍，顏色如寶石般豔麗，
還可以變化成各種大小，與各種口味的夾餡作搭配。
製作完成的馬卡龍放置一天，
使餅乾體變得微微濕潤後，吃起來會更加美味，
但中間的甘納許或卡士達醬夾餡若放置過久，
很容易就會酸敗變質。
馬卡龍本身就是一道相當出色的甜點，
但也可以用來裝飾蛋糕，
樸素單調的鮮奶油蛋糕放上一些繽紛的馬卡龍，
立刻就成為吸引眾人目光的焦點。

Mango Macaron

達可瓦滋杏仁蛋白餅

>>> COOKIE 4-10 **Dacquoise**

材料 〔份量：長4cm，25～30個｜溫度：180℃｜時間：15分鐘｜難度：★★☆〕

麵糊	・蛋白5顆 ・細砂糖50g ・杏仁粉150g ・糖粉150g
裝飾	・糖粉30g
甘納許	・動物性鮮奶油75ml ・調溫黑巧克力150g
工具	・攪拌盆 ・電動攪拌機 ・網篩 ・矽膠刮刀 ・烘焙紙 ・圓口擠花嘴 ・擠花袋 ・烤盤 ・冷卻架 ・鍋子

準備

Ⓐ 杏仁粉、糖粉過篩兩次。
Ⓑ 烤盤上鋪好烘焙紙。
Ⓒ 調溫黑巧克力切成小塊。
Ⓓ 烤箱以180℃預熱10分鐘。

作法

製作麵糊

1 攪拌盆中放入冰涼的蛋白，用電動攪拌機以最高速攪打20秒。蛋白開始膨脹發泡時，分次慢慢放入細砂糖，攪打2分鐘，打成乾性發泡的蛋白霜。

2 分3次篩入杏仁粉、糖粉，用刮刀快速且輕柔地拌勻，不要壓塌發泡。

塑型

3 擠花袋裝上圓口擠花嘴，再裝入拌好的麵糊。

4 在烤盤上擠出長4cm的直線，並保留適當間距。

烘烤

5 麵糊表面撒滿裝飾用糖粉。放入預熱好的烤箱以180℃烤15分鐘。

製作甘納許

6 鍋中倒入鮮奶油，以中火加熱，開始沸騰時立即關火。倒入黑巧克力，攪拌至完全融化。完成的甘納許放入冰箱冷藏冰涼。

7 冰涼的甘納許裝入擠花袋中，擠在一片達可瓦茲底部。

8 疊上另一片達可瓦茲，就完成了。

1

2

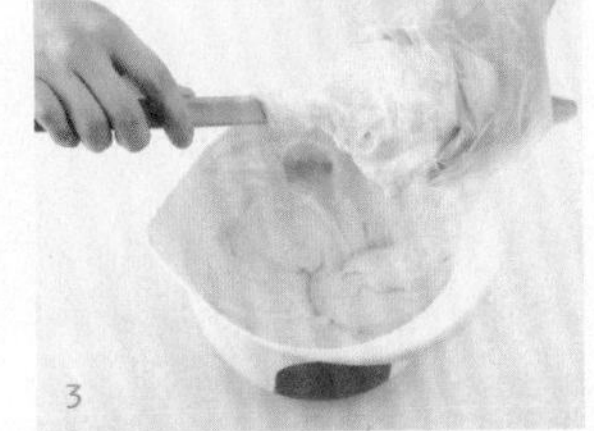
3

4

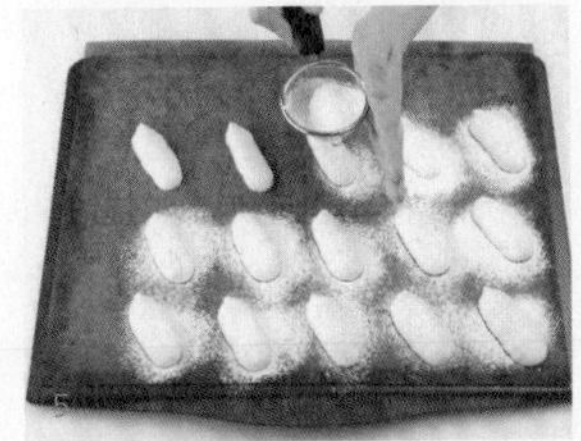
5

6

7

8

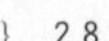

將軍權杖餅

>>> COOKIE 4-11

Batons Marechaux

材料 〔份量：長6cm，30個｜溫度：200℃｜時間：10分鐘｜難度：★★☆〕

麵糊	・蛋白4顆 ・細砂糖❶50g ・低筋麵粉25g ・杏仁粉100g ・細砂糖❷75g
奶油霜	・細砂糖60g ・香草砂糖1包（8g）・熱水1大匙 ・伯爵茶末2小匙 ・蛋白2顆 ・無鹽奶油125g
裝飾	・杏仁角100g
工具	・攪拌盆 ・電動攪拌機 ・網篩 ・矽膠刮刀 ・圓口擠花嘴 ・擠花袋 ・烘焙紙 ・烤盤 ・冷卻架 ・鍋子

準備

Ⓐ 奶油放常溫退冰，至少30分鐘。
Ⓑ 低筋麵粉、杏仁粉過篩兩次。
Ⓒ 伯爵茶末倒入熱水中，浸泡成茶湯。
Ⓓ 烤盤上鋪好烘焙紙。
Ⓔ 烤箱以200℃預熱15分鐘。

作法

製作麵糊

1 攪拌盆中放入冰涼的蛋白，用電動攪拌機以最高速攪打30秒。

2 蛋白開始膨脹發泡時，分2～3次慢慢放入細砂糖❶，攪打2～3分鐘，打發成具有光澤的乾性發泡蛋白霜。

3 分次篩入低筋麵粉、杏仁粉、細砂糖❷，用刮刀輕柔攪拌均勻，不要壓塌發泡。

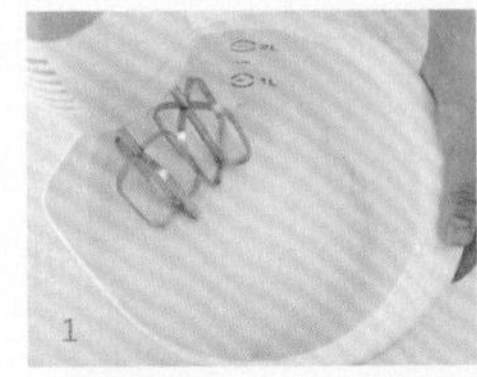
1

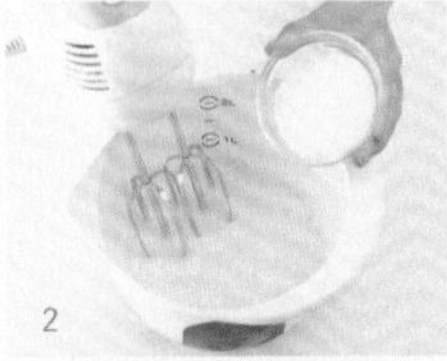
2

塑型

4 擠花袋裝上圓口擠花嘴，再裝入拌好的麵糊，在烤盤上取適當間距，擠出每個長6cm的直線。

3

4

烘烤

5 杏仁角撒在麵糊表面。放入預熱好的烤箱以200℃烤10分鐘。

製作奶油霜

6 鍋中倒入細砂糖、香草砂糖，並用濾網濾掉伯爵茶末，倒入茶湯，以中火煮成沸騰冒泡的濃稠糖液。

7 取另一個攪拌盆，倒入冰涼的蛋白，用電動攪拌機以最高速攪打20秒。蛋白開始膨脹發泡時，慢慢倒入熱燙的伯爵茶糖液，以最高速攪拌3～4分鐘，打發成具有光澤的濕性發泡蛋白霜。

8 分次加入常溫軟化的奶油，以最高速繼續攪拌3～4分鐘，充分拌勻。

裝飾

9 拌好的伯爵茶奶油霜裝入擠花袋，擠在一片將軍權杖餅底部，再疊上另一片將軍權杖餅就完成了。

7

8

9

柳橙雪球

>>> COOKIE 4-12 Orange Snowball

材料〔份量：直徑3cm，15～20個｜溫度：180℃｜時間：15分鐘｜難度：★★★〕

麵團
- 無鹽奶油85g
- 柳橙砂糖1包（10g）
- 糖粉50g
- 鹽1/4小匙
- 蛋黃1顆
- 低筋麵粉100g
- 杏仁粉60g
- 糖漬橙皮30g

裝飾
- 無鹽奶油30g
- 防潮糖粉50g

工具
- 攪拌盆
- 電動攪拌機
- 網篩
- 矽膠刮刀
- 烘焙紙
- 烤盤
- 冷卻架
- 烘焙刷

準備

A 麵團用奶油、蛋黃放常溫退冰，至少30分鐘；裝飾用奶油隔水加熱融化。

B 低筋麵粉、杏仁粉分別過篩兩次。

C 烤盤上鋪好烘焙紙。

D 烤箱以180℃預熱10分鐘。

作法

製作麵團

1 攪拌盆中放入常溫軟化的奶油，用電動攪拌機以最低速攪拌30秒，打鬆奶油。

2 分2～3次加入柳橙砂糖、糖粉、鹽，以最低速攪拌30秒拌勻。

3 倒入常溫的蛋黃，以最低速攪拌30秒，使蛋黃完全被吸收。

4 篩入低筋麵粉、杏仁粉，用刮刀輕柔攪拌成粉塊狀。

5 倒入糖漬橙皮，用刮刀攪拌均勻，使食材充分融入麵團中。

1

2

3

4

5

6

7

塑型

6 手掌沾一些麵粉防止沾黏，抓取麵團，搓揉成直徑2cm的圓球狀，取適當間距，整齊排列在烤盤上。

烘烤

7 放入預熱好的烤箱以180℃烤15分鐘。烤好後放冷卻架上充分降溫，並刷上融化的裝飾用奶油。

裝飾

8 撒上厚厚的防潮糖粉裝飾。

8

日式小雞饅頭

>>> COOKIE 4-13

Chick Manju

材料 〔份量：小雞形狀，20個｜溫度：180℃｜時間：15～20分鐘｜難度：★★☆〕

麵團
- 無鹽奶油25g
- 水麥芽2大匙
- 細砂糖20g
- 香草砂糖1包（8g）
- 煉乳5大匙
- 雞蛋1顆
- 低筋麵粉250g
- 小蘇打粉1/2小匙

豆沙餡
- 白豆沙500g
- 核桃仁80g

工具
- 攪拌盆
- 打蛋器
- 網篩
- 矽膠刮刀
- 塑膠紙
- 擀麵棍
- 烘焙紙
- 烤盤
- 鐵籤
- 冷卻架

準備

Ⓐ 雞蛋放常溫退冰，至少30分鐘。
Ⓑ 奶油隔水加熱融化；核桃仁切成小塊。
Ⓒ 低筋麵粉、小蘇打粉混合後，過篩兩次。
Ⓓ 烤盤上鋪好烘焙紙。
Ⓔ 烤箱以180℃預熱10分鐘。

作法

製作麵團

1 攪拌盆中倒入融化的奶油、細砂糖、香草砂糖、水麥芽、煉乳，用打蛋器攪拌均勻。

2 倒入常溫的雞蛋，繼續用打蛋器攪拌均勻。

3 篩入低筋麵粉、小蘇打粉，用刮刀輕柔拌勻，使粉狀食材充分融入麵團中。

塑型

4 拌好的麵團倒在塑膠紙上，連同塑膠紙一起搓揉成長條圓筒狀，放入冰箱冷藏2小時。

5 取出變硬的麵團，分割成20等份後，分別搓圓。

6 切碎的核桃仁倒入白豆沙中，攪拌均勻，分成20等份後，分別搓圓。

7 將麵團擀成圓形薄片，包入步驟6的豆沙餡，接縫處向下放置。

8 小雞的身體捏成橢圓形，再捏出小雞的脖子，頭則捏成圓形。

9 最後再捏出小雞尖尖的嘴巴。取適當間距放置在烤盤上。

烘烤

10 放入預熱好的烤箱以180℃烤15～20分鐘。烤好的小雞饅頭放冷卻架上，鐵籤用火燒熱後，在小雞臉上戳兩個洞，做出眼睛。

摩卡豆餅乾

>>> COOKIE 4-14

Mocha Bean Cookie

材料 〔份量：直徑3.5cm，25～30個｜溫度：170℃｜時間：12～15分鐘｜難度：★☆☆〕

麵團
- 無鹽奶油 85g
- 鹽1/8小匙
- 細砂糖50g
- 香草砂糖 1包（8g）
- 雞蛋1/2顆
- 調溫黑巧克力20g
- 研磨咖啡粉5g
- 低筋麵粉100g
- 杏仁粉40g
- 可可酒1小匙
- 巧克力豆20g

工具
- 攪拌盆
- 電動攪拌機
- 網篩
- 矽膠刮刀
- 保鮮膜
- 筷子
- 烘焙紙
- 烤盤
- 冷卻架

準備

Ⓐ 奶油、雞蛋放常溫退冰，至少30分鐘。

Ⓑ 調溫黑巧克力隔水加熱融化。

Ⓒ 低筋麵粉、杏仁粉過篩兩次。

Ⓓ 烤盤上鋪好烘焙紙。

Ⓔ 烤箱以170℃預熱10分鐘。

作法

1 攪拌盆中倒入常溫軟化的奶油，用電動攪拌機以最低速攪拌30秒，打鬆奶油。分2～3次倒入細砂糖、香草砂糖、鹽，以最低速攪拌30秒拌勻。

2 倒入常溫的雞蛋，以最低速攪拌1分鐘，使蛋液完全被吸收。

3 倒入融化的黑巧克力、研磨咖啡粉，以最低速攪拌30秒拌勻。

4 篩入低筋麵粉、杏仁粉，用刮刀輕柔攪拌成粉塊狀。

5 倒入巧克力豆，用刮刀輕柔攪拌均勻，使粉狀食材完全融入麵團中。

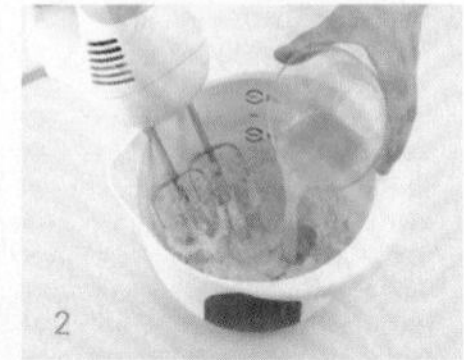

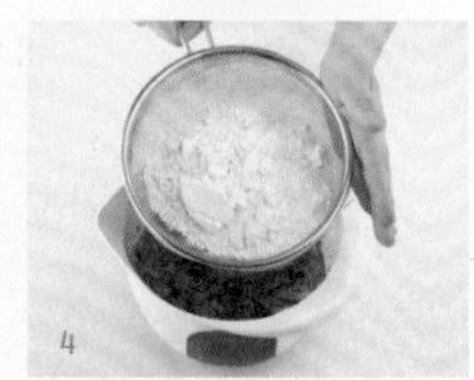

塑型

6 用保鮮膜密封攪拌盆，放入冰箱冷藏1小時以上。

7 取出變硬的麵團，分成每個重15g的小麵團，搓揉成橢圓形，排列在烤盤上。

烘烤

8 筷子表面抹上一些麵粉，在麵團中央壓出直線，做成咖啡豆的形狀。放入預熱好的烤箱以170℃烤12～15分鐘。

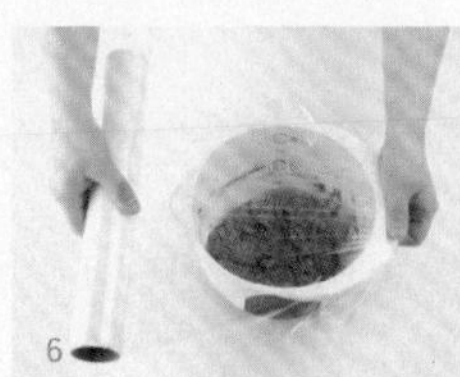

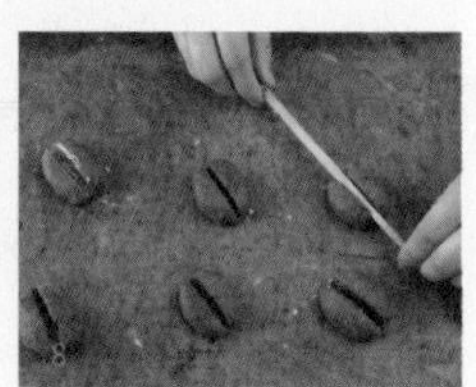

Baking Tip

這款餅乾使用的是研磨咖啡粉，能同時吃到咖啡的濃郁香氣和微苦，並以微甜的巧克力豆作調和。若家中沒有研磨咖啡粉，可改用相同份量的即溶咖啡粉替代。

幸運餅乾

>>> COOKIE 4-15

Fortune Cookie

材料 〔份量：10～12個｜溫度：160℃｜時間：10分鐘｜難度：★★☆〕

麵糊
- 蛋白1顆
- 糖粉35g
- 鹽1/8小匙
- 低筋麵粉25g
- 橄欖油2小匙
- 無鹽奶油1小匙

裝飾
- 小字條 10～12張

工具
- 攪拌盆
- 打蛋器
- 網篩
- 湯匙
- 烘焙紙
- 烤盤
- 冷卻架

準備

A 奶油隔水加熱融化。

B 低筋麵粉過篩兩次。

C 烤盤上鋪好烘焙紙（此款餅乾使用烤盤布會更容易操作）。

D 烤箱以160℃預熱10分鐘。

作法

製作麵糊

1 攪拌盆中倒入蛋白，用打蛋器打散。倒入糖粉、鹽，充分攪拌溶解。

2 篩入低筋麵粉，用打蛋器攪拌至沒有麵粉顆粒殘留。

3 倒入橄欖油、融化的奶油，攪拌均勻。

烘烤

4 用湯匙舀一些麵糊，倒在烘焙紙上，鋪平成直徑6cm的圓形。放入預熱好的烤箱以160℃烤10分鐘。

塑型

5 烤好出爐時，立即將小紙條放在餅乾上。

6 趁熱將餅乾對摺，再向內各摺1/3。

7 再將餅乾中間微彎，摺成三角錐狀，做出幸運餅乾的造型。

8 重複上述步驟，完成所有幸運餅乾。

1

2

3

4

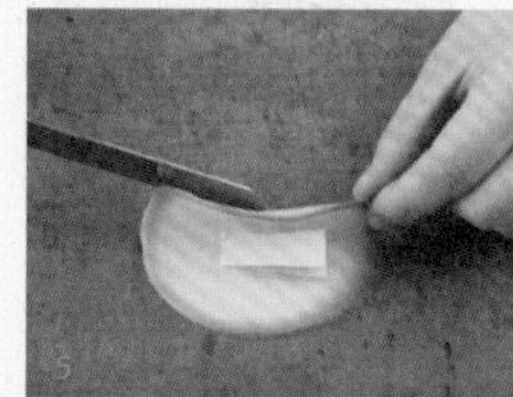

5

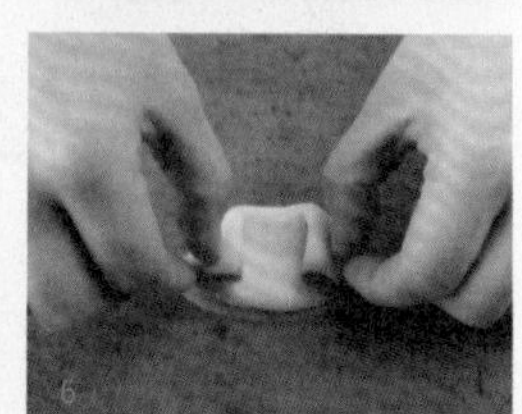

6

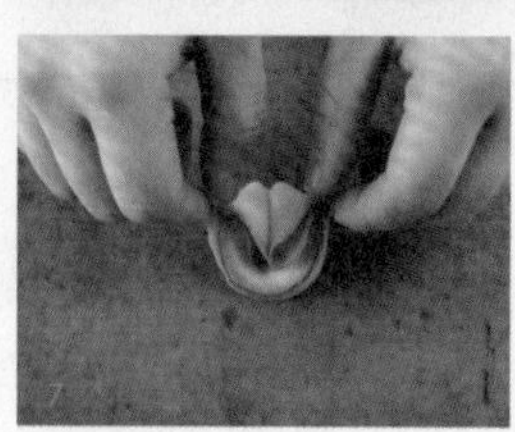

7

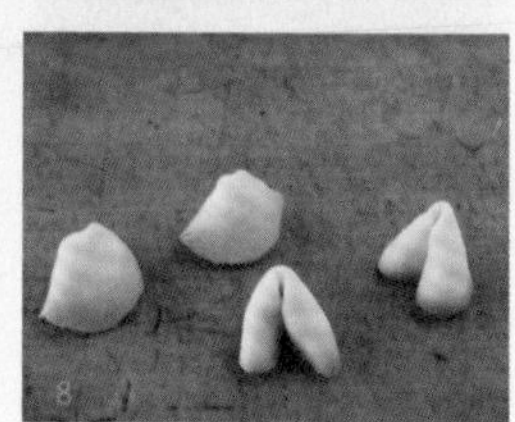

8

Baking Tip

摺疊餅乾要趁餅乾變硬前快速完成，所以一次烤3～4個就好。想要做不同口味的幸運餅乾，可以將低筋麵粉的份量縮減為20g，再加入1小匙的無糖可可粉，做成巧克力口味的幸運餅乾。

TIP 餅乾出爐後，要趁餅乾變硬前迅速塑型。操作時請小心不要燙傷。

楓糖餅乾

>>> COOKIE 4-16 **Maple Cookie**

材料　〔份量：15個｜溫度：180℃｜時間：12分鐘｜難度：★☆☆〕

麵團
- 雞蛋1顆
- 細砂糖10g
- 楓糖漿30g
- 橄欖油20g
- 低筋麵粉125g
- 杏仁粉35g
- 泡打粉1/8小匙

工具
- 攪拌盆
- 打蛋器
- 網篩
- 矽膠刮刀
- 塑膠紙
- 擀麵棍
- 餅乾壓模
- 烘焙紙
- 烤盤
- 冷卻架

準備

Ⓐ 雞蛋放常溫退冰，至少30分鐘。

Ⓑ 低筋麵粉、杏仁粉、泡打粉過篩兩次。

Ⓒ 烤盤上鋪好烘焙紙。

Ⓓ 烤箱以180℃預熱10分鐘。

作法

製作麵團

1 攪拌盆中放入常溫的雞蛋，用打蛋器稍微打散。

2 倒入細砂糖、楓糖漿、橄欖油，用打蛋器攪拌均勻。

3 篩入低筋麵粉、杏仁粉、泡打粉，用刮刀輕柔攪拌均勻。

塑型

4 鬆散的麵團用塑膠紙包好，按壓成緊實的團狀，放入冰箱冷藏1小時。

5 桌面鋪一張塑膠紙，撒麵粉，放上麵團，再撒麵粉，蓋上一張塑膠紙。將麵團擀成厚0.5cm的薄片。

6 用餅乾壓模沾一些麵粉，在麵團上壓出造型。

7 取適當間距，將造型餅乾麵團排列在烤盤上。

烘烤

8 放入預熱好的烤箱以180℃烤12分鐘。烤好後放冷卻架上降溫。

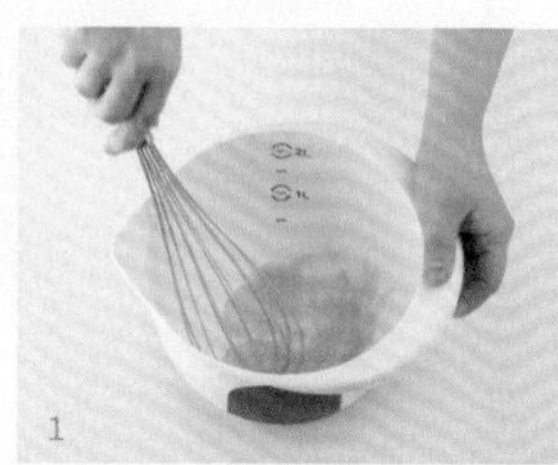
1

2

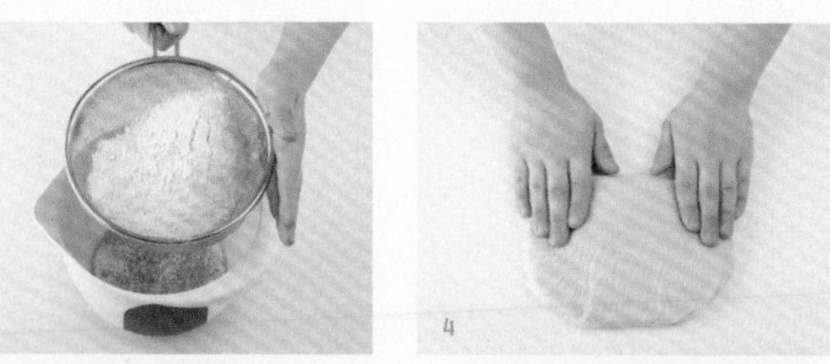
3　4

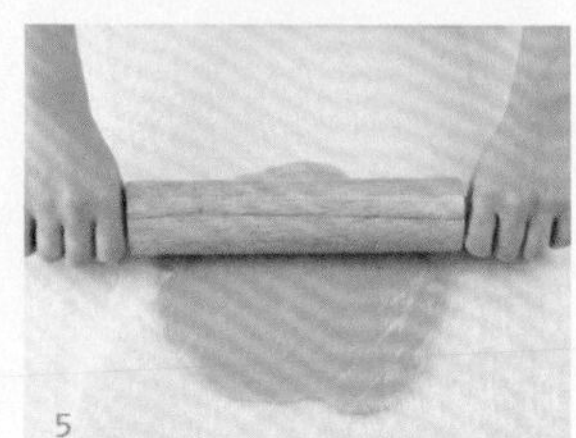
5

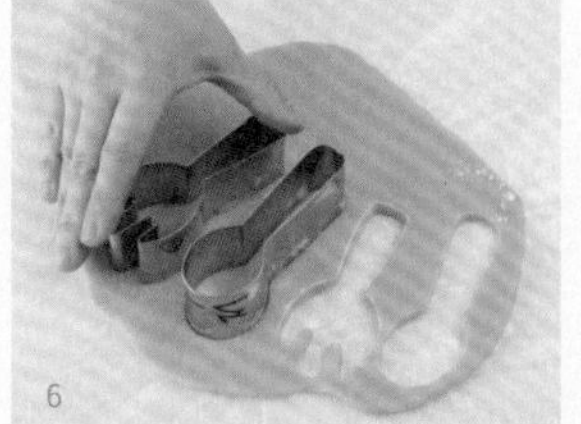
6

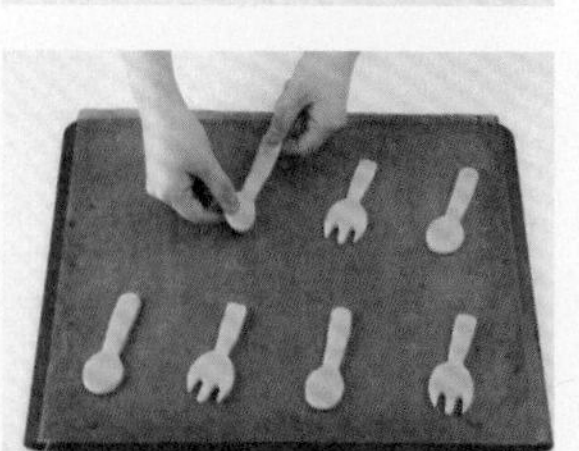
7

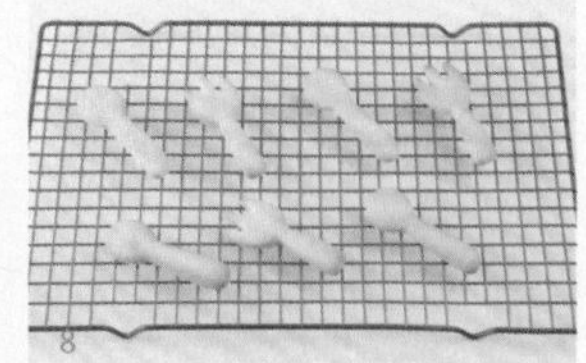
8

薑餅人

>>> COOKIE 4-17

Gingerman Cookie

材料　〔份量：長3.5cm，25～30個｜溫度：180℃｜時間：12分鐘｜難度：★☆☆〕

麵團
- 無鹽奶油65g
- 細砂糖 75g
- 香草砂糖1包（8g）
- 楓糖漿1大匙
- 蜂蜜1大匙
- 鹽1/4小匙
- 蛋黃1顆
- 薑母粉1小匙
- 肉桂粉1小匙
- 低筋麵粉175g
- 小蘇打粉1/4小匙

裝飾
- 巧克力筆

工具
- 攪拌盆
- 電動攪拌機
- 網篩
- 矽膠刮刀
- 塑膠紙
- 擀麵棍
- 薑餅人壓模
- 烘焙紙
- 烤盤
- 冷卻架

準備

Ⓐ 奶油、雞蛋放常溫退冰，至少30分鐘。

Ⓑ 低筋麵粉、小蘇打粉混合後，過篩兩次。

Ⓒ 烤盤上鋪好烘焙紙。

Ⓓ 烤箱以180℃預熱10分鐘。

作法

製作麵團

1 攪拌盆中倒入常溫軟化的奶油，用電動攪拌機以最低速攪拌30秒，打鬆奶油。

2 分2～3次倒入細砂糖、香草砂糖、楓糖漿、蜂蜜、鹽，以最低速攪拌30秒拌勻。

3 倒入常溫的蛋黃，繼續以最低速攪拌1分鐘，使蛋液完全被吸收。

4 倒入薑母粉、肉桂粉，用刮刀輕柔拌勻。

5 篩入低筋麵粉、小蘇打粉，用刮刀輕柔攪拌均勻，使粉狀食材完全融入麵團中。

塑型

6 鬆散的麵團用塑膠紙包好，按壓成緊實的團狀，放入冰箱冷藏1小時。

7 桌面鋪一張塑膠紙，撒麵粉，放上麵團，再撒麵粉，蓋上一張塑膠紙。將麵團擀成厚0.5cm的薄片。

8 用薑餅人壓模沾一些麵粉，在麵團上壓出造型。

烘烤&裝飾

9 薑餅人麵團，保留間距，整齊排列在烤盤上。放入預熱好的烤箱中，以180℃烤12分鐘後，取出放涼。

10 用巧克力筆在餅乾上畫出眼睛、嘴巴、鈕扣，在常溫下靜置，使巧克力凝固。

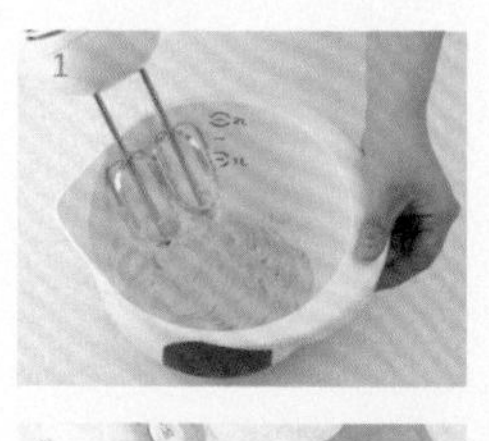

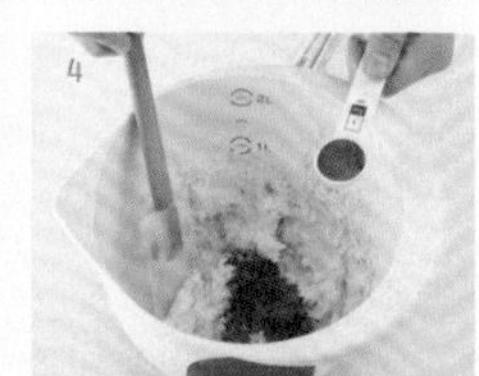

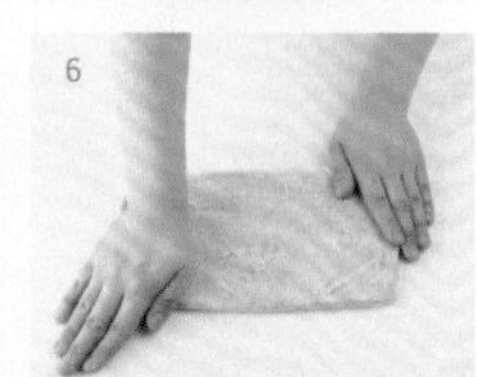

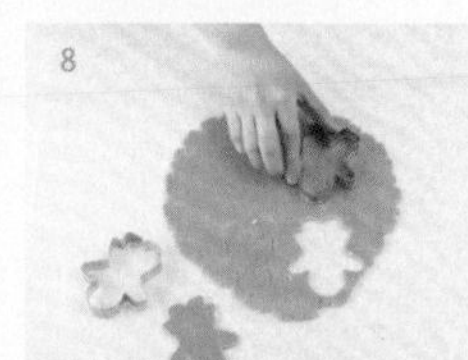

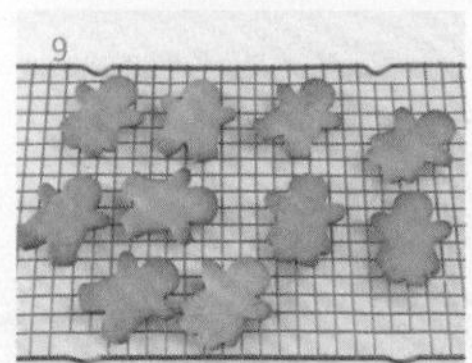

Baking Tip

家裡沒有薑母粉時，可以把生薑磨成泥拌入麵團中取代。楓糖漿也可以用等量的蜂蜜、龍舌蘭糖漿或水麥芽替代。

糖霜彩繪餅乾

>>> COOKIE 4-18

Icing Cookie

材料 〔份量：長5cm，15個｜溫度：180℃｜時間：10～12分鐘｜難度：★★☆〕

麵團｜無鹽奶油80g・煉乳80g・鹽1/8小匙・低筋麵粉130g・泡打粉1小匙・牛奶1小匙

裝飾｜蛋白1顆・糖粉200g・檸檬汁1小匙・天然食用色素 1～2滴

工具｜攪拌盆・電動攪拌機・網篩・矽膠刮刀・塑膠紙・擀麵棍・各式餅乾壓模・烘焙紙・烤盤・冷卻架

準備

A 奶油、牛奶放常溫退冰，至少30分鐘。

B 低筋麵粉、泡打粉混合後，過篩兩次。

C 烤盤上鋪好烘焙紙。

D 烤箱以180℃預熱10分鐘。

作法

製作麵團

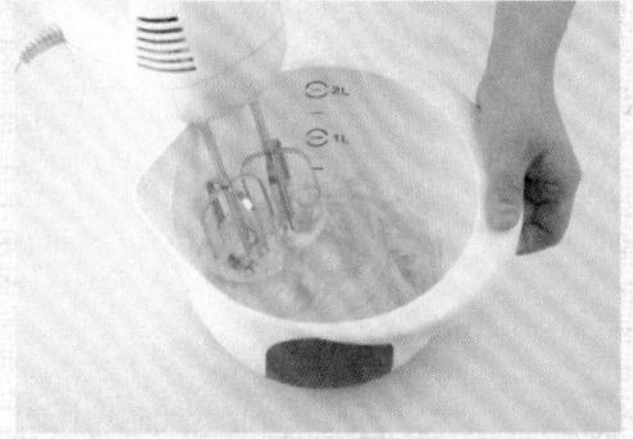

1 攪拌盆中倒入常溫軟化的奶油，用電動攪拌機以最低速攪拌30秒，打鬆奶油。

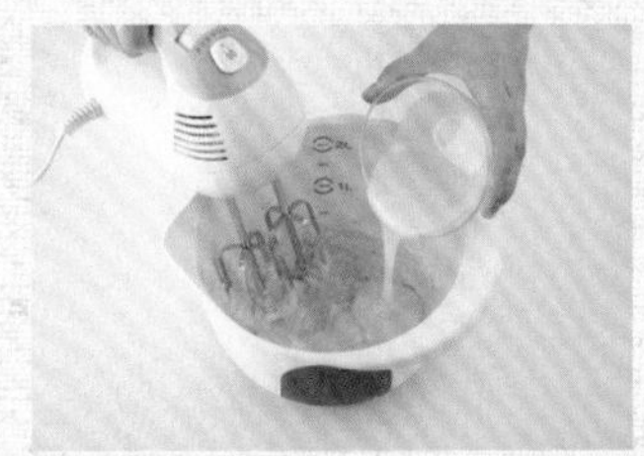

2 分2～3次加入煉乳、鹽，以最低速攪拌1分鐘，使煉乳完全融入奶油中。

3 篩入低筋麵粉、泡打粉，用刮刀攪拌至粉塊狀。

塑型

4 加入牛奶，用刮刀輕柔攪拌均勻，使粉類食材充分融入麵團中。

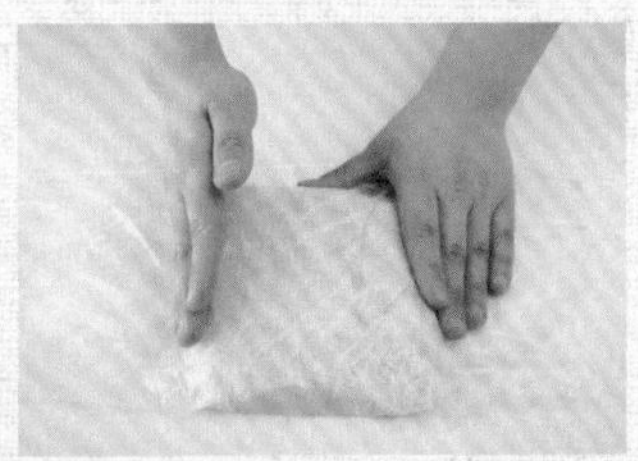

5 鬆散的麵團用塑膠紙包好，按壓成緊實的團狀，放入冰箱冷藏1小時。

6 桌面鋪一張塑膠紙，撒麵粉，放上麵團，再撒麵粉，蓋上一張塑膠紙。

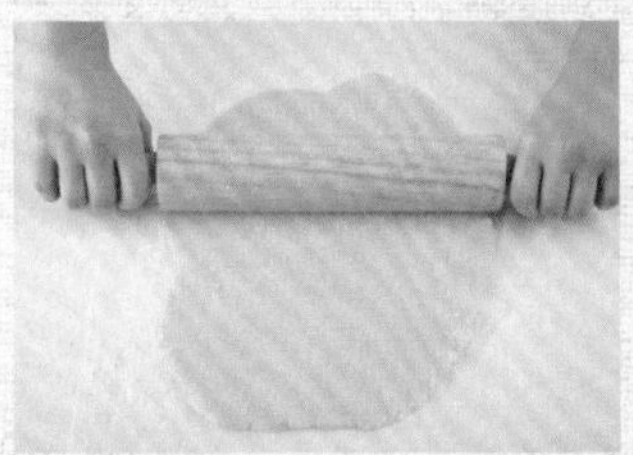

7 麵團擀成厚0.5cm的薄片。

8 餅乾壓模沾一些麵粉，將麵團壓成各種造型。

9 造型麵團整齊排列在烤盤上，麵團間保留間距。

糖霜彩繪餅乾

烘烤

10 放入預熱好的烤箱以180°C烤10～12分鐘後，取出放涼。

製作糖霜

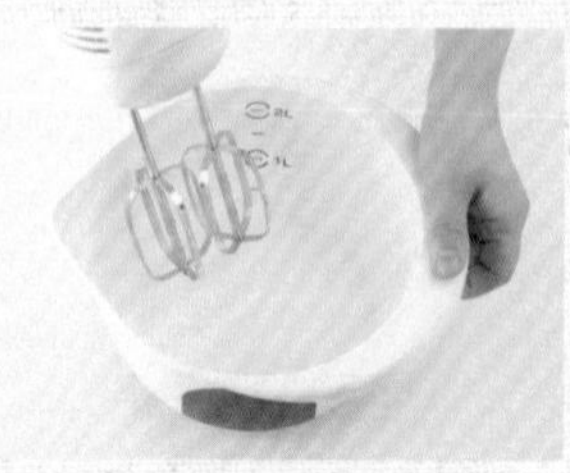

11 取另一個攪拌盆，倒入蛋白，用電動攪拌機以最低速打散。

12 倒入糖粉、檸檬汁，以最低速攪拌均勻。

TIP

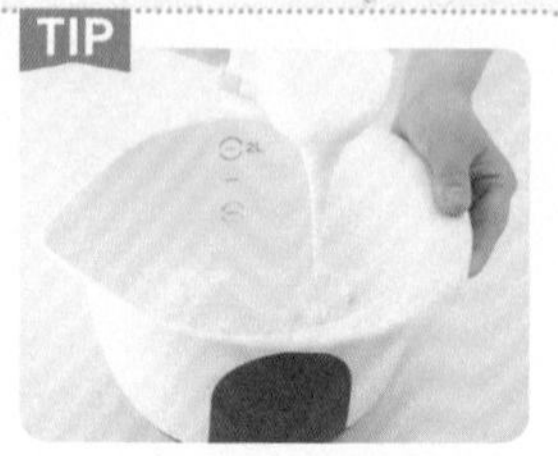

糖霜濃度大約是用刮刀撈起會緩慢流下的程度即可。若糖霜閒置太久而分解，重新攪拌就能回復濃稠狀。

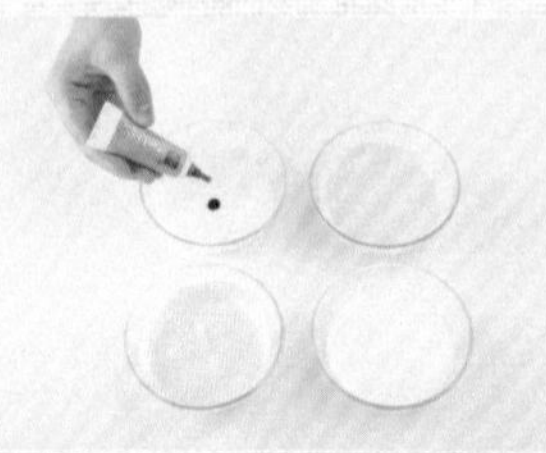

13 拌好的糖霜分開盛裝到4個小碗中，各滴1滴不同顏色的天然食用色素拌勻。

14 用各色糖霜在餅乾上寫字、彩繪。裝飾好後，餅乾放在室溫下靜置，等待糖霜變乾，用手輕觸不會沾黏即完成。

關於糖霜彩繪餅乾

想要將餅乾製作成耶誕掛飾，麵團壓模成型後，用竹籤在麵團頂部0.5cm處挖一個小洞，再放入烤箱烘烤，烤好後繫上緞帶或細繩，就能掛在耶誕樹上當裝飾了。

變化版

糖霜彩繪餅乾造型可愛，色彩繽紛，完成後既可以送禮，也可以當作耶誕節的裝飾品。
彩繪用的糖霜分為兩種，上一頁介紹的是皇家糖霜，另一種一般糖霜則不需使用蛋白，將糖粉和檸檬汁拌勻後，直接添加食用色素調色即可。
糖霜接觸到空氣很快就會凝固，攪拌完成請用濕布覆蓋保濕。
若水分已經蒸發，可以加一點水或檸檬汁重新打成濃稠狀。

●●●熊寶寶

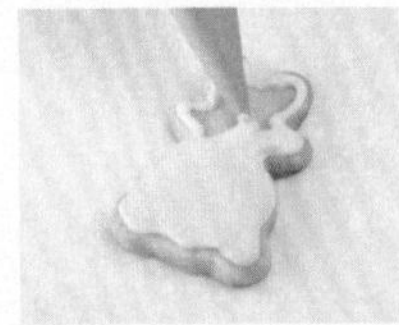

1 用黃色糖霜沿著餅乾邊緣畫出邊線。

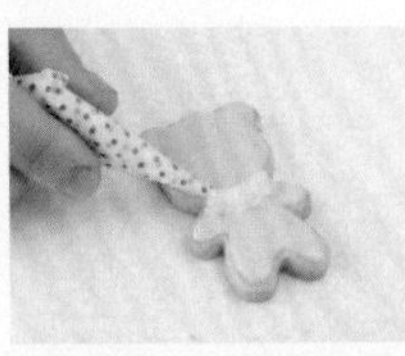

2 用同色的糖霜填滿表面，用粉紅色畫出圍巾。

3 最後再畫上耳朵、眼睛和嘴巴。

●●●手

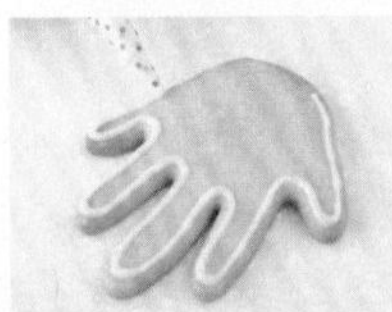

1 用白色糖霜沿著餅乾邊緣畫出邊線。

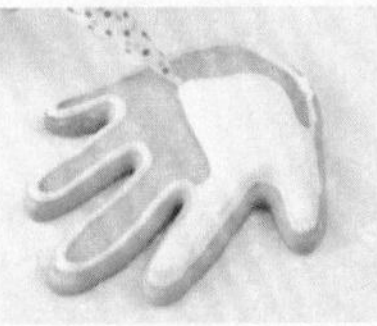

2 用同色糖霜將邊線內部全部填滿。

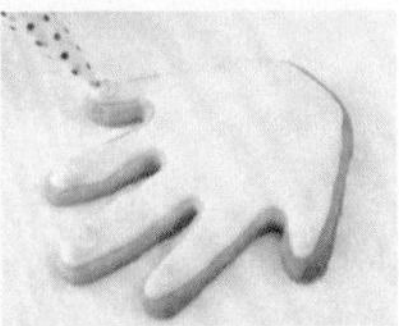

3 像塗指甲油一樣，用不同顏色裝飾手指尖。

●●●結婚蛋糕

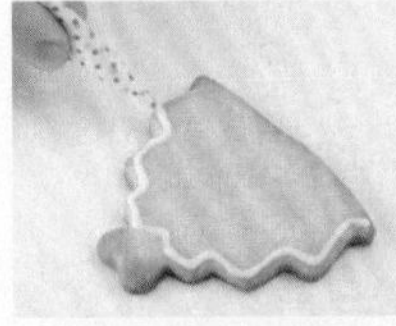

1 用白色糖霜沿著餅乾邊緣畫出邊線。

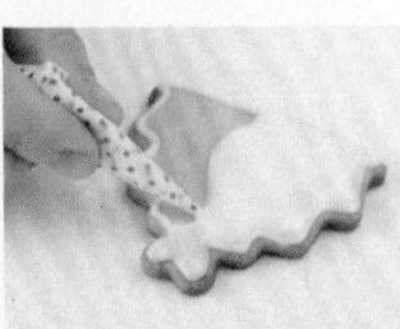

2 用粉紅色畫出頂端的愛心。用白色填滿蛋糕部分。

3 用粉紅色點出虛線，畫出蛋糕的分層。

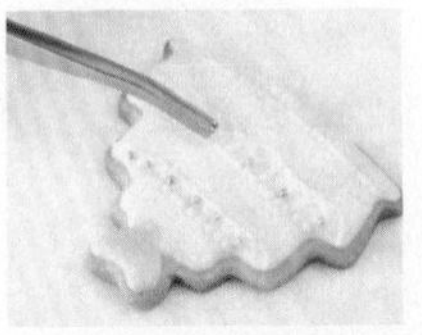

4 用白色畫出彩帶般的紋路，最後放上裝飾銀珠點綴。

●●●禮物盒

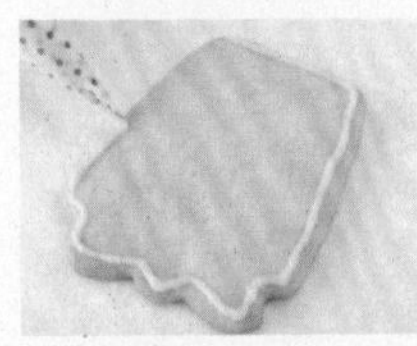

1 用粉紅色糖霜沿著餅乾邊緣畫出邊線。

2 用同色糖霜將表面全部填滿。

3 用白色糖霜畫出緞帶。

4 最後用白色糖霜畫出小愛心點綴。

迷迭香餅乾

>>> COOKIE 4-19 Rosemary Cookie

材料 〔份量：直徑5cm，25～30個｜溫度：180℃｜時間：10～12分鐘｜難度：★☆☆〕

麵團
- 無鹽奶油160g
- 新鮮迷迭香葉2大匙
- 細砂糖80g
- 鹽1/4小匙
- 蛋黃1顆
- 乾燥迷迭香末1小匙
- 低筋麵粉200g
- 玉米粉40g
- 泡打粉1/8小匙

工具
- 鍋子
- 網篩
- 攪拌盆
- 電動攪拌機
- 矽膠刮刀
- 塑膠紙
- 擀麵棍
- 直徑5cm波浪圓形壓模
- 餅乾字母印章
- 竹籤
- 烘焙紙
- 烤盤
- 冷卻架

準備

Ⓐ 奶油、蛋黃放常溫退冰，至少30分鐘。

Ⓑ 低筋麵粉、玉米粉、泡打粉混合後，過篩兩次。

Ⓒ 烤盤上鋪好烘焙紙。

Ⓓ 烤箱以180℃預熱10分鐘。

作法

製作麵團

1 鍋中放入奶油、新鮮迷迭香葉，煮至沸騰。

2 奶油過篩，濾掉迷迭香葉，放入冰箱冷藏凝固。

3 攪拌盆中倒入步驟2的奶油，用電動攪拌機以最低速攪拌30秒，打鬆奶油。分2～3次加入細砂糖、鹽，以最低速攪拌1分鐘，使砂糖完全溶解，奶油變蓬鬆。

4 倒入常溫的蛋黃，以最低速攪拌30秒，使蛋黃完全被吸收。

5 倒入乾燥迷迭香末，以最低速攪拌均勻。

1

2

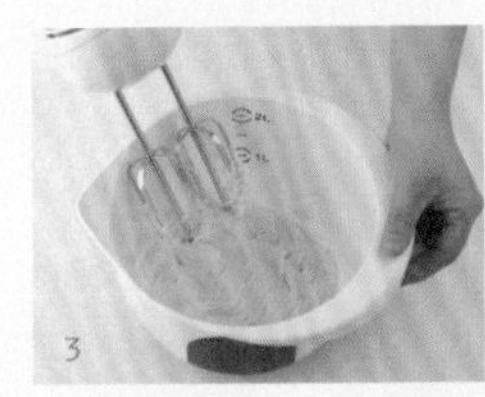
3

4

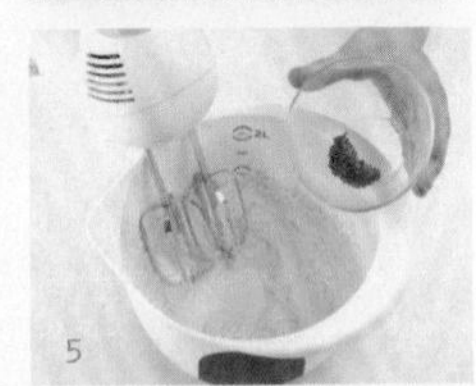
5

6

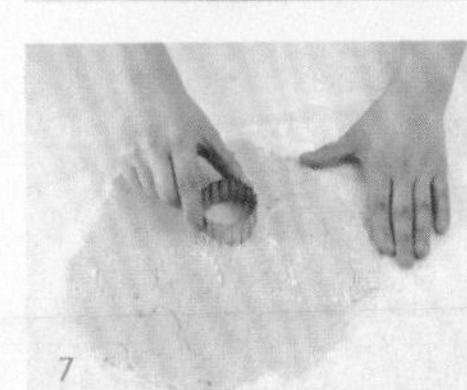
7

8

9

10

塑型

6 篩入低筋麵粉、玉米粉、泡打粉，用刮刀輕柔攪拌均勻。鬆散的麵團用塑膠紙包好，按壓成緊實的團狀，放入冰箱冷藏2小時。

7 麵團擀成厚0.5cm的薄片，壓模沾一些麵粉，在麵團上壓出造型。

8 麵團整齊排列在烤盤上，用字母印章蓋上喜歡的字詞。

9 竹籤頭沾一些麵粉，沿著麵團邊緣壓出等距的小洞。

烘烤

10 放入預熱好的烤箱以180℃烤10～12分鐘後，取出放涼。

佛羅倫汀

>>> COOKIE 4-20 **Florentin**

材料 〔份量：30×40cm烤盤，1個｜溫度＆時間：180℃→20分鐘／190℃→20～25分鐘｜難度：★★☆〕

麵團
- 無鹽奶油125g
- 糖粉125g
- 香草砂糖1包（8g）
- 鹽1/4小匙
- 雞蛋1顆
- 低筋麵粉250g

鋪料
- 細砂糖150g
- 動物性鮮奶油100ml
- 無鹽奶油100g
- 蜂蜜50g
- 水麥芽50g
- 杏仁片100g
- 糖漬橙皮50g

工具
- 攪拌盆
- 鍋子
- 電動攪拌機
- 網篩
- 矽膠刮刀
- 塑膠紙
- 30×40cm烤盤
- 烘焙紙
- 滾輪
- 叉子
- 冷卻架
- 麵包刀

準備

A 奶油、雞蛋、鮮奶油放常溫退冰，至少30分鐘。

B 低筋麵粉過篩兩次。

C 烤盤上鋪好烘焙紙。

D 鮮奶油放入微波爐加熱。

E 烤箱分別以180℃、190℃預熱15分鐘。

作法

製作麵團

1 攪拌盆中倒入常溫軟化的奶油，用電動攪拌機以最低速攪拌30秒，打鬆奶油。分2～3次加入糖粉、香草砂糖、鹽，以最低速攪拌30秒拌勻。

2 加入常溫的雞蛋，以最低速攪拌1分鐘，使蛋液完全被吸收。

3 篩入低筋麵粉，用刮刀攪拌均勻，使麵粉完全融入麵團中。

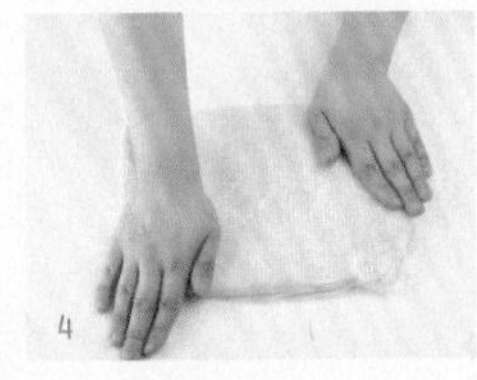
4

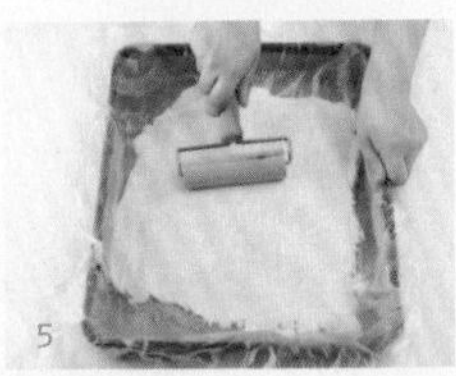
5

6

塑型&烘烤

4 鬆散的麵團用塑膠紙包好，按壓成緊實的團狀，放入冰箱冷藏1小時。

5 取出變硬的麵團，放入烤盤中，蓋上一張塑膠紙，用滾輪壓成烤盤的大小。

6 餅皮上撒一些麵粉，用叉子在表面戳滿細密的小洞。放入預熱好的烤箱以180℃烤20分鐘。

7 參照p.39將細砂糖熬煮成焦糖後，倒入加熱好的鮮奶油及水麥芽、蜂蜜、鋪料用奶油，用刮刀攪拌均勻。

8 倒入杏仁片和糖漬橙皮攪拌均勻。

9 趁熱將拌好的焦糖杏仁倒在餅皮上，用刮刀鋪平。

10 放入以190℃預熱好的烤箱烤20～25分鐘。烤好後，連同烤盤一起放冷卻架上充分降溫。餅乾冷卻凝固後，再取出切成小片食用。

7

8

10

Baking Tip

製作焦糖醬時，鍋子要先用水潤濕。熬煮砂糖時不要攪動，讓砂糖自行溶解、沸騰，砂糖才不會結塊。鮮奶油倒入前一定要先加熱，若鮮奶油和糖液的溫差過大，會發生突沸現象，很容易燙傷。焦糖醬不用煮得太濃稠，冷卻凝固後的佛羅倫汀比較好切。

蘇格蘭奶油酥餅

>>> COOKIE 4-21 Short Bread Cookie

材料 〔份量：直徑18cm派盤，1個（扇形，8片）｜溫度：170℃｜時間：30分鐘｜難度：★☆☆〕

麵團｜・無鹽奶油125g ・糖粉50g ・香草莢1枝 ・鹽1/4小匙 ・低筋麵粉150g ・杏仁粉50g

裝飾｜・紅晶冰糖30g

工具｜・攪拌盆 ・電動攪拌機 ・網篩 ・矽膠刮刀 ・直徑18cm派盤 ・塑膠紙 ・擀麵棍 ・叉子 ・刀子 ・冷卻架

準備

- A 奶油放常溫退冰，至少30分鐘。
- B 香草莢剖開，用小刀將香草籽刮下來。
- C 低筋麵粉、杏仁粉過篩兩次。
- D 派盤塗抹烤盤油。
- E 烤箱以170℃預熱10分鐘。

作法

製作麵團

1 攪拌盆中倒入常溫軟化的奶油，用電動攪拌機以最低速攪拌30秒，打鬆奶油。

2 分2～3次加入糖粉、香草籽、鹽，以最低速攪拌1～2分鐘，將奶油打至泛白呈絲絨狀。

3 篩入低筋麵粉、杏仁粉，用刮刀輕柔攪拌均勻。

塑型

4 鬆散的麵團用塑膠紙包好，按壓成緊實的團狀，放入冰箱冷藏1小時。

5 桌面鋪一張塑膠紙，撒麵粉，放上麵團，再撒麵粉，蓋上一張塑膠紙。麵團擀成比派盤再大一點的餅皮。

6 餅皮鋪入烤盤中，用手指將餅皮壓入派盤的紋路中。

7 餅皮分割成8等份，用刀子輕輕畫出分線。

8 用叉子在餅皮上戳滿細密的小洞。

烘烤

9 撒上紅晶冰糖。放入預熱好的烤箱以170℃烤30分鐘。

10 餅乾出爐後靜置放涼。用刀子沿著先前標示的分線切成8等份。

Baking Tip

蘇格蘭奶油酥餅是英國傳統點心，主原料為麵粉、砂糖、奶油，硬脆的口感加上濃郁的奶油香，越咀嚼，香氣越濃郁，是英國人下午茶時光不能缺少的配角。紅晶冰糖的顆粒較粗，烘烤時不易融化，較能保有糖粒的形狀及口感。

什錦燕麥棒

>>> COOKIE 4-22

Musli Bar

材料 〔份量：2×10cm，12個｜溫度：常溫｜時間：1小時｜難度：★☆☆〕

食材
- 無鹽奶油25g
- 楓糖漿50g
- 蜂蜜50g
- 什錦燕麥片150g
- 葡萄乾30g
- 藍莓乾20g
- 開心果仁20g
- 核桃仁30g

工具
- 平底鍋
- 矽膠刮刀
- 烘焙紙
- 方形烤模
- 刀子

準備

Ⓐ 開心果仁、核桃仁放入烤箱烤至酥脆，切成小塊。

Ⓑ 方形烤模內鋪好烘焙紙。

作法

裹糖

1 平底鍋中倒入奶油，以中火加熱，奶油開始融化時，立即關火。

2 倒入楓糖漿、蜂蜜攪拌均勻後，開小火煮1分鐘，熬煮成濃稠狀。

3 倒入什錦燕麥片、葡萄乾、藍莓乾、切碎的開心果仁及核桃仁，用刮刀攪拌，使食材均勻裹上糖漿。

塑型

4 裹好糖的食材倒入方形烤模中。

5 用刮刀鋪平食材，並用力壓緊實。在常溫下靜置1小時，使糖液凝固。

6 用刀子切成2×10cm的什錦燕麥棒。

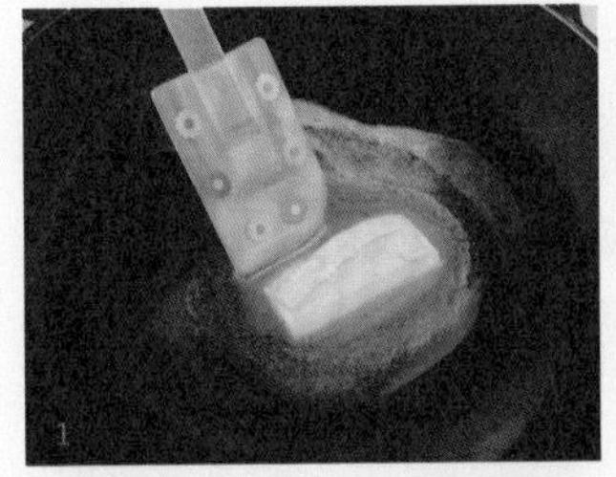
1

2

3

4

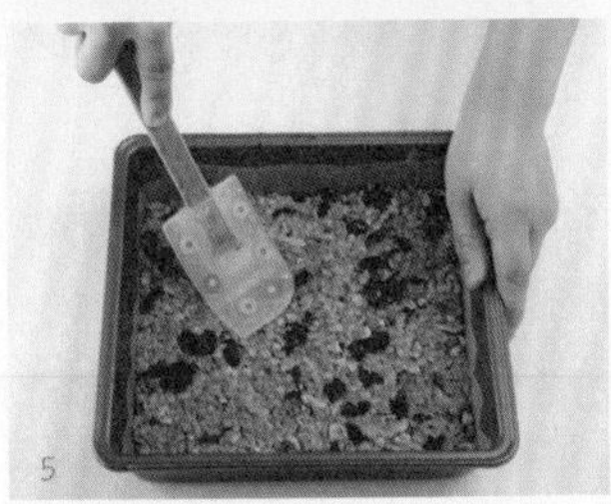
5

6

TIP 壓平食材時，可以在表面鋪一張烘焙紙，再放上重物加壓，使厚度更均勻平整。

Baking Tip

什錦燕麥片含有燕麥片及多種堅果、果乾，營養豐富又低熱量，很適合早餐時搭配牛奶或優格一起食用。做好的什錦燕麥棒，請放入密封罐中，或是分開用塑膠袋包好保存，任何時候都可以當充飢的營養口糧。

PART 5

Dessert & Chocolate

甜品&手工巧克力

和三五好友一起喝咖啡或品嘗紅酒時，總是需要幾道小巧精緻的甜品搭配。
其實許多甜品也能在家自己動手做，作法簡單又美味，
招待朋友或是帶去參加派對肯定都能大受歡迎！
自製手工巧克力近年來也越來越熱門，自己製作可以挑選較好的原料，
比起市售的巧克力產品，自製的手工巧克力更濃醇滑順，
也更能突顯巧克力苦中帶甜的特色！

# 巧克力舒芙蕾
>>> DESSERT& CHOCOLATE 5-1

Chocolate Souffle

材料 〔份量：直徑8.5cm舒芙蕾杯，5杯｜溫度：180℃｜時間：15～20分鐘｜難度：★★☆〕

麵糊
- 蛋黃3顆 • 細砂糖❶15g • 低筋麵粉15g
- 玉米粉15g • 牛奶140ml • 香草莢1/2枝
- 調溫黑巧克力90g • 蛋白3顆
- 細砂糖❷35g • 鹽1/8小匙

工具
- 攪拌盆 • 鍋子 • 電動攪拌機 • 麵粉篩
- 矽膠刮刀 • 舒芙蕾杯 • 抹刀

準備

Ⓐ 香草莢剖半，用小刀刮下香草籽。

Ⓑ 蛋黃與蛋白分離。蛋黃放常溫退冰；蛋白放回冰箱冷藏。

Ⓒ 低筋麵粉、玉米粉混合後，過篩兩次。

Ⓓ 舒芙蕾杯內均勻塗上融化奶油，並沾滿細砂糖。

Ⓔ 烤箱以180℃預熱10分鐘。

作法

製作麵糊

1. 攪拌盆中倒入常溫的蛋黃及細砂糖❶，用電動攪拌器以最高速攪拌，打發成淺奶油色的細緻泡沫。
2. 篩入低筋麵粉、玉米粉，用刮刀輕柔拌勻，不要壓塌發泡。
3. 鍋中倒入牛奶、香草籽、香草莢殼，以中火加熱，煮至即將沸騰時關火。
4. 步驟3慢慢倒入步驟2中混合均勻，用濾網過濾一次，重新倒回鍋中，開小火加熱至50℃。
5. 步驟4倒入裝有黑巧克力的碗中，攪拌至巧克力完全融化。
6. 取另一個攪拌盆，倒入冰涼的蛋白及鹽，用電動攪拌器以最高速攪拌30秒。蛋白開始起泡時，分2～3次加入剩下細砂糖❶，攪打1～2分鐘，打發至濕性發泡，泡沫出現光澤。
7. 打好的蛋白霜分2～3次倒入步驟5中，用刮刀輕柔攪拌均勻，不要壓塌發泡。
8. 麵糊倒入舒芙蕾杯中，裝至全滿，用抹刀刮平表面。

烘烤

9. 烤盤中先倒入1杯水，再將舒芙蕾杯放在另一個小盤子上，一起放入預熱好的烤箱以180℃烤15～20分鐘。

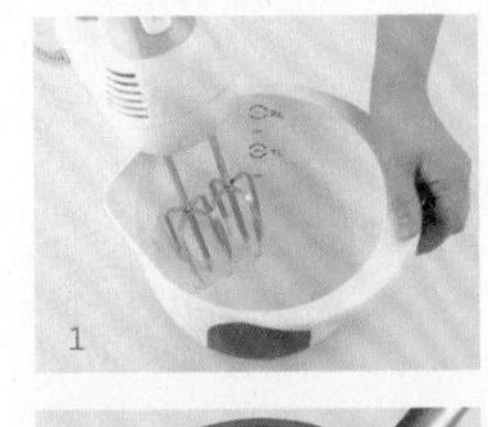
1

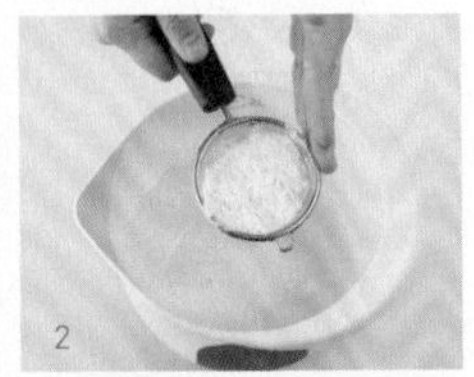
2

3

4

5

6

7

8

Baking Tip

舒芙蕾soufflé在法語中的意思是「蓬鬆地脹起來」。除了巧克力口味外，也可以加入香草、柳橙、咖啡等材料，製作成不同口味的舒芙蕾。剛出爐的舒芙蕾相當蓬鬆，遇到冷空氣很快就會開始塌陷，要趁熱盡快品嘗！

卡士達布丁
Custard Pudding

>>> DESSERT& CHOCOLATE 5-2

材料 〔份量：布丁瓶，10杯｜溫度：150℃｜時間：60分鐘｜難度：★★☆〕

焦糖	• 細砂糖75g • 水2大匙
布丁	• 雞蛋4顆 • 細砂糖❶50g • 牛奶500ml • 細砂糖❷50g • 香草莢1/2枝 • 香橙酒1大匙
工具	• 方形烤模 • 鍋子 • 網篩 • 攪拌盆 • 打蛋器 • 牙籤 • 布丁瓶（附塑膠蓋）• 冷卻架

準備

Ⓐ 參照p.39熬煮焦糖液。
Ⓑ 香草莢剖半，用小刀刮下香草籽。
Ⓒ 方形烤模中倒入60～70℃的熱水。
Ⓓ 烤箱以150℃預熱10分鐘。

作法

1 煮好的焦糖液分別倒入布丁瓶中，放入冰箱冷藏，使其凝固。

製作布丁

2 攪拌盆中倒入雞蛋，用打蛋器打散，盡量不要打出泡沫。
3 倒入細砂糖❶，用打蛋器攪拌溶解。
4 鍋中倒入牛奶、細砂糖❷、香草籽、香草莢殼，以中火加熱，煮至即將沸騰時關火。
5 步驟4過濾，加入步驟3中，充分攪拌均勻。
6 倒入香橙酒拌勻，增加香氣。
7 取出冰箱中的布丁瓶，倒入調好的布丁液。用牙籤戳破布丁液表面的氣泡。

烘烤

8 布丁瓶放在裝有熱水的方形烤模上。放入預熱好的烤箱以150℃烤60分鐘。
9 在常溫中充分降溫後，蓋上塑膠蓋，放入冰箱冷藏。

TIP

烤模中的水要加到布丁瓶的1/3高度，具有隔水加熱的作用。烤膜內鋪一張廚房紙巾可防止布丁瓶滑動。

綜合莓果醬

>>> DESSERT& CHOCOLATE 5-3

Mix Berry Jam

材料　〔份量：果醬瓶，3瓶｜溫度：100℃｜時間：10～20分鐘｜難度：★★☆〕

食材｜・冷凍野莓200g・藍莓100g・草莓100g・葡萄100g
・細砂糖250g・果膠粉1小匙・檸檬汁2大匙

工具｜・鍋子・矽膠刮刀・玻璃瓶

準備

Ⓐ 準備草莓、冷凍野莓等自己喜歡的水果，約500g。

Ⓑ 冷凍野莓放常溫解凍，至少1小時。

Ⓒ 草莓去蒂，並清洗乾淨。

Ⓓ 果醬瓶用熱水沖燙、消毒後，用紙巾擦乾。

作法

1 鍋中倒入解凍好的野莓及藍莓、草莓、葡萄、細砂糖、果膠粉，以中火熬煮。

2 熬煮時，持續用刮刀攪拌以免燒焦，果醬煮至濃稠狀後關火，倒入檸檬汁攪拌均勻。

3 趁熱將果醬裝入消毒好的果醬瓶，裝至全滿。

4 蓋上蓋子，顛倒置放15分鐘，使瓶內呈真空狀態，再翻回正面靜置冷卻。

1

2

3

4

TIP

使用專用的果醬粉製作果醬，可以減少1/3的砂糖量，水果的顏色也更為鮮豔。莓果和砂糖煮滾後，倒入專用果醬粉再熬煮3分鐘，即可完成，可節省許多製作果醬的時間。

Baking Tip

做好的熱果醬倒入果醬瓶中裝至全滿，蓋上蓋子顛倒置放，可使瓶內呈真空狀態。自製的果醬不含防腐劑，打開食用後一定要放冰箱冷藏保存，並盡快在20～25天內食用完畢。

# 義大利鮮奶酪
>>> DESSERT& CHOCOLATE 5-4
# Panna Cotta

材料 〔份量：7cm方形甜品杯，3杯｜溫度：冷藏｜時間：1～2小時｜難度：★☆☆〕

鮮奶酪	• 牛奶200ml • 動物性鮮奶油100ml • 細砂糖40g • 香草莢1/2枝 • 吉利丁粉4g • 冰水 2大匙
裝飾	• 鏡面果膠20g • 覆盆莓30g • 藍莓30g • 薄荷葉適量
工具	• 鍋子 • 矽膠刮刀 • 攪拌盆 • 網篩 • 7cm方形甜品杯

準備

Ⓐ 香草莢剖半，用小刀刮下香草籽。

Ⓑ 吉利丁粉倒入冰水中浸泡10分鐘。

作法

1 鍋中放入牛奶、鮮奶油、細砂糖、香草籽、香草莢殼，以中火加熱至鍋子邊緣冒泡後，立即關火。

2 充分吸收水分的吉利丁粉隔水加熱融化，倒入步驟1中，用刮刀攪拌均勻。

3 用濾網過濾，濾掉較粗的物質，並消除液體中的氣泡。

4 分裝入甜品杯，放入冰箱冷藏1～2小時，使其冷卻凝固。

5 取出凝固的鮮奶酪，放上裹好鏡面果膠的覆盆莓和藍莓，再插上薄荷葉裝飾。

1

2

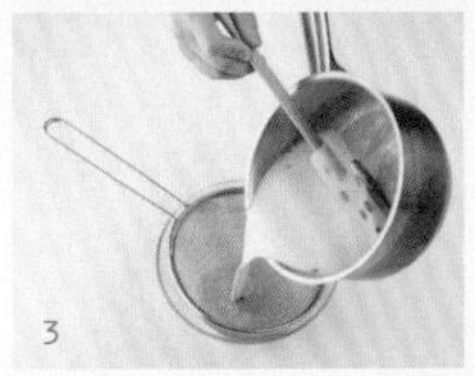
3

4

5

Baking Tip

鮮奶酪和提拉米蘇都是發源自義大利並風行全世界的知名甜點。濃郁的奶香，就像在品嘗一杯具有布丁口感的牛奶，很適合搭配草莓、柳橙等帶有微微果酸的水果，或是淋上果醬一起食用。

香草冰淇淋

>>> DESSERT& CHOCOLATE 5-5

Vanilla Ice Cream

材料　〔份量：冰淇淋杯，2杯｜溫度：冷凍｜時間：1～2小時｜難度：★★☆〕

食材
- 牛奶100ml
- 香草莢1枝
- 動物性鮮奶油150ml
- 蛋黃1顆
- 細砂糖35g
- 玉米粉2小匙
- 香橙酒 2小匙
- 夏威夷豆15g
- 核桃仁15g

工具
- 鍋子
- 攪拌盆
- 打蛋器
- 網篩
- 電動攪拌機
- 矽膠刮刀
- 叉子

準備

Ⓐ 香草莢剖半，用小刀刮下香草籽。

Ⓑ 夏威夷豆、核桃仁放入180℃的烤箱烤至表面微黃後，放涼切碎。

Ⓒ 準備一盆冰塊水。

作法

1 鍋中放入牛奶、香草籽、香草莢殼，以中火加熱至鍋緣冒泡後，關火。

2 攪拌盆中倒入蛋黃、細砂糖、玉米粉，用打蛋器攪拌均勻。

3 步驟2倒入步驟1中迅速攪拌均勻後，開中火煮至鍋緣冒泡後，關火

TIP 加入蛋黃液時要快速攪拌，避免蛋黃結塊、熟化。

4 用濾網過濾一次後，放在冰塊水上隔水降溫。

5 取另一個攪拌盆，倒入鮮奶油，用電動攪拌器以最高速打發成霜淇淋狀的8分發鮮奶油霜。

6 鮮奶油霜倒入步驟4中，用刮刀輕柔攪拌均勻後，拌入香橙酒增加香氣。

7 倒入切碎的夏威夷豆和核桃仁，攪拌均勻。

8 拌好的冰淇淋原料倒入不鏽鋼鍋中，放入冰箱冷凍室，每隔1～2小時取出，用叉子刮鬆、拌勻。

9 步驟8重複3～4次以上，即可完成綿密的香草冰淇淋。

Baking Tip

自製的香草冰淇淋使用的是真正的香草莢，比起使用香草精的市售香草冰淇淋，更能品嘗到香草自然濃郁的香氣，體會歷久不衰的經典冰淇淋美味。若真的購買不到香草莢，再使用香草砂糖1包或香草精1小匙替代。

葡萄酒凍 Wine Jelly

>>> DESSERT& CHOCOLATE 5-6

材料 〔份量：甜品杯，3杯｜溫度：冷藏｜時間：1～2小時｜難度：★☆☆〕

果凍｜・白葡萄酒150ml ・檸檬汁2小匙 ・細砂糖50g ・吉利丁粉3小匙 ・冰水6大匙
裝飾｜・草莓4顆 ・葡萄12顆 ・動物性鮮奶油50g ・薄荷葉適量
工具｜・鍋子 ・矽膠刮刀 ・甜品杯 ・擠花袋 ・ 擠花嘴

準備

Ⓐ 吉利丁粉倒入冰水中浸泡10分鐘。
Ⓑ 草莓、葡萄洗淨後，切成適口大小。
Ⓒ 準備一盆冰塊水。

作法

1 鍋中倒入白葡萄酒、檸檬汁、細砂糖、浸泡在冰水中的吉利丁粉，開小火加熱，邊煮邊攪拌，煮至吉利丁粉完全融化後關火。
2 鍋子泡在冰塊水中，隔水降溫，用刮刀攪拌至果凍液開始變濃稠。
3 甜品杯中放入草莓、葡萄。
4 將降溫的步驟2倒入甜品杯中，裝至8分滿，放入冰箱冷藏1～2小時，使果凍凝固。
5 鮮奶油打發成鮮奶油霜，在果凍上擠花，並插上薄荷葉裝飾。

1

2

3

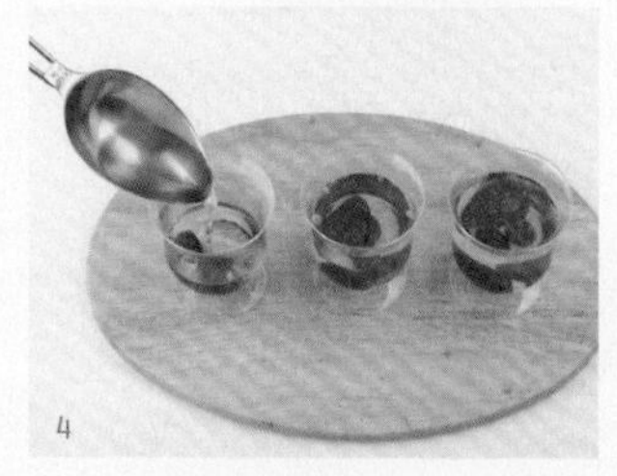
4

5

優格思慕奇
Yogurt Smoothie

材料 〔份量：甜品杯，3杯｜難度：★☆☆〕

思慕奇	•牛奶120ml •優格粉50g •冰塊8～10顆
裝飾	•冷凍藍莓50g •冷凍覆盆莓50g •薄荷葉適量
工具	•果汁機 •甜品杯 •湯匙

準備

Ⓐ 牛奶放入冰箱徹底冰涼。

Ⓑ 冷凍藍莓、覆盆莓放常溫解凍，至少30分鐘。

作法

1. 果汁機中放入冰涼的牛奶、優格粉、冰塊攪打細緻。
2. 打好的優格思慕奇倒入甜品杯中，裝至8分滿。
3. 放上解凍的藍莓、覆盆莓。
4. 最後放上薄荷葉裝飾。

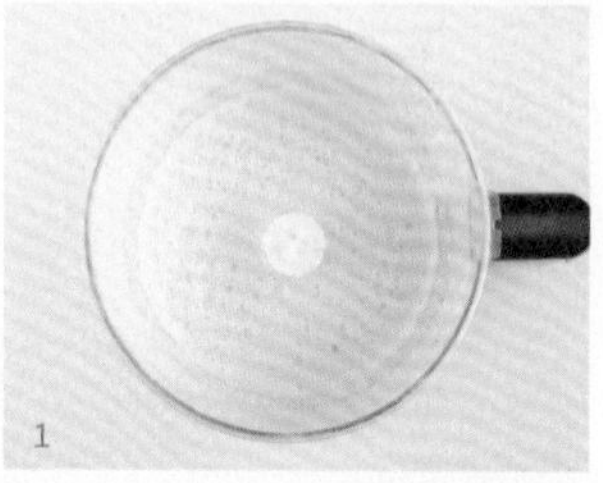
1

2

3

4

Baking Tip

思慕奇smoothie是以各種新鮮水果、冰塊、牛奶調配而成，口感介於水果牛奶和冰沙之間的冰品，作法簡單，營養健康。平常吃剩的水果放入冰箱冰至結凍，和牛奶一起放入果汁機中攪碎，就是一杯好喝的水果思慕奇了。

草莓芭芭露亞

>>> DESSERT & CHOCOLATE 5-8

Strawberry Bavarian Cream

材料 〔份量：直徑18cm心形中空烤模，1個｜溫度：冷藏｜時間：1～2小時｜難度：★☆☆〕

芭芭露亞	• 草莓200g • 細砂糖30g • 牛奶100ml • 動物性鮮奶油125ml • 吉利丁粉1小匙 • 冰水2大匙 • 冰塊水1盆
裝飾	• 鏡面果膠20g • 草莓6顆 • 薄荷葉適量
工具	• 調理機 • 鍋子 • 矽膠刮刀 • 直徑18cm心形中空烤模

準備

Ⓐ 吉利丁粉倒入冰水中，浸泡10分鐘。

Ⓑ 草莓洗淨、去蒂，做芭芭露亞用的草莓放入調理機打成泥狀。

作法

1 鍋中放入細砂糖、牛奶、鮮奶油，以小火加熱至沸騰前關火。倒入泡在冰水中的吉利丁粉，攪拌至融化。

2 步驟1分次慢慢加入打成泥狀的芭芭露亞用草莓中，用刮刀攪拌均勻。

3 放在冰塊水上方隔水降溫，攪拌至液體開始變濃稠。

4 降溫的奶凍液倒入心形中空模，放入冰箱冷藏，使其凝固。

5 取出凝固的芭芭露亞，倒扣在盤子上。裝飾用草莓裹上鏡面果膠，放在中央空心處，再擺上幾片薄荷葉裝飾。

2

3

4

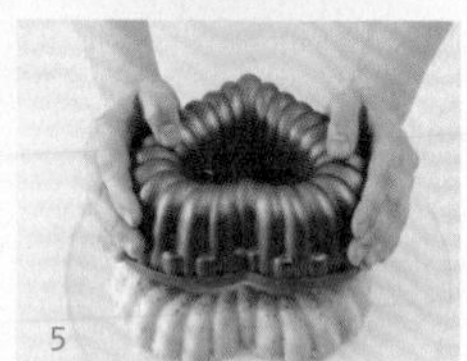

5

Baking Tip

芭芭露亞是一道用牛奶、鮮奶油、新鮮水果製成的冰涼甜品，除了草莓、芒果外，也可以製作成巧克力、香草、抹茶等不同口味。心形中空烤模的紋路較多，可以先刷上一點橄欖油方便脫模，或是改用甜品杯盛裝。

>>> DESSERT&
CHOCOLATE 5-9

焦糖牛奶糖
Milk Caramel

材料 〔份量：1×5cm，22個｜溫度：冷藏｜時間：1～2小時｜難度：★★☆〕

食材
- 細砂糖❶30g
- 水麥芽50g
- 牛奶70ml
- 動物性鮮奶油150ml
- 香草莢1/2枝
- 細砂糖❷120g
- 開心果仁20g
- 杏仁粒20g
- 夏威夷豆20g

工具
- 鍋子
- 網篩
- 矽膠刮刀
- 方形慕斯圈
- 矽膠烤盤布

準備

Ⓐ 香草莢剖半，用小刀刮下香草籽。

Ⓑ 開心果仁、杏仁粒、夏威夷豆放入180℃的烤箱烤至表面微黃後，放涼，切成小塊。

Ⓒ 取一點融化的奶油或橄欖油，塗抹在方形慕斯圈內側。

作法

1. 鍋中放入細砂糖❶、水麥芽、鮮奶油、牛奶、香草籽、香草莢殼，以中火加熱，煮至沸騰時關火。
2. 以濾網過濾掉香草莢和較大的香草籽。
3. 取另一個鍋子，用水潤濕後，倒入細砂糖❷，開中火加熱，不要攪拌。糖液開始轉成焦糖色時，立即關火。
4. 過濾好的步驟2倒入步驟3中，用刮刀攪拌均勻。
5. 倒入切成小塊的開心果、杏仁、夏威夷豆，重新開火加熱，用刮刀持續攪拌，熬煮至軟膏狀後關火。
6. 抹好油的慕斯圈放在矽膠烤盤布上。倒入步驟5，用刮刀鋪平。放入冰箱冷藏至凝固。
7. 取出凝固的焦糖牛奶糖切成每塊1×5cm的大小。

TIP 確認焦糖牛奶糖的濃度時，手邊可以放一碗水，把糖膏滴入水中，若能很快凝結成圓球狀就表示完成了。

Baking Tip

若想將做好的焦糖牛奶糖分開包裝，可以把烘焙紙裁成3×8cm的大小，包裝成糖果的造型。

巧克力塔

>>> DESSERT & CHOCOLATE 5-10

Chocolate Tarte

材料 〔份量：現成塔皮杯，20個｜溫度：160℃｜時間：5分鐘｜難度：★☆☆〕

巧克力餡	・動物性鮮奶油90ml ・調溫黑巧克力90g ・無鹽奶油20g ・蛋白1顆
裝飾	・開心果仁適量
工具	・鍋子 ・矽膠刮刀 ・攪拌盆 ・打蛋器 ・湯匙 ・現成塔皮杯（已烤熟）・冷卻架

準備

Ⓐ 鮮奶油、奶油放常溫退冰，至少30分鐘。

Ⓑ 烤箱以160℃預熱5分鐘。

作法

1 鍋中倒入鮮奶油，以中火煮至鍋緣冒泡後，立即關火。

2 倒入黑巧克力，用刮刀攪拌至完全融化。

3 倒入奶油，用刮刀攪拌至完全融化。

4 取一個攪拌盆，倒入蛋白，用打蛋器攪拌至稍微起泡。

5 步驟3慢慢倒入蛋白中，用打蛋器攪拌均勻。

6 用湯匙將巧克力餡分裝入現成的塔皮杯中。

7 放入預熱好的烤箱以160℃烤5分鐘即可，烤好後放冷卻架上降溫。

8 開心果仁切成碎末，裝飾在巧克力餡上。

2

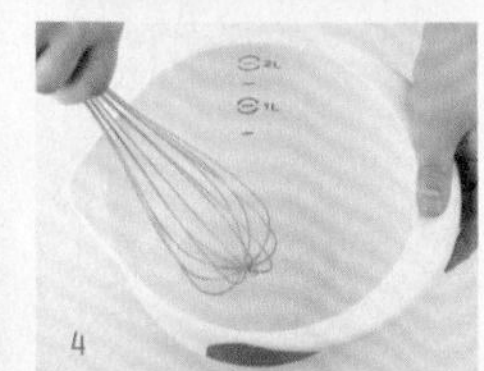

4

Baking Tip

若買不到現成烤好的塔皮杯，可買已經做成塔杯形狀的冷凍塔皮，回家自行烘烤使用。塔皮杯中放入各種派餡或乳酪蛋糕的乳酪餡，就是美味的小巧甜點了。

5

6

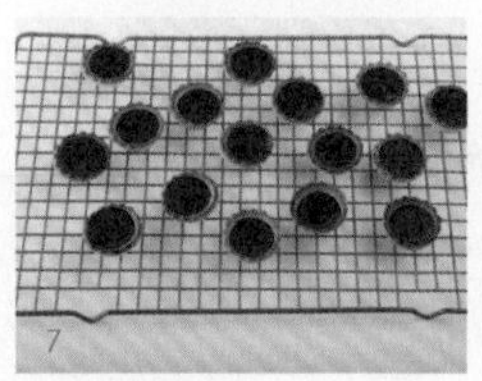

7

8

>>> DESSERT & CHOCOLATE 5-11

灌模巧克力
Mold Chocolate

材料 〔份量：巧克力模型，30顆｜溫度：常溫｜時間：1小時｜難度：★★☆〕

食材 | • 調溫牛奶巧克力100g • 調溫白巧克力100g
裝飾 | • 調溫黑巧克力20g • 草莓口味免調溫巧克力10g • 調溫白巧克力40g
工具 | • 拋棄式擠花紙（細部裝飾用）• 湯匙 • 巧克力模型

準備

Ⓐ 參照p.40完成調溫牛奶巧克力和黑巧克力的三階段調溫步驟。
Ⓑ 參照p.40完成調溫白巧克力的三階段調溫步驟。調溫好的裝飾用白巧克力分成兩等份。
Ⓒ 其中一份白巧克力中加入草莓口味免調溫巧克力，加熱融化，調成粉紅色。

作法

1 裝飾用的三種巧克力分別裝入擠花紙中。首先用粉紅色巧克力填滿小熊模型中的所有愛心，以及白熊的耳朵、手掌、腳掌和黑熊的嘴巴。
2 用黑巧克力畫出白熊的眼睛、鼻子、嘴巴及黑熊的眼睛。用白巧克力畫出黑熊的鼻子、手掌、腳掌、耳朵。裝飾好後，靜置使巧克力凝固。
3 用湯匙將調溫好的牛奶巧克力、白巧克力倒入模型中、填滿。
4 拿起模型在桌面輕摔幾下，消除巧克力中的氣泡，在室溫中靜置，等待巧克力凝固。
5 巧克力熊凝固後，脫模取出。

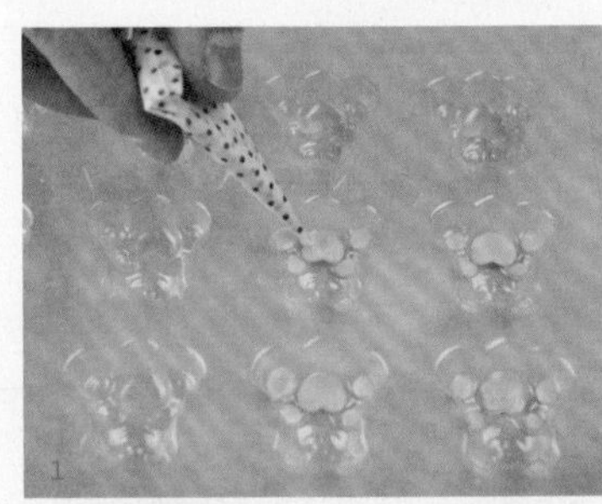
1

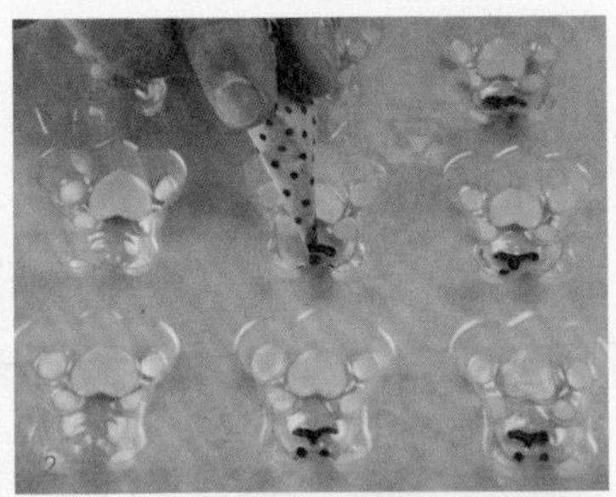
2

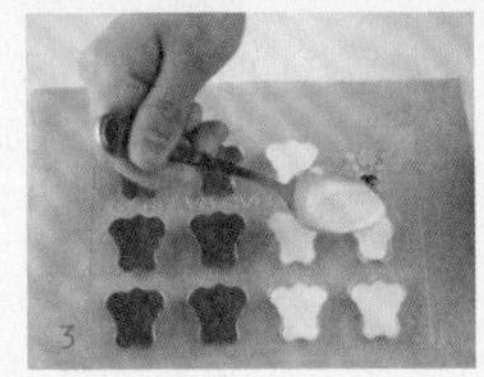
3

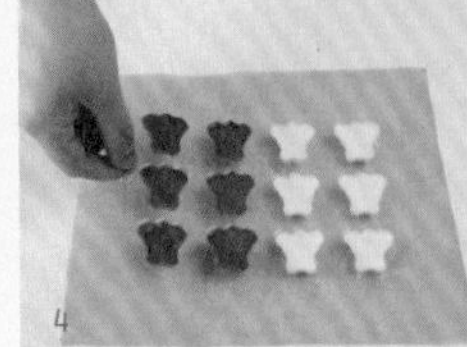
4

蒙蒂翁巧克力

>>> DESSERT&
CHOCOLATE 5-12

Mendiant

材料 〔份量：直徑6cm，25個｜溫度：常溫｜時間：1小時｜難度：★☆☆〕

食材｜・調溫黑巧克力150g ・調溫白巧克力150g

裝飾｜・夏威夷豆25粒 ・杏仁25粒 ・葡萄乾25粒 ・開心果仁25粒 ・核桃仁6粒 ・糖漬橙皮30g

工具｜・烘焙紙 ・直徑6cm圓形餅乾壓模 ・湯匙

準備

Ⓐ 參照p.40完成調溫黑巧克力、調溫白巧克力的三階段調溫步驟。

Ⓑ 堅果類放入180℃的烤箱烤至表面微黃後，靜置放涼。

Ⓒ 夏威夷豆、開心果仁、核桃仁切對半。

作法

1 使用圓形餅乾壓模在烘焙紙上畫出直徑6cm的圓形。

TIP 只要是能畫圓的器具都可以使用。畫圓時直接用筆在烘焙紙上畫圓後，翻面使用，或是在烘焙紙上墊一張白紙，畫出圓形痕跡即可。

2 用湯匙將調溫好的兩種巧克力分別填入畫好的圓圈內，用湯匙抹成薄圓片。

3 趁巧克力凝固前，擺上各式堅果和果乾裝飾。

4 常溫靜置1小時，使巧克力凝固。

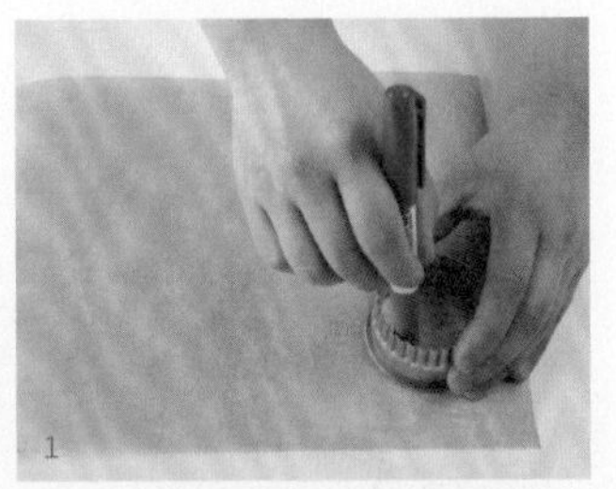
1

2

3

4

>>> DESSERT& CHOCOLATE 5-13

巧克力杏仁條
Rocher Chocolate

材料　〔份量：20個｜溫度：常溫｜時間：1～2小時｜難度：★☆☆〕

食材｜・調溫牛奶巧克力100g ・杏仁粒150g

工具｜・鍋子 ・砧板 ・刀子 ・碗 ・湯匙 ・烘焙紙 ・叉子

準備

Ⓐ 參照p.40完成調溫牛奶巧克力的三階段調溫步驟。

Ⓑ 烤盤上鋪好烘焙紙。

作法

1 杏仁粒放入滾水中煮2～3分鐘後，放涼、去膜。

2 去膜的杏仁直立切三等份，切成杏仁條。

3 杏仁條鋪在烤盤上，放入烤箱中，以180℃烤至表面微黃色後，靜置放涼。

4 取少量的杏仁條和牛奶巧克力，分次放入小碗中攪拌混合。

5 用湯匙攪拌均勻，所有杏仁條都裹上牛奶巧克力。

6 用兩支叉子將裹上牛奶巧克力的杏仁條堆成2cm寬的小堆狀，整齊排列在烤盤上。

7 常溫靜置1～2小時，使巧克力凝固。

1

2

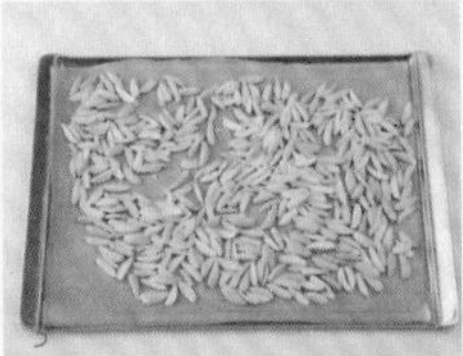
3

4

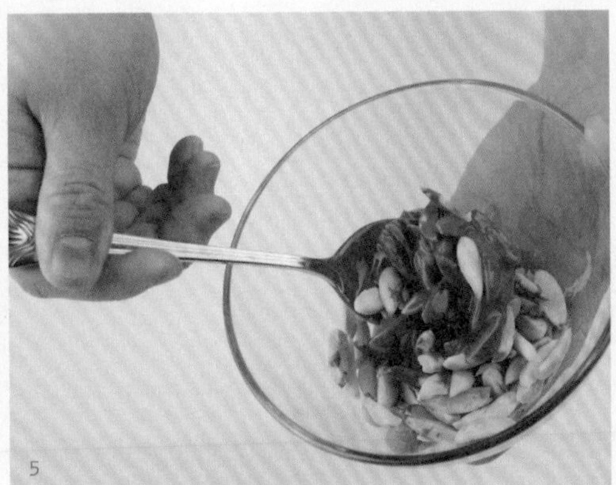
5

6

7

Baking Tip

經過正確調溫的巧克力較容易附著在杏仁條上，調溫時請以溫度計測量，確實達到三個階段所需的溫度。牛奶巧克力和杏仁條要分次攪拌、混合，趁巧克力凝固前在烘焙紙上塑型。若一次將巧克力倒入杏仁中拌勻，放置過久，後面的部分會凝固在一起，無法拆解、塑型。

>>> DESSERT&
CHOCOLATE 5-14

抹茶甘納許巧克力
Green Tea Ganache Chocolate

材料 〔份量：直徑2.5cm，12顆｜溫度：冷藏｜時間：1小時｜難度：★☆☆〕

食材
- 動物性鮮奶油50ml
- 調溫白巧克力100g
- 抹茶粉1小匙

裝飾
- 抹茶粉1大匙

工具
- 鍋子
- 矽膠刮刀
- 網篩
- 矩形鐵盤
- 保鮮膜
- 刀子
- 砧板

準備

Ⓐ 鮮奶油放常溫退冰，至少30分鐘。

Ⓑ 矩形鐵盤鋪好保鮮膜。

作法

1 鍋中放入常溫的鮮奶油，以中火加熱，鍋緣開始冒泡時，立即關火。

2 倒入白巧克力，用刮刀攪拌至巧克力完全融化。

3 篩入主食材的抹茶粉攪拌均勻。

4 矩形鐵盤上鋪一張保鮮膜，倒入拌好的抹茶甘納許巧克力。放入冰箱冷藏1小時，使巧克力凝固。

1

2

3

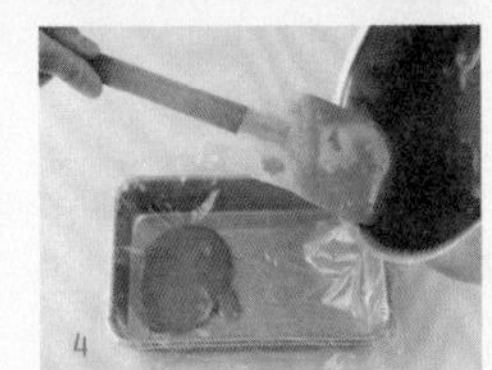
4

5

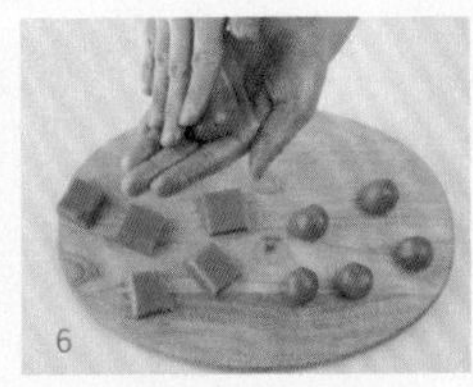
6

7

5 取出凝固的抹茶甘納許巧克力，切成適當的大小。

6 用手的溫度將巧克力搓成每顆直徑2.5cm的圓球。

7 在巧克力頂部均勻撒上裝飾用抹茶粉。

牛奶甘納許軟心巧克力

>>> DESSERT& CHOCOLATE 5-15

Milk Ganache Shell Chocolate

材料 〔份量：直徑2cm，14顆｜難度：★★☆〕

食材	• 動物性鮮奶油50ml • 調溫牛奶巧克力100g • 櫻桃酒1小匙 • 白巧克力空心球14個
裝飾	• 調溫黑巧克力100g • 調溫白巧克力100g
工具	• 鍋子 • 矽膠刮刀 • 擠花袋 • 烘焙紙 • 拋棄式擠花紙（細部裝飾用）

準備

Ⓐ 參照p.40完成調溫黑巧克力、調溫白巧克力的三階段調溫步驟。

作法

製作牛奶甘納許

1 鍋中放入常溫的鮮奶油，以中火加熱，鍋緣開始冒泡時，立即關火。

2 倒入牛奶巧克力，攪拌至巧克力完全融化。

3 倒入櫻桃酒，增加香氣。在常溫下靜置，充分降溫。

4 牛奶甘納許降溫至不燙手的溫度時，裝入擠花袋中。

5 牛奶甘納許填入白巧克力空心球中，在常溫下靜置，使其凝固。

6 步驟5分別放入調溫好的黑巧克力和白巧克力中，在表面披覆上均勻的巧克力。放在烘焙紙上靜置，等待披覆的巧克力凝固。

7 拋棄式擠花紙中各裝入一些黑巧克力、白巧克力，在凝固的巧克力表面畫上各種紋路作裝飾。

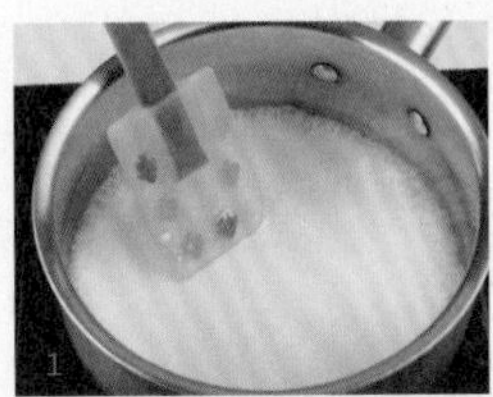

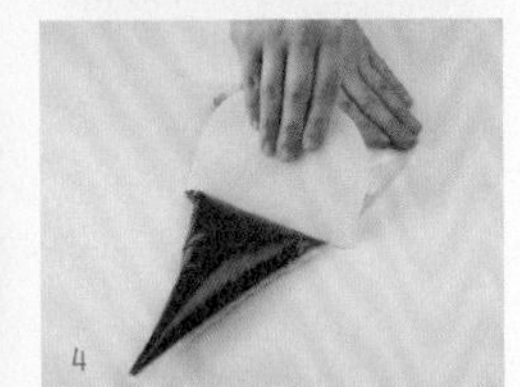

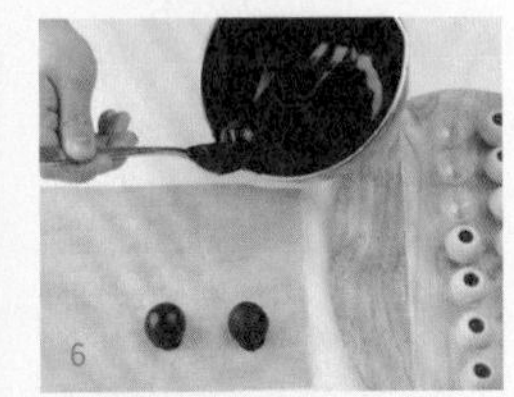

Baking Tip

這款巧克力可以同時品嘗到黑巧克力、牛奶巧克力、白巧克力的風味。內餡可以購買市售的巧克力甘納許填充，操作會更容易快速。表面的巧克力裝飾，可以畫成螺旋、心形、之字形，或是自行創造不同紋路。

TIP

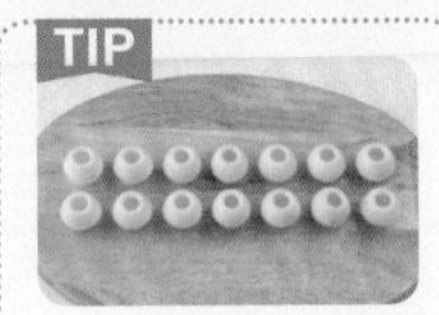

空心的巧克力球中可以填入巧克力甘納許、榛果巧克力醬、碎堅果等不同餡料，製作成各種口味的軟心巧克力。

草莓生巧克力

>>> DESSERT & CHOCOLATE 5-16

Strawberry Pave Chocolate

材料 〔份量：30個｜溫度：冷藏｜時間：1～2小時｜難度：★☆☆〕

食材｜・動物性鮮奶油100ml ・調溫黑巧克力200g ・無鹽奶油 20g
裝飾｜・乾燥草莓粉4大匙
工具｜・鍋子 ・矽膠刮刀 ・矩形鐵盤 ・保鮮膜 ・刀子 ・網篩

準備

Ⓐ 鮮奶油、無鹽奶油放常溫退冰，至少30分鐘。

Ⓑ 矩形鐵盤鋪上保鮮膜。

作法

1 鍋中放入常溫的鮮奶油，以中火加熱，鍋緣開始冒泡時，立即關火。

2 倒入黑巧克力，攪拌至完全融化後，加入奶油，攪拌至奶油融化。

3 矩形鐵盤上鋪一張保鮮膜，倒入步驟2，用刮刀鋪平。放入冰箱冷藏1～2小時，使巧克力凝固。

4 取出凝固的巧克力，切成2.5×2.5cm的小方塊。

5 在巧克力表面撒滿乾燥草莓粉。

1

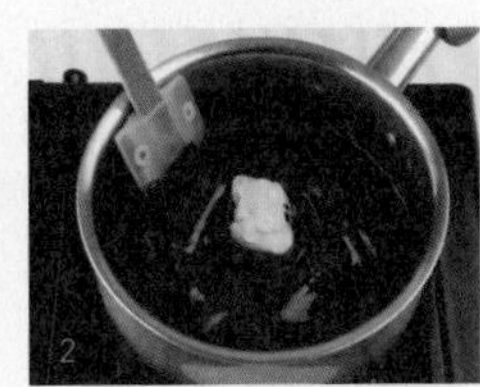
2

3

4

5

>>> DESSERT & CHOCOLATE 5-17

巧克力杏仁果
Almond Praline

材料　〔份量：30顆｜難度：★★☆〕

食材	• 細砂糖30g　• 水 1大匙　• 杏仁粒100g • 調溫黑巧克力100g
裝飾	• 無糖可可粉100g
工具	• 鍋子　• 矽膠刮刀　• 烘焙紙　• 叉子　• 碗　• 網篩

準備

Ⓐ 參照p.40完成調溫黑巧克力的三階段調溫步驟。

作法

1　鍋中倒入細砂糖和水，不要攪拌，以中火煮至完全沸騰後，轉小火。
2　倒入杏仁，用刮刀攪拌，使杏仁表面都均勻裹上糖液。
3　攪拌至糖液顏色變深，呈焦糖色時，立即關火。
4　裹上糖液的杏仁倒在烘焙紙上，趁熱用叉子將杏仁一粒粒分開，靜置放涼。
5　杏仁表面的糖液凝固後，裝入碗中，再倒入1/3的黑巧克力。
6　持續攪拌，使杏仁均勻裹上黑巧克力，並攪拌至巧克力變硬凝固。
7　重複步驟6將剩餘的黑巧克力分兩次拌入，使杏仁重複裹上厚厚的黑巧克力。
　　最後將可可粉均勻撒在巧克力表面。

1

2

3

5

6

7

TIP

杏仁拌入糖液時，若攪拌過度，糖液會轉變成白色結晶。放入濾網中抖掉多餘的糖塊後即可繼續使用。

莫札特巧克力

>>> DESSERT& CHOCOLATE 5-18

Mozart Kugel Chocolate

材料 〔份量：2×2.5cm，12顆｜難度：★★☆〕

食材｜・黑巧克力甘納許100g ・杏仁膏100g
・開心果仁1大匙 ・櫻桃酒1大匙 ・糖粉50g

裝飾｜・調溫黑巧克力100g ・調溫白巧克力100g

工具｜・烘焙紙 ・擠花袋 ・刀子 ・鍋子 ・矽膠刮刀
・拋棄式擠花紙（細部裝飾用）

準備

Ⓐ 參照p.278～279，將白巧克力替換等量的黑巧克力，製作成黑巧克力甘納許。放涼後裝入擠花袋中。

Ⓑ 參照p.40完成調溫黑巧克力和調溫白巧克力的三階段調溫步驟。

Ⓒ 開心果仁切成碎末。

作法

1 在烘焙紙上擠出12份高2cm、直徑2.5cm的黑巧克力甘納許。放入冰箱冷藏凝固，直到表面用手輕觸不會沾黏即可。

2 取出凝固的甘納許，用手搓揉成圓球狀。

3 桌面撒一些糖粉，放上杏仁膏，倒入切碎的開心果仁、櫻桃酒混合均勻。

4 搓揉成直徑2cm的長條圓筒狀，切成12等份。

5 手上沾少許糖粉，將步驟4的杏仁膏壓成圓餅狀，包入步驟2的甘納許，搓揉成圓球狀。

6 步驟5分別披覆調溫好的黑巧克力和白巧克力，放在烘焙紙上，等巧克力凝固。

7 取少許裝飾用的巧克力，裝入拋棄式擠花紙中，在凝固的巧克力表面作裝飾。

1

2

3

4

5

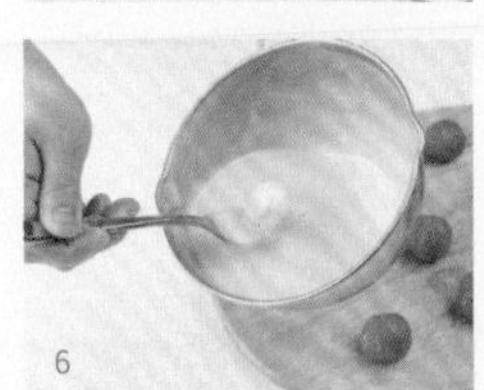
6

7

Baking Tip

披覆白巧克力時，需要披覆兩次，才能完全遮住顏色較深的杏仁膏。杏仁膏的可塑性好，可以依據個人喜好捏塑成各種形狀或壓模成型。

PART 6

No Butter, No Egg

無奶油·無雞蛋

本單元是專門為無法吸收奶油、牛奶及雞蛋營養，
或是對這些食材過敏的人所設計的素食烘焙食譜。
以新鮮蔬果、豆奶等食材取代奶油、牛奶、雞蛋，製作美味又無負擔的麵包和餅乾。
孩子們吃到這些精心烘焙的素食點心，
一定也能體會到媽媽為家人健康著想的用心。

>>> No Butter, No Egg 6-1

全麥麵包
Whole Wheat Bread

 材料 〔份量：直徑5cm，12個｜溫度：200℃｜時間：15分鐘｜難度：★★☆〕

麵團
- 全麥麵粉350g
- 蜂蜜3大匙
- 鹽1小匙
- 即溶酵母粉1＋1/2小匙
- 水80ml
- 豆奶120ml
- 橄欖油2大匙
- 核桃仁70g

裝飾
- 全麥麵粉30g

工具
- 網篩
- 攪拌盆
- 矽膠刮刀
- 電動攪拌機
- 保鮮膜
- 發酵布
- 烘焙紙
- 烤盤
- 冷卻架

準備
- Ⓐ 全麥麵粉過篩一次。
- Ⓑ 水調溫至35℃。
- Ⓒ 核桃仁切成小塊。
- Ⓓ 烤盤上鋪好烘焙紙。
- Ⓔ 烤箱以200℃預熱15分鐘。

 作法

製作麵團

1 攪拌盆中依序放入全麥麵粉、蜂蜜、鹽、酵母粉、35℃溫水、豆奶，用刮刀從中央開始畫圓圈攪拌。

2 充分拌勻後，用電動攪拌機的攪揉棒以最低速攪揉5分鐘。倒入橄欖油，繼續攪揉5分鐘。最後倒入切成小塊的核桃仁，攪揉1分鐘拌勻。

一次發酵

3 麵團表面變光滑後，將麵團搓圓，放入攪拌盆中，用保鮮膜密封碗口，以45℃溫水隔水保溫，靜置1小時，進行一次發酵。

4 麵團膨脹至兩倍大時，用拳頭按壓排氣。秤重分成每個重50g的小麵團。

中間發酵

5 麵團分別搓圓，蓋上發酵布，靜置15分鐘，進行中間發酵。

二次發酵

6 麵團排列在烤盤上，保留適當間距。蓋上發酵布，移至溫暖處靜置40分鐘，進行二次發酵。

烘烤

7 麵團膨脹至兩倍大時，在表面撒滿裝飾用全麥麵粉。

8 放入預熱好的烤箱以200℃烤15分鐘。烤好後放冷卻架上降溫。

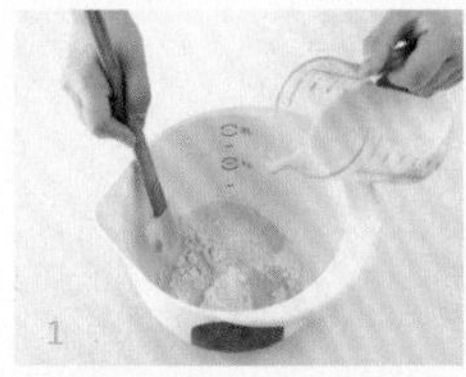
1

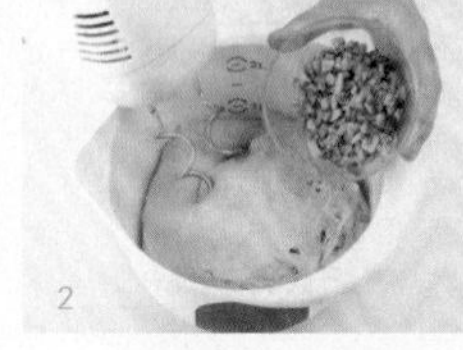
2

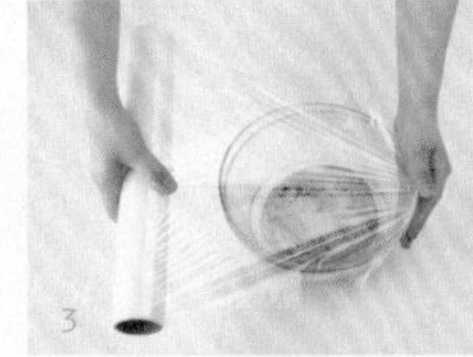
3

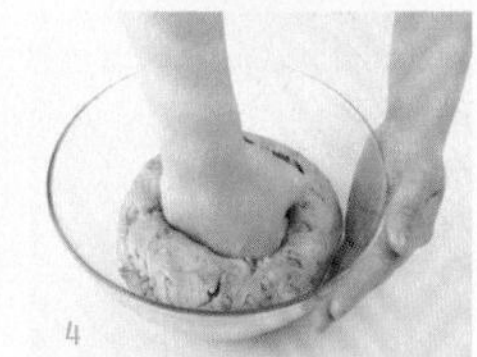
4

5

6

7

8

Baking Tip

這款麵包結合了含有豐富膳食纖維的全麥、植物性蛋白質的豆奶、不飽和脂肪酸的核桃，營養又健康。此外還可加入燕麥等雜糧增加口感，拌入麵團中，或是在麵團二次發酵完成後，用噴霧器噴濕表面，鋪在麵團表面。

蔬菜麵包

>>> No Butter, No Egg 6-2

Vegetable Bread

材料 〔份量：直徑8cm，10個｜溫度：190℃｜時間：15分鐘｜難度：★★☆〕

麵團	• 高筋麵粉250g • 細砂糖2小匙 • 鹽1小匙 • 即溶酵母粉1小匙 • 水165ml • 橄欖油1大匙
內餡	• 洋蔥1/2顆 • 青椒、紅黃彩椒各1/2顆 • 莫札瑞拉乳酪50g • 鹽適量 • 胡椒粉適量
工具	• 攪拌盆 • 網篩 • 矽膠刮刀 • 電動攪拌機 • 保鮮膜 • 刮板 • 發酵布 • 平底鍋 • 擀麵棍 • 烘焙紙 • 烤盤 • 烘焙用整型刀

準備

Ⓐ 高筋麵粉、低筋麵粉過篩一次。

Ⓑ 水調溫至35℃。

Ⓒ 洋蔥、青椒、彩椒、乳酪切成小丁。

Ⓓ 烤盤上鋪好烘焙紙。

Ⓔ 烤箱以190℃預熱10分鐘。

作法

製作麵團&一次發酵

1 參照p.50的步驟揉好麵團，以保鮮膜密封碗口，用45℃溫水隔水保溫，靜置1小時，進行一次發酵。

2 麵團膨脹至兩倍大時，用拳頭按壓排氣。秤重分成每個重50g的小麵團，分別搓圓。

中間發酵

3 蓋上發酵布，靜置15分鐘，進行中間發酵。

製作並填入內餡

4 平底鍋中倒一點油，放入切成丁狀的洋蔥、青椒、彩椒炒熟，撒上少許鹽、胡椒粉調味。移至攪拌盆中，靜置放涼。

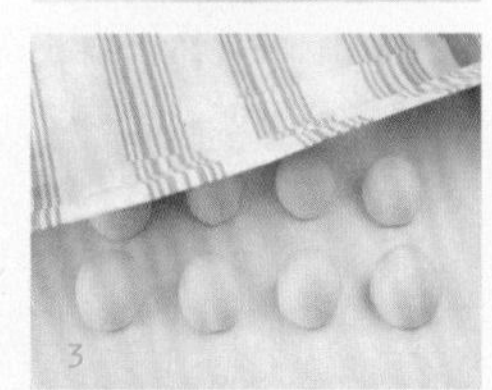

5 倒入莫札瑞拉乳酪丁攪拌均勻。

6 發酵好的麵團擀成圓餅狀，放上拌好的內餡。

7 麵皮邊緣聚攏，用手指捏合收口。

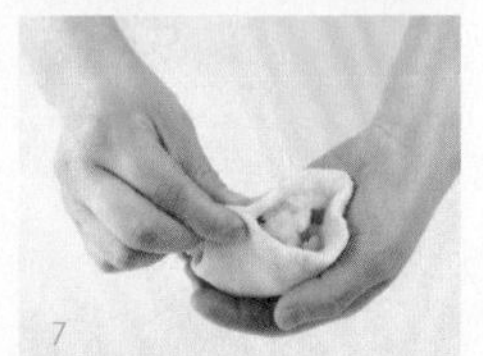

二次發酵

8 收口處朝下，保留適當間距，排列在烤盤上。覆蓋發酵布，靜置40～50分鐘，進行二次發酵。

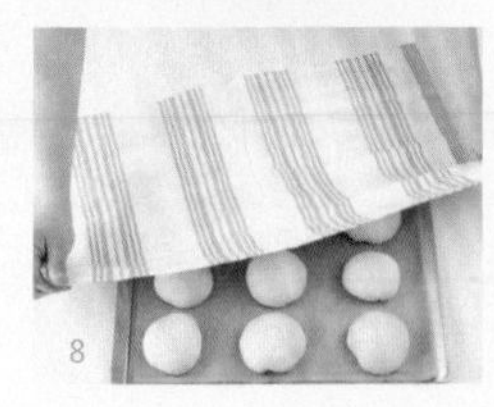

塑型&烘烤

9 麵團膨脹至兩倍大時，用整型刀在麵團頂部劃出「一」字缺口。

10 放入預熱好的烤箱以190℃烤15分鐘。

韓國豆醬麵包

>>> No Butter, No Egg 6-3

Soy Paste Bread

材料 〔份量：直徑6cm，8～10個｜溫度：190℃｜時間：12～15分鐘｜難度：★★☆〕

麵團
- 高筋麵粉250g
- 細砂糖50g
- 韓國豆醬2大匙
- 即溶酵母粉1小匙
- 水165ml
- 橄欖油1大匙
- 魩仔魚10g

豆醬皮
- 楓糖漿2大匙
- 韓國豆醬1大匙
- 低筋麵粉50g
- 杏仁粉25g
- 魩仔魚30g

工具
- 攪拌盆
- 網篩
- 矽膠刮刀
- 電動攪拌機
- 保鮮膜
- 發酵布
- 打蛋器
- 塑膠紙
- 滾輪
- 烘焙刷
- 烘焙紙
- 烤盤

準備

Ⓐ 高筋麵粉過篩一次。

Ⓑ 水調溫至35℃。

Ⓒ 烤盤上鋪好烘焙紙。

Ⓓ 烤箱以190℃預熱10分鐘。

作法

製作麵團

1 攪拌盆中依序放入高筋麵粉、細砂糖、豆醬、酵母粉、35℃溫水，用刮刀從中央開始畫圓圈攪拌。

2 充分拌勻後，用電動攪拌機的攪揉棒以最低速攪揉5分鐘。倒入橄欖油，繼續攪揉5分鐘。最後倒入魩仔魚，再攪揉1分鐘拌勻。

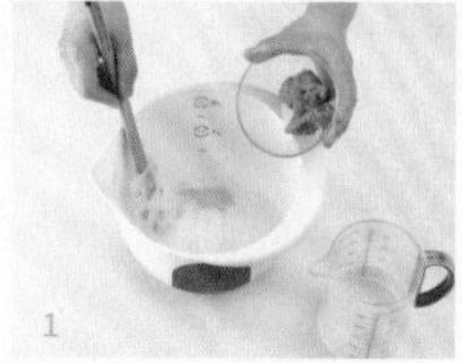

1

2

一次發酵

3 麵團表面變光滑後，將麵團搓圓放入攪拌盆，用保鮮膜密封碗口，以45℃溫水隔水保溫，靜置1小時，進行一次發酵。

3

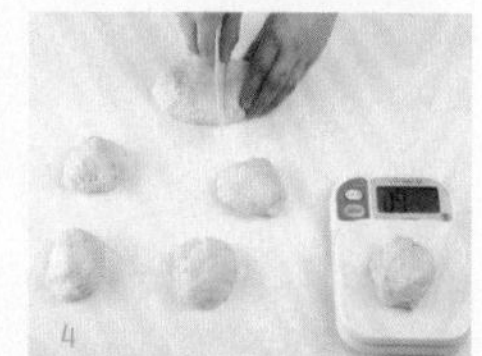

4

中間發酵

4 麵團膨脹至兩倍大時，用拳頭按壓排氣。秤重分成每個重60g的小麵團，分別搓圓，蓋上發酵布，靜置15分鐘，進行中間發酵。

製作豆醬皮

5 取另一個攪拌盆，倒入楓糖漿、豆醬，並篩入低筋麵粉、杏仁粉，用打蛋器攪拌均勻。

6 桌面鋪一張塑膠紙，挖取少許豆醬皮麵團，再蓋上一張塑膠紙。以滾輪擀成厚0.3cm的薄片。

5

6

7 麵團表面沾濕，貼上擀平的豆醬皮麵團，壓緊。

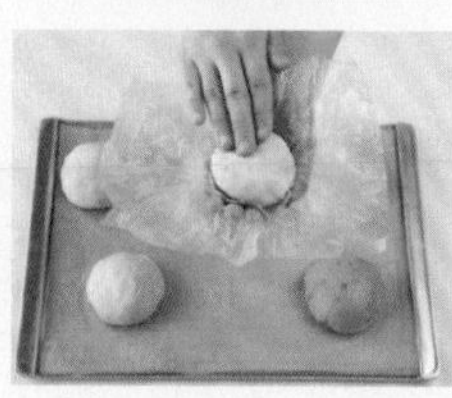

二次發酵&烘烤

8 麵團整齊排列在烤盤上，蓋上發酵布，移至溫暖處靜置30～40分鐘，進行二次發酵。

9 麵團膨脹至兩倍大時，在表面撒上魩仔魚。放入預熱好的烤箱以190℃烤12～15分鐘。

大蒜佛卡夏麵包

>>> No Butter, No Egg 6-4

Garlic Focaccia

材料　〔份量：長20cm，2個｜溫度：190℃｜時間：15～20分鐘｜難度：★☆☆〕

麵團	・高筋麵粉200g　・細砂糖1小匙　・鹽1小匙 ・即溶酵母粉1小匙　・水120ml　・橄欖油1大匙
鋪料	・橄欖油1大匙　・大蒜10瓣　・迷迭香2小匙
工具	・攪拌盆　・網篩　・矽膠刮刀　・電動攪拌機 ・保鮮膜　・發酵布　・擀麵棍　・烘焙紙　・烤盤 ・平底鍋　・烘焙刷

準備

- Ⓐ 高筋麵粉過篩一次。
- Ⓑ 水調溫至35℃。
- Ⓒ 大蒜每瓣切成3片。
- Ⓓ 烤盤上鋪好烘焙紙。
- Ⓔ 烤箱以190℃預熱15分鐘。

作法

製作麵團

1 攪拌盆中依序放入高筋麵粉、細砂糖、鹽、酵母粉、35℃溫水，用刮刀從中央開始畫圓圈攪拌。

2 充分拌勻後，用電動攪拌機的攪揉棒以最低速攪揉5分鐘。倒入橄欖油，繼續攪揉5分鐘。

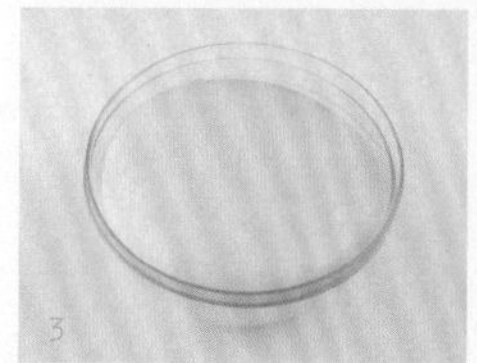

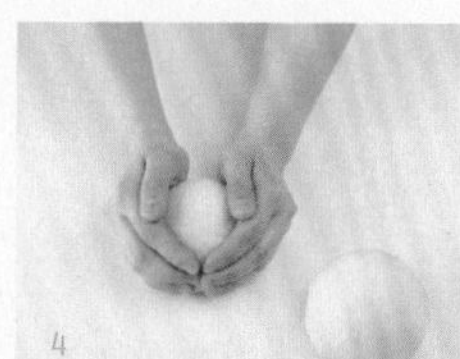

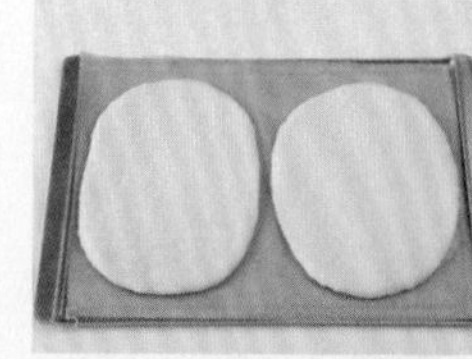

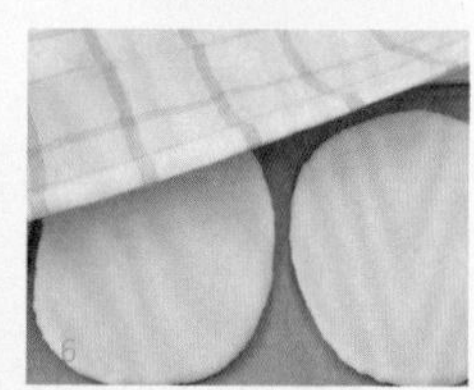

一次發酵

3 麵團表面變光滑後，將麵團搓圓放入攪拌盆，用保鮮膜密封碗口，以45℃溫水隔水保溫，靜置1小時，進行一次發酵。

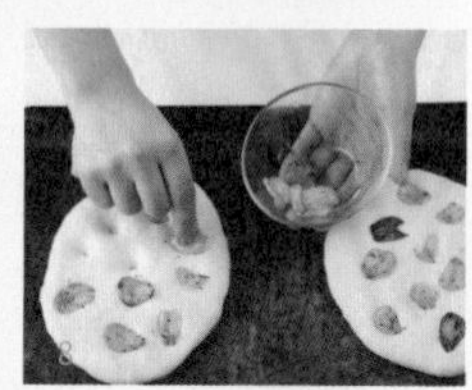

中間發酵

4 麵團膨脹至兩倍大時，用拳頭按壓排氣。麵團分成2等份，分別搓圓，蓋上發酵布，靜置15分鐘，進行中間發酵。

5 發酵好的麵團擀成長20cm的橢圓形，放置在烤盤上。

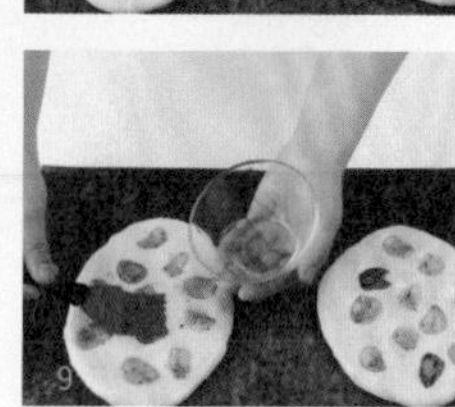

二次發酵

6 蓋上發酵布，移至溫暖處靜置30～40分鐘，進行二次發酵。

製作鋪料&烘烤

7 平底鍋中放入少許橄欖油和切好的蒜片，炒至蒜片表面微焦。

8 麵團膨脹至兩倍大時，用手指在表面戳出數個凹洞，壓入炒好的蒜片。

9 在麵團表面塗抹橄欖油並撒上迷迭香。放入預熱好的烤箱以190℃烤15～20分鐘。

橄欖麵包

>>> *No Butter, No Egg 6-5*

Olive Bread

材料 〔份量：長15cm，6～7個｜溫度：200℃｜時間：25～30分鐘｜難度：★★☆〕

麵團
- 全麥麵粉170g
- 高筋麵粉170g
- 蜂蜜1大匙
- 鹽1小匙
- 即溶酵母粉1.5小匙
- 水230ml
- 橄欖油20g
- 紅心橄欖50g

裝飾
- 紅心橄欖7顆

工具
- 攪拌盆
- 網篩
- 矽膠刮刀
- 電動攪拌機
- 保鮮膜
- 刮板
- 發酵布
- 滾輪
- 烘焙紙
- 烤盤

準備

Ⓐ 全麥麵粉、高筋麵粉過篩一次。

Ⓑ 水調溫至35℃。

Ⓒ 麵團用紅心橄欖切成碎丁；裝飾用紅心橄欖切成3等份。

Ⓓ 烤盤上鋪好烘焙紙。

Ⓔ 烤箱以200℃預熱15分鐘。

作法

製作麵團

1 攪拌盆中依序放入全麥麵粉、高筋麵粉、蜂蜜、鹽、酵母粉、35℃溫水，用刮刀從中央開始畫圓圈攪拌。

2 充分拌勻後，用電動攪拌機的攪揉棒以最低速攪揉5分鐘。倒入橄欖油，繼續攪揉5分鐘。最後倒入切碎的紅心橄欖，再攪揉1分鐘拌勻。

一次發酵

3 麵團表面變光滑後，將麵團搓圓放入攪拌盆，用保鮮膜密封碗口，以45℃溫水隔水保溫，靜置1小時，進行一次發酵。

4 麵團膨脹至兩倍大時，用拳頭按壓排氣。麵團秤重分成每個重100g的小麵團。

中間發酵

5 麵團分別搓圓，蓋上發酵布，靜置15分鐘，進行中間發酵。

整型

6 用滾輪將麵團壓成橢圓形。

7 較長的兩個邊各向內摺1/3，並壓平麵團交疊的部分。

8 麵團再對摺一次，用手指緊密捏合接縫處。接縫處朝下，整齊排列在烤盤上。

二次發酵&烘烤

9 蓋上發酵布，移至溫暖處靜置40～45分鐘，進行二次發酵，使麵團膨脹至兩倍大。

10 切好的紅心橄欖戳入麵團中。放入預熱好的烤箱以200℃烤25～30分鐘。

1

2

3

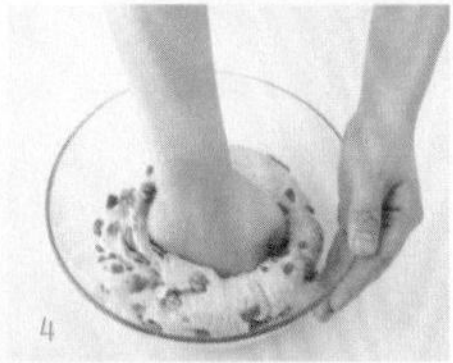
4

5

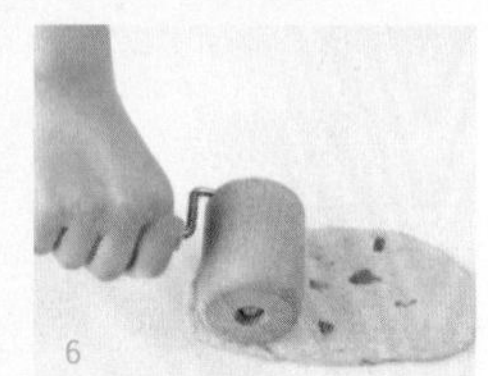
6

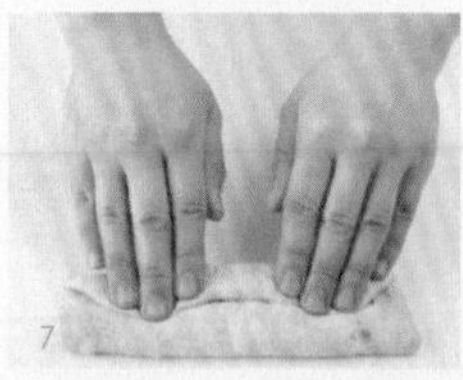
7

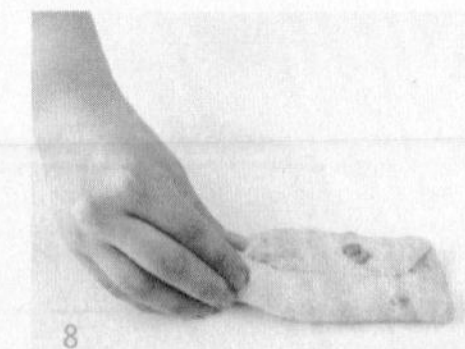
8

9

10

蘇打麵包

>>> No Butter, No Egg 6-6

Soda Bread

材料　〔份量：直徑20cm，1個｜溫度：190℃｜時間：30分鐘｜難度：★☆☆〕

麵團
- 低筋麵粉250g
- 裸麥麵粉100g
- 泡打粉2小匙
- 小蘇打粉1小匙
- 細砂糖80g
- 鹽1小匙
- 橄欖油2大匙
- 豆奶200ml
- 什錦燕麥片50g

裝飾
- 什錦燕麥片30g

工具
- 攪拌盆
- 網篩
- 矽膠刮刀
- 噴霧器
- 烘焙用整型刀
- 烘焙紙
- 烤盤

準備

Ⓐ 低筋麵粉、裸麥麵粉、泡打粉、小蘇打粉過篩一次。

Ⓑ 烤盤上鋪好烘焙紙。

Ⓒ 烤箱以190℃預熱15分鐘。

作法

製作麵團

1 攪拌盆中篩入低筋麵粉、裸麥麵粉、泡打粉、小蘇打粉。

2 再放入細砂糖、鹽、橄欖油、豆奶，用刮刀攪拌均勻。

3 再倒入什錦燕麥片，用刮刀攪拌均勻。

整型

4 拌好的麵團搓圓，放在烤盤上。用噴霧器將麵團表面均勻噴濕。

5 撒上裝飾用什錦燕麥片。

6 用整型刀在麵團頂部劃出「十」字形的深缺口。

烘烤

7 放入預熱好的烤箱以190℃烤30分鐘。

1

2

3

TIP 在麵團表面撒上什錦燕麥片前，先用噴霧器噴濕，才容易附著。

Baking Tip

這款麵包以泡打粉和小蘇打粉取代酵母粉使麵包膨脹，所以不需等待麵包發酵，也沒有了發酵所產生的氣味，更能品嘗到麵粉及穀物的自然香氣。

香蕉巧克力豆司康

>>> NO BUTTER, NO EGG 6-7

Banana Chocochip Scone

材料　〔份量：邊長10cm三角形，8個｜溫度：180℃｜時間：15～20分鐘｜難度：★☆☆〕

麵團
- 低香蕉200g
- 細砂糖40g
- 橄欖油45g
- 豆奶80g
- 鹽1/8小匙
- 檸檬汁1大匙
- 低筋麵粉260g
- 泡打粉2小匙
- 小蘇打粉1/4小匙
- 巧克力豆70g

工具
- 叉子
- 攪拌盆
- 網篩
- 打蛋器
- 矽膠刮刀
- 塑膠袋、塑膠紙
- 擀麵棍
- 刮板
- 烘焙紙
- 烤盤

準備

Ⓐ 香蕉去皮，用叉子壓成小塊狀。

Ⓑ 烤盤上鋪好烘焙紙。

Ⓒ 烤箱以180℃預熱10分鐘。

作法

製作麵團

1 攪拌盆中依序放入壓成小塊的香蕉、細砂糖、橄欖油、豆奶、鹽、檸檬汁。

2 篩入低筋麵粉、泡打粉、小蘇打粉，用打蛋器攪拌均勻。

3 倒入巧克力豆，用刮刀輕柔攪拌均勻。

冷藏靜置

4 桌面撒上麵粉，將濕軟的麵團搓揉成團狀，用塑膠袋密封包好，放入冰箱冷藏30分鐘。

塑型

5 桌上鋪一張塑膠紙，放上冷藏變硬的麵團，再蓋上一張塑膠紙，用擀麵棍擀成厚2cm的圓餅狀。

6 用刮板將麵團切6等份三角形。

烘烤

7 麵團取適當間距排列在烤盤上。放入預熱好的烤箱以180℃烤15～20分鐘。

1

2

3

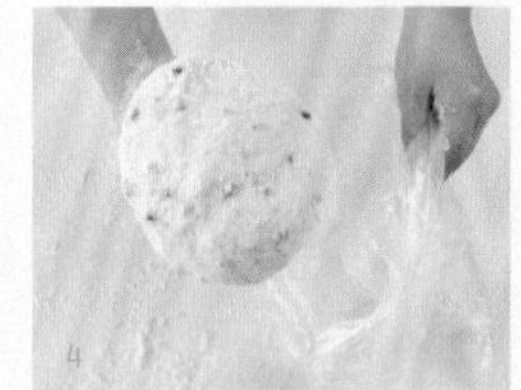
4

5

6

7

Baking Tip

這款司康添加了香蕉，除了能散發香蕉自然的香甜味，更能取代奶油在麵團中的作用，使麵包更滑潤順口，味道也變得更輕爽喔！

TIP

香蕉的水分較多，麵團較濕軟，搓揉成團時可以多撒些麵粉，才容易成形。

龍舌蘭瑪芬

>>> No Butter, No Egg 6-8

Agave Muffin

材料 〔份量：直徑7cm，6個｜溫度：170℃｜時間：25～30分鐘｜難度：★☆☆〕

麵糊
- 豆奶80ml
- 細砂糖50g
- 龍舌蘭糖漿40g
- 橄欖油50ml
- 低筋麵粉180g
- 泡打粉1小匙
- 仙人掌粉1大匙
- 核桃仁50g

工具
- 攪拌盆
- 打蛋器
- 網篩
- 矽膠刮刀
- 烘烤襯紙杯
- 杯形烤盤
- 湯匙

準備

Ⓐ 核桃仁切成小塊。
Ⓑ 烘烤襯紙杯鋪入杯形烤盤中。
Ⓒ 烤箱以170℃預熱10分鐘。

作法

製作麵糊

1 攪拌盆中依序放入豆奶、細砂糖、龍舌蘭糖漿、橄欖油，用打蛋器攪拌均勻。
2 篩入低筋麵粉、泡打粉、仙人掌粉，用打蛋器攪拌均勻。
3 倒入切成小塊的核桃仁，用刮刀輕柔攪拌均勻。
4 用湯匙將拌好的瑪芬麵糊裝入襯紙杯中。

烘烤

5 放入預熱好的烤箱以170℃烤25～30分鐘。

1

2

3

4

5

Baking Tip

這款瑪芬可以品嘗到豆奶的豆香和核桃的堅果香，粉紅色澤來自紫紅色的仙人掌粉，也可以替換成抹茶粉、南瓜粉、紫地瓜粉，製作不同顏色的瑪芬蛋糕。

蘋果蛋糕

>>> No Butter, No Egg 6-9

Apple Cake

材料 〔份量：迷你磅蛋糕烤模，2個｜溫度：170℃｜時間：30分鐘｜難度：★☆☆〕

麵糊
- 中等大小蘋果1顆
- 細砂糖1大匙
- 檸檬汁2小匙
- 肉桂粉1/4小匙
- 葡萄籽油80g
- 蜂蜜 50g
- 鹽1/4小匙
- 低筋麵粉125g
- 泡打粉1小匙

工具
- 鍋子
- 攪拌盆
- 打蛋器
- 網篩
- 矽膠刮刀
- 迷你磅蛋糕烤模

準備

A 低筋麵粉、泡打粉過篩一次。

B 蘋果去皮後，切成小薄片。

C 迷你磅蛋糕烤模內塗抹烤盤油。

D 烤箱以170℃預熱10分鐘。

作法

製作麵糊

1 鍋中放入切成小薄片的蘋果及細砂糖、檸檬汁、肉桂粉，以中火煮2分鐘後，關火放涼。

2 攪拌盆中放入葡萄籽油、蜂蜜、鹽，用打蛋器攪拌均勻。

3 篩入低筋麵粉、泡打粉，攪拌均勻。

4 倒入煮過的蘋果片，用刮刀輕柔拌勻。

5 拌好的麵糊倒入迷你磅蛋糕烤模中。

烘烤

6 放入預熱好的烤箱以170℃烤30分鐘。

1

2

3

4

5

Baking Tip

這款蛋糕能品嘗到蘋果的酸甜、爽脆以及淡淡的肉桂香氣。可依個人喜好添加葡萄乾、蔓越莓乾、藍莓乾，增加不同層次的酸甜滋味。

豆渣蛋糕

>>> NO BUTTER, NO EGG 6-10

Soybean Curd Cake

材料 〔份量：20×20cm方形烤模，1個｜溫度：170℃｜時間：25分鐘｜難度：★☆☆〕

麵團
- 蜂蜜60g
- 細砂糖65g
- 鹽1/4小匙
- 豆渣100g
- 豆奶125ml
- 低筋麵粉150g
- 五穀粉50g
- 泡打粉1/2小匙

內餡
- 核桃仁30g
- 蜜花豆30g

工具
- 攪拌盆
- 矽膠刮刀
- 打蛋器
- 網篩
- 烘焙紙
- 20×20cm方形烤模
- 刮板

準備

Ⓐ 低筋麵粉、五穀粉、泡打粉過篩一次。

Ⓑ 核桃仁切成小塊。

Ⓒ 方形烤模內鋪好烘焙紙。

Ⓓ 烤箱以170℃預熱10分鐘。

作法

製作麵團

1 蜂蜜、細砂糖、鹽先攪拌均勻。

2 攪拌盆中倒入豆渣，再倒入步驟1，用打蛋器攪拌均勻。

3 倒入豆奶，用打蛋器攪拌均勻。

4 篩入低筋麵粉、五穀粉、泡打粉，用刮刀輕柔攪拌均勻。

5 倒入切成小塊的核桃仁及蜜花豆，用刮刀攪拌均勻。

6 拌好的麵糊倒入方形烤模中。

7 用刮板抹平麵糊表面。

烘烤

8 放入預熱好的烤箱以170℃烤25分鐘。

TIP

豆渣可至豆腐專賣店購買。

抹茶義式脆餅

>>> No Butter, No Egg 6-11

Greentea Biscotti

材料 〔份量：厚1cm，10～12個｜溫度：170℃｜時間：30分鐘＋15分鐘｜難度：★☆☆〕

麵團
- 橄欖油80g
- 細砂糖40g
- 楓糖漿30g
- 鹽1/4小匙
- 豆奶2大匙
- 低筋麵粉120g
- 全麥麵粉60g
- 抹茶粉1大匙
- 泡打粉1.5小匙
- 胡桃仁50g

工具
- 攪拌盆
- 打蛋器
- 網篩
- 矽膠刮刀
- 塑膠紙
- 麵包刀
- 烘焙紙
- 烤盤

準備

Ⓐ 低筋麵粉、全麥麵粉、抹茶粉、泡打粉過篩一次。

Ⓑ 胡桃仁切成小塊。

Ⓒ 烤盤上鋪好烘焙紙。

Ⓓ 烤箱以170℃預熱10分鐘。

作法

製作麵團

1 攪拌盆中放入橄欖油、細砂糖、楓糖漿、鹽、豆奶，用打蛋器攪拌均勻。

2 篩入低筋麵粉、全麥麵粉、抹茶粉、泡打粉，用刮刀攪拌至看不見麵粉顆粒為止。

3 倒入切成小塊的胡桃仁，用刮刀輕柔拌勻。

冷藏靜置

4 拌好的麵團倒在塑膠紙上，搓揉成7×20cm短條狀，用塑膠紙包好，放入冰箱冷藏1小時。

1

2

3

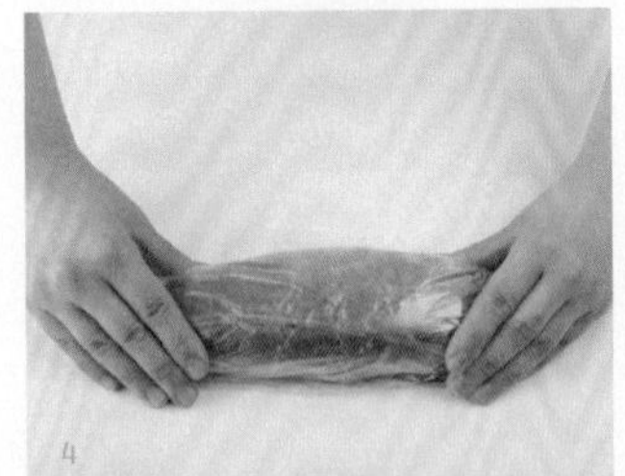
4

6

第一次烘烤

5 取出變硬的麵團放在烤盤上。放入預熱好的烤箱以170℃烤30分鐘。

6 第一次烘烤完成後，取出放涼。用麵包刀切成10～12等份的片狀。

第二次烘烤

7 麵團整齊排列在烤盤上，重新放入預熱好的烤箱以170℃烤15分鐘。

微笑餅乾

>>> NO BUTTER, NO EGG 6-12 **Smile Cookie**

材料　〔份量：直徑3cm，20～25個｜溫度：180℃｜時間：12～15分鐘｜難度：★☆☆〕

麵團
- 楓糖漿20g
- 蜂蜜1大匙
- 鹽1/8小匙
- 豆奶2大匙
- 全麥麵粉90g

工具
- 攪拌盆
- 網篩
- 打蛋器
- 塑膠紙
- 擀麵棍
- 直徑3cm圓形餅乾壓模
- 烘焙紙
- 烤盤
- 筷子
- 湯匙

準備

Ⓐ 烤盤上鋪好烘焙紙。

Ⓑ 烤箱以180℃預熱10分鐘。

作法

製作麵團

1 攪拌盆中放入楓糖漿、蜂蜜、鹽、豆奶，用打蛋器拌勻。

2 篩入全麥麵粉，用打蛋器拌勻。

冷藏靜置

3 鬆散的麵團用塑膠紙包好，按壓成緊實的團狀，放入冰箱冷藏1小時。

塑型

4 桌上放一張塑膠紙，麵團上下兩面各撒一些麵粉，再鋪上一張塑膠紙。麵團擀成厚0.3cm的薄片。

5 用餅乾壓模壓成圓形後，保留間距，整齊排列在烤盤上。

6 用筷子在圓形麵團上各戳兩個洞，做出眼睛。

7 用湯匙在圓形麵團上各壓出一個弧形，做出嘴巴。

烘烤

8 放入預熱好的烤箱以180℃烤12～15分鐘。

1

2

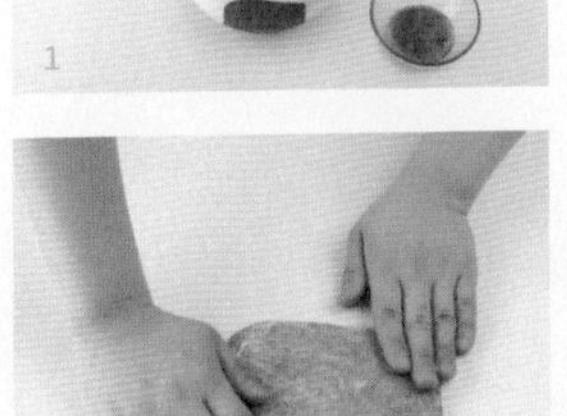
3

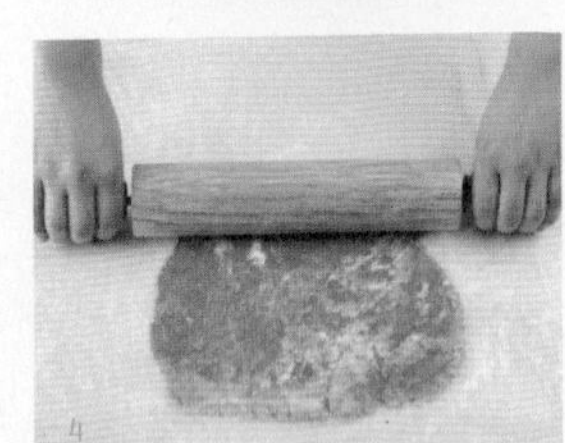
4

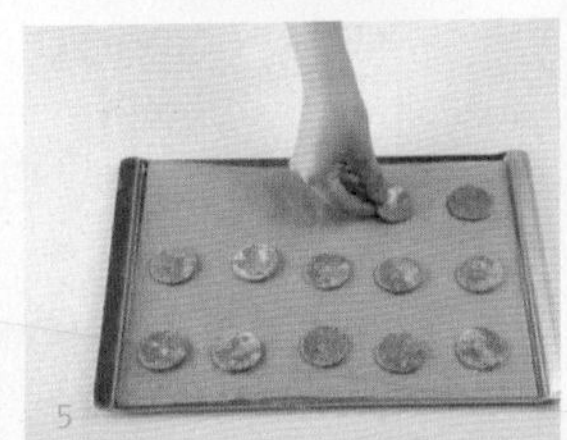
5

6

7

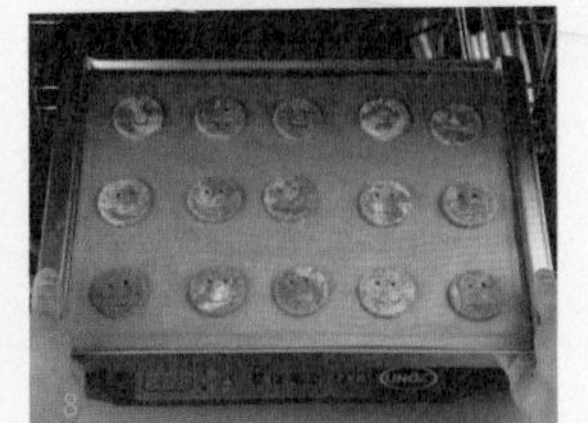
8

菠菜餅乾

>>> No Butter, No Egg 6-13

Spinach Cookie

材料 〔份量：7×3cm，25個｜溫度：180℃｜時間：20分鐘｜難度：★☆☆〕

麵團
- 豆奶125ml
- 菠菜100g
- 低筋麵粉250g
- 泡打粉1/2小匙
- 蜂蜜40g

工具
- 調理機
- 攪拌盆
- 網篩
- 打蛋器
- 矽膠刮刀
- 塑膠紙
- 烘焙紙
- 烤盤

準備

Ⓐ 菠菜清洗乾淨，放入滾水中燙熟後，擰乾水分。

Ⓑ 烤盤上鋪好烘焙紙。

Ⓒ 烤箱以180℃預熱10分鐘。

作法

製作麵團

1 調理機中放入豆奶和擰乾水分的菠菜，攪打細緻。

2 攪拌盆中篩入低筋麵粉、泡打粉。

3 倒入攪碎的菠菜和豆奶，用刮刀攪拌均勻。

4 倒入蜂蜜，用刮刀攪拌均勻。

冷藏靜置

5 拌好的麵團倒在塑膠紙上，按壓緊實，並捏成7×20cm的紡錘狀，放入冰箱冷藏2～3小時。

1

2

3

4

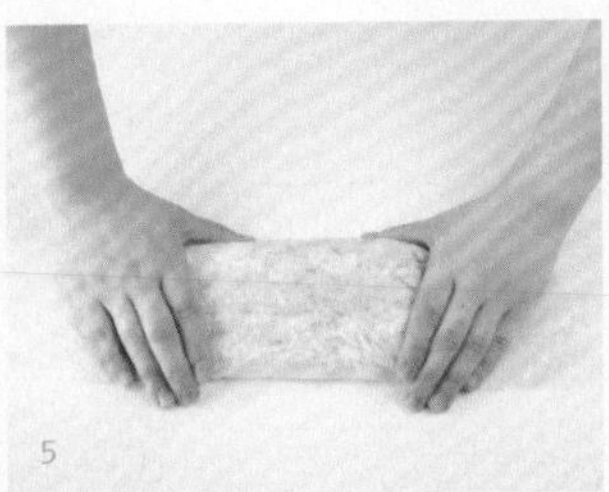
5

6

塑型

6 取出變硬的麵團，切成每個厚0.5cm的薄片。

烘烤

7 切片的麵團取適當間距平鋪在烤盤上。放入預熱好的烤箱以180℃烤20分鐘。

Baking Tip

菠菜中含有水分，烘烤時間要比一般餅乾多出8～10分鐘，才能烤出酥脆口感。餅乾麵團中還可以添加一些切碎的核桃仁或胡桃仁，增加堅果的香氣。

全麥餅乾

>>> No Butter, No Egg 6-14

Whole Wheat Cookie

材料 〔份量：直徑6cm，12個｜溫度：190℃｜時間：15分鐘｜難度：★☆☆〕

麵團
- 全麥麵粉80g
- 杏仁粉30g
- 泡打粉1/2小匙
- 豆奶50ml
- 蜂蜜2大匙
- 肉桂粉1/4小匙
- 蔓越莓乾20g
- 蘭姆酒2小匙

工具
- 攪拌盆
- 網篩
- 打蛋器
- 矽膠刮刀
- 烘焙紙
- 烤盤
- 冷卻架

準備

Ⓐ 蔓越莓乾預先用蘭姆酒泡軟。

Ⓑ 烤盤上鋪好烘焙紙。

Ⓒ 烤箱以190℃預熱15分鐘。

作法

製作麵團

1. 攪拌盆中篩入全麥麵粉、杏仁粉、泡打粉。
2. 倒入豆奶、蜂蜜、肉桂粉，用打蛋器攪拌均勻。
3. 倒入用蘭姆酒泡軟的蔓越莓乾，用刮刀攪拌均勻。
4. 麵團搓揉成小圓球後壓平，取適當間距排列在烤盤上。

烘烤

5. 放入預熱好的烤箱以190℃烤15分鐘。出爐後放冷卻架上降溫。

1

2

3

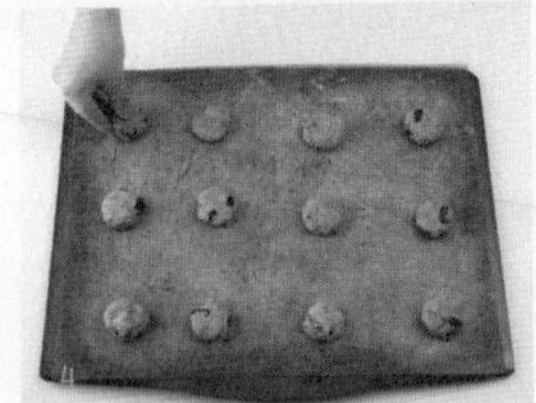
4

5

Baking Tip

全麥餅乾烤好放涼後，在表面撒滿糖粉，就可以變身成為全麥雪球，綿細的糖粉和麥香十足又清爽的全麥餅乾是相當搭配的組合。

南瓜餅乾

>>> No Butter, No Egg 6-15

Sweet Pumpkin Cookie

材料 〔份量：直徑5cm，20個｜溫度：190℃｜時間：15～20分鐘｜難度：★☆☆〕

麵團
- 葡萄籽油50g
- 細砂糖35g
- 蜂蜜1大匙
- 豆奶1大匙
- 南瓜100g
- 低筋麵粉150g
- 泡打粉1/2小匙

餡料
- 南瓜40g
- 開心果仁20g

工具
- 攪拌盆
- 網篩
- 打蛋器
- 矽膠刮刀
- 烘焙紙
- 烤盤

準備

A 做麵團用的南瓜連皮放入微波爐中蒸熟後，搗成泥。

B 餡料用南瓜連皮切成0.5cm的小丁狀；開心果仁切成小塊。

C 烤盤上鋪好烘焙紙。

D 烤箱以190℃預熱15分鐘。

作法

製作麵團

1 攪拌盆中放入葡萄籽油、細砂糖、蜂蜜、豆奶、搗成泥的南瓜，用打蛋器攪拌均勻。

2 篩入低筋麵粉、泡打粉，用刮刀攪拌均勻。

拌入內餡

3 保留1/3切成丁狀的南瓜，稍後裝飾使用。將剩餘的南瓜丁和切成小塊的開心果仁倒入麵團中，用刮刀攪拌均勻。

4 麵團搓揉成小圓球後，壓成圓餅狀，取適當間距排列在烤盤上。

烘烤

5 預留的南瓜丁壓入餅乾麵團中作裝飾。

6 放入預熱好的烤箱以190℃烤15～20分鐘。

1

2

3

4

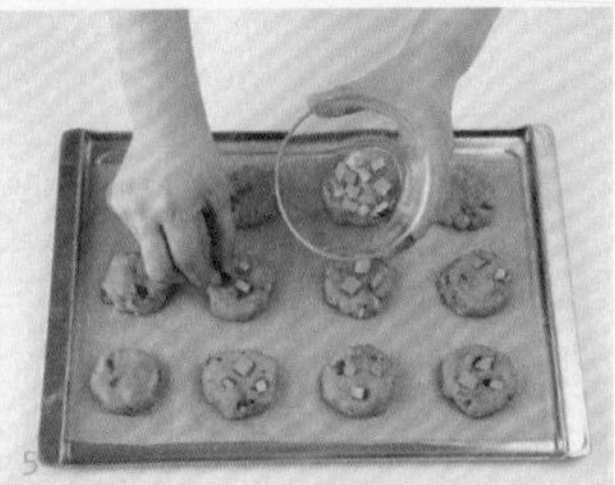
5

結語

2011年的耶誕夜，
我們和負責本書攝影的工作人員正在麵包花園盤埔分店
附設的咖啡館忙著拍攝編輯要用的照片。
還記得當時來店裡的客人都很好奇地一直觀望拍攝現場的情況，
那時的我們就想著一定要和讀者分享這本書的製作過程。

確定了書的架構後，最先要決定的就是烘焙食譜的名單。
最近流行什麼麵包、蛋糕？
什麼樣的甜點作法最簡單又能突顯家庭烘焙的優點？
我們研究了大量的烘焙食譜後，最終挑選出150道收錄在書中。
每一道都試做、確認過一遍，才正式開始拍 攝本書要用的照片。
每道食譜都拍攝詳細的步驟照片以及最終的成品照，
那段時間幾乎每天就是不斷地製作點心、看照片、和設計師及攝影師討論，
怎樣擺設、什麼拍攝角度才能讓成品看起來更可口誘人？
要放哪些照片才能讓說明更詳盡？

拍攝這150道甜點的照片時，
有時甚至同樣一道食譜要重複製作好幾次才能拍出令人滿意的照片，
雖然會感到疲憊，但一看到拍出的照片又馬上精神百倍！
拍攝工作共花了一個多月才完成，
接著是比拍攝更累人也更花時間的編輯作業，
但好在有編輯組、攝影組、設計組的通力合作，
使這本書在輕鬆且愉快的氛圍下完成了。

在此由衷地感謝所有參與本書製作的工作人員，
有你們的幫助才能使本書順利出版。

難易度索引

〔難度：★☆☆〕

麵包

蛋糕

餅乾

甜品&手工巧克力

無奶油．無雞蛋

〔難度：★★☆〕

麵包

蛋糕

餅乾

甜品&手工巧克力

無奶油・無雞蛋

〔難度：★★★〕

麵包

蛋糕

餅乾

感謝您購買 **我的世界甜點全書** 150道超人氣麵包・蛋糕・餅乾・甜品・巧克力・無蛋奶點心 安全健康美味易學，在家就能輕鬆做

為了提供您更多的讀書樂趣，請費心填妥下列資料，直接郵遞（免貼郵票），即可成為奇光的會員，享有定期書訊與優惠禮遇。

姓名：＿＿＿＿＿＿＿＿ 身分證字號：＿＿＿＿＿＿＿＿

性別：□女 □男 生日：

學歷：□國中（含以下） □高中職 □大專 □研究所以上

職業：□生產\製造 □金融\商業 □傳播\廣告 □軍警\公務員 □教育\文化 □旅遊\運輸 □醫療\保健 □仲介\服務 □學生 □自由\家管 □其他

連絡地址：□□□ ＿＿＿＿＿＿＿＿＿＿＿＿＿＿＿＿

連絡電話：公（ ）＿＿＿＿＿＿＿ 宅（ ）＿＿＿＿＿＿＿

E-mail：＿＿＿＿＿＿＿＿＿＿＿＿＿＿＿＿

■您從何處得知本書訊息？（可複選）

□書店 □書評 □報紙 □廣播 □電視 □雜誌 □共和國書訊 □直接郵件 □全球資訊網 □親友介紹 □其他

■您通常以何種方式購書？（可複選）

□逛書店 □郵撥 □網路 □信用卡傳真 □其他

■您的閱讀習慣：

文　學 □華文小說 □西洋文學 □日本文學 □古典 □當代 □科幻奇幻 □恐怖靈異 □歷史傳記 □推理 □言情

非文學 □生態環保 □社會科學 □自然科學 □百科 □藝術 □歷史人文 □生活風格 □民俗宗教 □哲學 □其他

■您對本書的評價（請填代號：1.非常滿意 2.滿意 3.尚可 4.待改進）

書名＿＿ 封面設計＿＿ 版面編排＿＿ 印刷＿＿ 內容＿＿ 整體評價＿＿

■您對本書的建議：

請沿虛線剪下

Lumieres
奇光出版
客服電話：0800-221029
傳真：02-86671065
電子信箱：lumieres@bookrep.com.tw

請沿虛線對折寄回

廣　告　回　函
板橋郵局登記證
板橋廣字第10號

信　函

231
新北市新店區民權路108-1號4樓

奇光出版　收

請沿虛線剪下